“十三五”国家重点图书出版规划项目
电子与信息工程系列

Microcontroller Principle, Interface and Applications
—Based on C51 and Proteus Simulation Platform

单片机原理、接口及应用
——基于C51及Proteus仿真平台

主　编　王艳春
副主编　秦　月　房汉雄

哈爾濱工業大學出版社
HARBIN INSTITUTE OF TECHNOLOGY PRESS

内容简介

本书共分为 11 章，第 1 ~6 章介绍 AT89S51 单片机的硬件结构、单片机 C 语言程序设计以及片内各功能部件的工作原理和应用设计；第 7 ~10 章介绍 AT89S51 单片机与外部存储器、I/O 接口、键盘/显示器、A/D 转换器、D/A 转换器等各种接口电路设计；第 11 章介绍目前流行的 I^2C 和 SPI 总线串行扩展技术。书中所有案例都给出基于 Proteus 的仿真图和源程序。本书内容从最基本的知识开始，由浅入深，结合案例，注重应用，始终遵循理论和实践相结合的教学理念，引领读者步入单片机系统开发的大门。

本书不仅适合刚接触单片机的初学者，还可作为大、中专院校电子、通信、计算机等相关专业本科生、研究生的教材，也可供相关工程技术人员参考。

图书在版编目(CIP)数据

单片机原理、接口及应用：基于 C51 及 Proteus 仿真平台/王艳春主编. —哈尔滨：哈尔滨工业大学出版社，2018.8
ISBN 978 -7 -5603 -7440 -6

Ⅰ.①单… Ⅱ.①王… Ⅲ.①单片微型计算机-基础理论 ②单片微型计算机-接口技术 Ⅳ.①TP368.1

中国版本图书馆 CIP 数据核字(2018)第 137662 号

电子与通信工程
图书工作室

策划编辑 许雅莹 杨 桦 张秀华
责任编辑 李长波 张艳丽
封面设计 高永利
出版发行 哈尔滨工业大学出版社
社 址 哈尔滨市南岗区复华四道街 10 号 邮编 150006
传 真 0451 -86414749
网 址 http://hitpress.hit.edu.cn
印 刷 黑龙江艺德印刷有限责任公司
开 本 787mm×1092mm 1/16 印张 18 字数 450 千字
版 次 2018 年 8 月第 1 版 2018 年 8 月第 1 次印刷
书 号 ISBN 978 -7 -5603 -7440 -6
定 价 38.00 元

前 言

PREFACE

单片机自20世纪70年代问世以来,因其具有小巧灵活、成本低、易于产品化等优点,被广泛地应用于智能仪器、工业控制、家用电器、网络与通信、汽车电子等领域,对人类社会的影响越来越大。尤其是美国Intel公司的MCS-51系列单片机,因其系统结构简单、集成度高、处理能力强、价格低廉、可靠性高、易于使用,而被国际上著名的各大半导体公司所青睐,其内核技术一直被沿用。并且这些公司结合自身的优势,针对不同的测控对象,研究出了上百种功能各异的单片机。其中,AT89S51单片机是具有8051内核的各种型号单片机的基础,最具典型性和代表性,同时也是各种增强型、扩展型等衍生单片机的基础。因此,本书以AT89S51单片机作为51单片机的代表性机型来介绍单片机原理及其应用系统设计。

AT89S51单片机是Atmel公司生产的具有Flash ROM的增强型51系列8位单片机,片内含4 KB ISP(In-System Programmable)Flash存储器,器件采用Atmel公司的高密度、非易失性存储技术制造,兼容标准MCS-51指令系统及80C51引脚结构,芯片内集成了通用8位中央处理器和ISP Flash存储单元,可为许多嵌入式控制应用系统提供高性价比的解决方案。

本书在编写时注重原理与应用相结合,书中列举了大量实例,采用系统仿真软件(Proteus软件)和C语言编译软件(Keil软件),对各实例进行了相应的仿真,不仅增加了学生们的学习兴趣,还可以使学生很快掌握接口电路设计及系统设计的基本方法。实例包括单片机I/O口的应用、LED外设的驱动、定时器/计数器的应用、LCD显示器的应用、存储器的使用、串行通信系统的应用等。针对这些实例的分析,有利于提高学生对单片机应用系统的设计能力。

本书共11章,第1~6章介绍AT89S51单片机的硬件结构、C语言程序设计以及片内各功能部件的工作原理和应用设计,包括中断系统、定时器/计数器和串行口等;第7~10章介绍AT89S51单片机与外部存储器、I/O接口、键盘/显示器、A/D转换器、D/A转换器等各种硬件接口电路设计,并给出了仿真电路和源程序;第11章介绍目前流行的串行扩展技术,如I^2C总线扩展、SPI总线串行扩展等,重点介绍I^2C总线扩展技术。本书由齐齐哈尔大学王艳春、秦月、房汉雄编写,编写分工如下:第1~4章、10章、11章由王艳春编写,第5~7章由秦月编写,第8~9章由房汉雄编写。

本书在编写过程中参考了其他同类文献及资料,在此对相关文献作者表示感谢。

由于编者水平和经验所限,书中难免存在不足之处,敬请广大读者谅解,并真诚欢迎广大读者提出宝贵的意见和建议。

编 者

2018年4月

目　录

CONTENTS

第1章 单片机概述

单片机是微型计算机发展的一个分支,具有体积小、结构简单、抗干扰能力强、可靠性高、性价比高、便于实现嵌入式应用、易于实现产品化等特点。自20世纪70年代问世以来,单片机已被广泛地应用于工业自动化、自动检测与控制、智能仪器仪表、航空航天、汽车电子、通信产品、家用电器、机电一体化等各个领域。

1.1 单片机的概念

单片微型计算机简称单片机,是由中央处理单元(Central Processing Unit,CPU)、存储器(包括 Random Access Memory,RAM;Read Only Memory,ROM)、并行输入/输出(I/O)口、串行I/O口、定时器/计数器、中断系统、系统时钟电路及系统总线等组成的一个大规模或超大规模集成电路芯片。由于单片机在使用时通常处于测控系统的核心,国际上通常把单片机称为微控制器(Micro Controller Unit,MCU),鉴于它完全做嵌入式应用,故又称为嵌入式微控制器(Embedded Micro Controller Unit,EMCU)。而在我国,大部分工程技术人员还是习惯使用"单片机"这一名称。

单片机按适用范围可分成专用型单片机和通用型单片机两大类。专用型单片机是针对某一类产品甚至某一个产品设计生产的,如机顶盒、数码摄像机等各种家用电器中的控制器。由于特定功能需求,单片机芯片制造商常与产品厂家合作,设计和生产专用型单片机芯片。在用量不大的情况下,设计和制造这样的专用芯片成本很高,而且设计和制造的周期也很长,因此专用型单片机的应用受到一定的限制。我们通常所用的都是通用型单片机,在通用型单片机中,其内部可开发的资源(如存储器、I/O口等各种外围功能部件等)可以全部提供给用户使用。用户可根据实际需要,设计一个以通用单片机芯片为核心,配以外围接口电路及其他外围设备,并通过相应的软件控制程序来满足各种不同需要的测控系统。通用型单片机把ROM、I/O口等所有资源全部提供给用户使用。

1.2 单片机的发展进程

单片机根据其基本操作处理的二进制位数主要分为:4位单片机、8位单片机、16位单片机和32位单片机。单片机的发展进程可大致分为以下4个阶段。

1.4位单片机

1971年,Intel公司的霍夫研制成功了世界上第一块4位微处理器芯片Intel 4004,标志着第一代微处理器问世,微处理器和微机时代从此开始。1971 年 11 月,Intel 推出 MCS-4 微型计算机系统(包括 4001 ROM 芯片、4002 RAM 芯片、4003 移位寄存器芯片和 4004 微处理器),其中 4004 包含 2 300 个晶体管,尺寸规格为 3 mm×4 mm,计算性能远远超过了电子数字积分计算机(Electronic Numerical Integrator And Computer,ENIAC)。随后,各发达国家在 4 位单片机市场上都占有了一定市场,如日本 Sharp 公司的 SM 系列和 Toshiba 公司的 TLCS 系列、美国 TI 公司的 TMS1000 和 NS 公司的 COP400 系列等。4 位单片机虽然价格低,但性能并不弱,主要用于家用电器(洗衣机、微波炉等)及高档的电子玩具。

2. 8 位单片机

8 位单片机已经成为单片机中的主要机型。在 8 位单片机中,一般把无串行 I/O 口和只提供小范围的寻址空间(小于 8 KB)的单片机称为低档 8 位单片机,如 Intel 公司推出的 MCS-48 系列单片机、Fairchild 公司推出的 F8 单片机等,它们极大地促进了单片机的变革和发展;把带有串行 I/O 口或 A/D 转换器,以及可以进行 64 KB 以上寻址的单片机称为高档单片机,如 Zilog 公司推出的 Z8 单片机、Motorola 公司推出的 6801 单片机、Intel 公司推出的 MCS-51 系列单片机等,这些产品使单片机的性能上了一个新的台阶。由于这类单片机的功能强、品种齐全、性价比高,因此被广泛应用于各个领域,已成为目前单片机的主要机型。

3. 16 位单片机

从 20 世纪 80 年代开始,各个公司开始推出 16 位单片机,如 Thomson 公司推出的 68200 单片机、NS 公司推出的 HPC16040 单片机、Intel 公司推出的 8096 单片机等。由于性价比等问题,在实际应用中得到应用的 16 位单片机主要是 Intel 公司的 MCS-96 系列单片机。

4. 32 位单片机

近年来,各个单片机生产厂家开始研制更高性能的 32 位单片机。32 位单片机除了具有更高的集成度外,其数据处理速度比 16 位单片机提高许多,性能比 8 位、16 位单片机更加优越。此外,还研制出不少新型的高集成度单片机产品,出现了单片机产品多种多样的局面,得到了广大用户的青睐。

单片机的发展虽然先后经历了 4 位、8 位、16 位到 32 位的阶段,但从实际使用情况看,并没有出现高性能单片机一家独大的局面,4 位、8 位、16 位单片机在各个领域中仍被广泛应用,特别是 8 位单片机在中、小规模的电子设计等应用场合仍占主导地位。

随着科学技术的发展,单片机正在向高性能和多品种方向发展,其发展趋势是进一步向着低功耗、低价格、小体积、大容量、高性能、高速度和外围电路内装化等方面发展。

1.3 单片机的应用领域及特点

1.3.1 单片机的应用领域

单片机具有体积小、价格低、应用方便、性能稳定且可靠等优点,其发展和普及给工业自动化等领域带来了重大变革。由于单片机体积小,很容易嵌入到系统中,因此可以实现各种方式的检测、计算或控制,而一般的微型计算机无法做到。由于单片机本身就是一个微型计算机，因此只要在单片机的外部适当增加一些必要的外围扩展电路，就可以灵活地构成各种应用系统，如数据采集系统、自动控制系统等。

单片机的应用范围很广，在下述的各领域中得到了广泛的应用。

1. 工业控制领域

在工业控制领域中，单片机主要用于工业过程控制、数据采集系统、信号检测系统、无线感知系统、测控系统、机电一体化控制系统、工业机器人等应用控制系统。例如，工厂流水线的智能化监测、电梯智能化控制、各种报警系统等。

2. 智能仪器仪表领域

单片机的使用有助于提高仪器仪表的精度和准确度，目前单片机在智能仪器仪表中应用十分广泛，主要通过各种变送器、电气测量仪表替代传统的测量系统，使测量系统具有数据存储、数据处理、查找、判断、联网和语音播放等各种智能化功能。

3. 家用电器领域

单片机在家用电器中的应用已经非常普及，如电饭煲、洗衣机、电冰箱、空调、电视、微波炉、加湿器、消毒柜等，在这些设备中嵌入单片机后，其功能和性能可大大提高，并可实现智能化、最优化控制。

4. 网络与通信领域

单片机普遍具备通信接口，可以很方便地与计算机进行数据通信，在调制解调器、手机、传真机、小型程控交换机、无线对讲机、楼宇自动通信呼叫系统、列车无线通信网络以及各种通信设备中，单片机也已经得到了广泛应用。

5. 医疗仪器领域

现代新型的医疗仪器中大量地使用了单片机，如超声诊断设备、病床呼叫系统、医用呼吸机及各种分析仪、监护仪等，为现代医务工作高效、准确地诊断和治疗病人提供了极大的方便。

6. 汽车电子与航空航天领域

单片机已经广泛地应用在各种汽车电子及航空航天设备中，如自动驾驶系统、动力检测控制系统、信息通信系统、运行监视器（黑匣子）、卫星导航系统、自动诊断系统等。

7. 武器装备

在现代化的武器装备中，如飞机、军舰、坦克、导弹、鱼雷制导、智能武器装备等都有单片机嵌入其中。

1.3.2　单片机的特点

单片机的发展历史虽然短暂，但是目前在军事、工业、医疗等领域都得到了广泛的应用，这主要是由于以单片机为核心构成的应用系统具有以下特点：

(1)体积小、可靠性高 、抗干扰能力强。单片机将各种功能部件都集成在一块芯片上，集成度高、体积小；而且单片机内部采用总线结构，减少了各芯片之间的连线，不易受到外部的干扰，增强了抗干扰能力，大大提高了单片机的可靠性。

(2)控制能力强。单片机虽然结构简单，但已经具备了足够的控制功能。单片机具有较多的 I/O 口,CPU 可以直接对 I/O 进行操作(算术操作、逻辑操作和位操作),指令简单而且丰富,非常适用于专门的控制功能。

(3)低电压,低功耗。为了满足广泛使用于便携式系统的需求,许多单片机内的工作电压仅为 1.8 ~3.6 V,功耗降至微安(μA)级,一颗纽扣电池就可长期使用。

(4)易于扩展。单片机片内具有计算机正常运行所必需的部件。芯片外部有许多可供扩展的三总线及并行 I/O 口、串行 I/O 口,很容易构成各种规模的计算机应用系统。

(5)性价比高。单片机的功能强、价格低。为了提高速度和运行效率,单片机已开始使用精简指令集(Reduced Instruction Set Computing,RISC)、流水线和数字信号处理器(Digital Signal Processor,DSP)等技术。由于单片机的广泛使用,其销量极大,各大公司的商业竞争更使其价格十分低廉,性价比高于一般的微机系统。

1.4 常用单片机简介

1.4.1 MCS-51 系列单片机

20 世纪 80 年代以来,单片机的发展非常迅速,世界上一些著名厂商投放到市场的产品就有几十个系列,数百个品种。其中 Intel 公司推出的 MCS-51 系列单片机在世界范围内得到了广泛应用。MCS-51 系列单片机属于高档的 8 位单片机,是 Intel 公司于 1980 年推出的产品。由于 MCS-51 系列单片机具有很强的片内功能和指令系统,因此使单片机的应用发生了一个飞跃。

MCS-51 系列单片机有许多品种,主要包括基本型产品 8031 / 8051 / 8751(对应的低功耗型 80C31 / 80C51 / 87C51)和增强型产品 8032 / 8052 / 8752。由于 MCS-51 系列单片机品种全、兼容性强、性价比高,且软硬件应用设计资料丰富、齐全,在 20 世纪 80 年代到 90 年代,成为我国应用最为广泛的单片机机型之一。

1. 基本型(典型产品:8031 / 8051 / 8751)

(1)8031 内部包括一个 8 位 CPU、128 B 的 RAM、21 个特殊功能寄存器(Special Function Register,SFR)、4 个 8 位并行 I/O 口、一个全双工串行口、两个 16 位定时器/计数器、5 个中断源,但片内无程序存储器,需外扩程序存储器芯片。

(2)8051 是在 8031 的基础上研制的,片内集成了 4 KB 的 ROM 程序存储器,ROM 内的程序是由单片机的生产厂家固化的,主要应用在程序已定且需大批量生产的产品中。

(3)8751 也是在 8031 的基础上研制的,片内集成了 4 KB 的可擦除可编程只读寄存器(Erasable Programmable Read Only Memory,EPROM)。单片机应用开发人员可以把写好的程序通过开发机或编程器写入 EPROM 中,需要修改时,可以采用紫外线擦除器擦除后再重新写入。

这 3 种芯片只是在程序存储器的形式上存在不同,其他结构和功能都一样。

2. 增强型(典型产品:8032 / 8052 / 8752)

Intel 公司在上述 3 种基本型产品的基础上,又推出了增强型产品,即 52 子系列,典型产品有 8032 / 8052 / 8752。它们的内部 RAM 为 256 B,8052、8752 的片内程序存储器扩展到

8 KB,16 位定时器/计数器增至 3 个,具有 6 个中断源,串行口通信速率提高了 5 倍。

表 1.1 列出了基本型和增强型的 MCS-51 系列单片机的片内硬件资源。

表 1.1　基本型和增强型的 MCS-51 系列单片机的片内硬件资源

品种	型号	片内程序存储器	片内数据存储器/B	I/O 口线/位	定时器/计数器/个	中断源个数/个
基本型	8031	无	128	32	2	5
	8051	4 KB 的 ROM	128	32	2	5
	8751	4 KB 的 EPROM	128	32	2	5
增强型	8032	无	256	32	3	6
	8052	8 KB 的 ROM	256	32	3	6
	8752	8 KB 的 EPROM	256	32	3	6

1.4.2　AT89 系列单片机

20 世纪 80 年代中期以后,Intel 公司把精力主要集中在高档 CPU 芯片的开发、研制上,逐渐淡出单片机的开发和生产。MCS-51 系列单片机设计上的成功,以及较高的市场占有率,使以 MCS-51 技术核心为主导的单片机成为许多厂家、电气公司竞相选用的对象。Intel 公司以专利转让或技术交换的形式把 8051 的内核技术转让给了 Atmel、Philips、LG、ADI、Dallas 等公司。这些公司生产的兼容机与 8051 的内核结构、指令系统相同,采用互补金属氧化物半导体(Complementary Metal Oxide Semiconductor,CMOS)工艺,通常把这种具有 8051 指令系统的单片机称为 80C51 系列单片机,这些兼容机的各种衍生品种统称为 51 系列单片机(简称为 51 单片机),是在 8051 的基础上又增加一些功能模块(称其为增强型、扩展型子系列单片机)。

在众多与 MCS-51 系列单片机兼容的各种基本型、增强型、扩展型等衍生机型中,美国 Atmel 公司推出的 AT89 系列单片机属于 8 位 Flash 单片机,以 MCS-51 为内核,与 MCS-51 系列单片机的软硬件完全兼容。此外,AT89 系列单片机的某些品种又增加了一些新的功能,如看门狗定时器(Watch Dog Timer,WDT)、在线系统编程(也称在线可编程,In-System Programming,ISP)及串行外部设备接口(Serial Peripheral Interface,SPI)技术等。其中 AT89 系列单片机中的 AT89C51/ AT89S51 单片机用片内4 KB的 Flash 存储器取代了 87C51 片内 4 KB 的 EPROM 。AT89S51 单片机片内 4 KB 的 Flash 存储器可在线编程或使用编程器重复编程,且价格较低,因此,AT89C51/ AT89S51 单片机作为 AT89C5X/AT89S5X 系列单片机的代表性产品受到了应用设计者的欢迎,AT89C5X/AT89S5X 系列单片机成为目前取代 MCS-51 系列单片机的主流芯片。目前 AT89C51 单片机已不再生产,可用 AT89S51 直接替代。

由于 AT89S51 单片机是具有 8051 内核的各种型号单片机的基础,最具典型性和代表性,同时也是各种增强型、扩展型等衍生品种的基础。因此,本书将 AT89S51 作为 51 单片机的代表性机型来介绍单片机原理及其应用系统设计。

1.4.3　其他单片机简介

1. AVR 单片机

AVR 单片机是美国 Atmel 公司于 1997 年推出的增强型高速 8 位单片机,具有 RISC 结构和内置的 Flash，其显著的特点为高性能、高速度、低功耗，共有 118 条指令，使得 AVR 单片机具有高达 1 MIPS/MHz 的运行处理能力。

AVR 单片机产品有低档 Tiny 系列、中档 AT90S 系列、高档 ATmega 系列 3 个档次。常用的 AVR 单片机有 Atmega8、Atmega16 等，广泛应用于计算机外部设备、工业实时控制、通信设备和家用电器等各个领域。

2. PIC 系列单片机

PIC 系列单片机是美国 Microchip 公司的产品，已经开发出从低到高几十个型号，可以满足各种不同层次的应用需要。PIC 系列单片机的 CPU 采用 RISC 结构，分别有 33 条、35 条、58 条指令（视单片机的级别而定）。由于 PIC 系列单片机具有速度高、实时性好、价格低、保密性好以及大电流液晶显示器（Liquid Crystal display，LCD）驱动的特点，因此在家电控制、电子通信系统和智能仪器仪表等领域得到了广泛应用。

PIC 系列单片机的型号繁多，分为低档型、中档型和高档型。

（1）低档型 PIC12C5XX/PIC16C5X 系列。PIC12C5XX 是世界上第一个具有 8 个引脚的单片机，价位低，可用于如摩托车点火器等简单的智能控制场合，应用前景十分广阔。PIC16C5X 系列是最早在市场上得到发展的系列，由于其价格较低，且有较完善的开发手段，因此在国内应用最为广泛。

（2）中档型 PIC12C6XX/PIC16CXXX 系列。PIC 中档产品是 Microchip 公司近年来重点发展的系列产品，品种最为丰富，其性能在低档型产品基础上增加了中断功能，指令周期可达到 200 ns，内置模/数转换器（Analog to Digital Converter，ADC），内部为电可擦可编程只读存储器（Electrically Erasable Programmable Read Only Memory，EEPROM 或 E^2PROM）、数据存储器，双时钟工作，实现输出比较和输入捕捉，脉冲宽度调制（Pulse Width Modulation，PWM）输出，具有 I^2C（Inter-Integrated Circuit）接口、SPI 接口、异步串行接口（Universal Asynchronus Receiver and Transmitter，UART）、模拟电压比较器及 LCD 驱动等，其封装从 8 个引脚到 68 个引脚，可用于高、中、低档的电子产品设计中，且价格适中。

（3）高档型 PIC17CXX 系列。PIC17CXX 适合于开发高级、复杂的系统，其性能在中档型基础上得以优化，增加了硬件乘法器，指令周期达到 160 ns，是目前世界上 8 位单片机中性价比最高的机型，可用于如电机控制等高、中档产品的开发。

3. MSP430 系列单片机

MSP430 系列单片机是由美国 TI 公司开发的超低功耗、具有 RISC 结构的 16 位单片机，又称为混合信号处理器（Mixed Signal Processor）。由于其针对实际应用需求，将多个不同功能的模拟电路、数字电路模块和微处理器集成在一个芯片上，以提供“单片机”解决方案，因此非常适合于便携式仪器仪表等功率要求低的场合。

4. Motorola 单片机

Motorola 公司是世界上最大的单片机厂商，开发的产品品种全、选择余地大、新产品多。在 8 位单片机方面有 68HC05 和升级产品 68HC08。16 位单片机的 68HC16 和 32 位单片机的 MC683XX 系列也有几十个品种。Motorola 单片机的特点是高频噪声低，抗干扰能力强，更适合于工控领域及恶劣的环境，现在改名为“飞思卡尔”单片机。

5. 华邦单片机

台湾华邦公司(Winbond)生产的 W78 系列单片机与 AT89C5X 系列单片机完全兼容，W77 系列为增强型。W77 系列对 8051 的时序做了改进：每个指令周期只需要 4 个时钟周期，速度提高了 3 倍，工作频率最高可达 40 MHz，增加了看门狗(Watch Dog)、两组 UART、两组数据指针(Data Pointer，DPTR)、ISP 等功能，片内集成了通用串行总线(Universal Serial Bus，USB)接口、语音处理等模块，具有 6 组外部中断源。

6. ADuC812 单片机

ADuC812 单片机是美国 ADI(Analog Device Inc.)公司生产的高性能单片机，是全集成的 12 位数据采集系统。它在芯片内集成了高性能的自校准 8 通道 12 位 ADC、2 通道 12 位数/模转换器(Digital to Analog Converter，DAC)以及可编程的 8 位与 8051 兼容的 MCU。指令系统与 MCS-51 系列单片机兼容。片内有 8 KB 的 Flash 程序存储器、640 B 的 Flash 数据存储器、256 B 的片内数据存储器。ADuC812 片内还集成了 WDT、电源监视器以及 ADCDMA 功能，同时为多处理器接口和 I/O 口扩展提供了 32 条可编程的 I/O 口线、与 I^2C 兼容的串行接口、SPI 串行接口和标准 UART 串行接口。

ADuC812 单片机内核和 ADC 均有正常、空闲和掉电 3 种工作模式，在工业温度范围内器件可在 3 V 和 5 V 两种电压下工作，通过软件可以控制芯片从正常模式切换到空闲模式，也可以切换到更为省电的掉电模式。由于 ADuC812 单片机具有高速高精度的模/数(A/D)转换、灵活的电源管理方案以及可访问大容量外部数据存储器等性能，因此在存储测试系统设计中常作为首选。

7. 无线单片机

为满足无线传感器网络、蓝牙技术与无线局域网(Wireless Local Area Network，WLAN)等领域中无线收发系统低功耗、小型一体化、低成本和高可靠性的技术要求，将微控制器、存储器、ADC、需要的接口电路以及无线发射和接收部件集成到一个单独的芯片上，构成了一个独立工作的无线通信和无线网络节点的无线片上系统(System-on-a-Chip，SoC)，也称为无线单片机。无线单片机是在单芯片上设计无线收发系统，使其最小化和一体化，为开发无线通信和无线网络，提供了新的选择，同时也使无线通信和无线网络的设计工作更加简化，更容易开发。目前国内使用较多的是美国 TI 公司生产的具有低功耗 8051 微控制器内核的 CC2530。CC2530 结合了领先的射频收发器的优良性能，系统具有可编程闪存、8 KB 的 RAM 和许多其他强大的功能。CC2530 具有不同的运行模式，使得它尤其适应超低功耗要求的系统。

除了上述几种类型的单片机，其他类型的单片机还有凌阳单片机、NEC 单片机、Zilog 单片机、三星单片机、富士通单片机、东芝单片机、SST 单片机等，它们在不同的应用领域中发挥着重要的作用。

1.4.4　各类嵌入式处理器简介

随着集成电路技术及电子技术的飞速发展，以各类嵌入式处理器为核心的嵌入式系统的应用，已经成为当今电子信息技术应用的一大热点。具有各种不同体系结构的处理器构成了嵌入式处理器家族，它们是嵌入式系统的核心部件。按其体系结构主要分为：嵌入式微控制器(单片机)、嵌入式微处理器、嵌入式数字信号处理器以及嵌入式片上系统等。

1. 嵌入式微控制器(单片机)

嵌入式微控制器(Embedded Micro Controller Unit,EMCU)又称为微控制器或单片机,是目前嵌入式系统的主流。前面已经详细介绍,在此不再赘述。

2. 嵌入式微处理器

嵌入式微处理器(Embedded Micro Processor Unit,EMPU)就是通用计算机的微处理器 CPU。单片机本身(或稍加扩展)就是一个小的计算机系统,可独立运行,具有完整的功能,而嵌入式微处理器仅仅相当于单片机中的 CPU。嵌入式微处理器在应用中,一般是将微处理器装配在专门设计的电路板上,在母板上只保留和嵌入式相关的功能即可,这样可以满足嵌入式系统体积小和功耗低的要求。

比较有代表性的嵌入式微处理器产品为 ARM(Advanced RISC Machines)微处理器。ARM 微处理器是由 ARM 公司设计的,是一种低功耗、高性能的 32 位精简指令集处理器。ARM 微处理器目前已遍及工业控制、消费类电子产品、通信系统、网络系统、无线系统、军事等各类产品市场,基于 ARM 技术的微处理器应用约占据了 32 位 RISC 微处理器 75% 以上的市场份额,ARM 技术正在逐步渗入到生产生活的各个方面。

需要注意的是,目前“嵌入式系统”还没有一个严格和权威的定义。广义上讲,凡是系统中嵌入了“嵌入式处理器”(如单片机、DSP、嵌入式微处理器等),都称其为“嵌入式系统”。但还有些仅把“嵌入”嵌入式微处理器的系统称为“嵌入式系统”。目前所说的“嵌入式系统”,多指后者。

3. 嵌入式数字信号处理器

嵌入式数字信号处理器是一种专门用来对数字信号进行高速处理计算的芯片,它的强大数据处理能力和高速运行能力,是最值得称道的两大特色。芯片内部采用程序和数据分开存储和传输的哈佛结构,具有专门的硬件乘法器,采用流水线操作,提供特殊的 DSP 指令,可用来快速地实现各种数字信号处理算法,使其处理速度比最快的 CPU 还快 10 ~ 50 倍。在语音处理、图形/图像处理、频谱分析、生物医学信号处理等领域应用广泛。

数字信号处理器从 20 世纪 70 年代的专用信号处理器开始发展到今天的超大规模集成电路(Very Large Scale Integration,VLSI)阵列处理器,其应用领域已经从最初的语音、声呐等低频信号的处理发展到今天的雷达、图像等视频大数据量的信号处理。由于浮点运算和并行处理技术的利用,数字信号处理器的处理能力已得到极大提高,数字信号处理器将继续沿着提高处理速度和运算精度两个方向发展。从体系结构来讲,数据流结构、人工神经网络结构等将可能成为下一代数字信号处理器的基本结构模式。

与单片机相比,DSP 所具有的实现高速运算的硬件结构、指令、多总线以及 DSP 处理算法的复杂度和大的数据处理流量都是单片机不可企及的。

4. 嵌入式片上系统

随着设计与制造技术的发展,集成电路设计从晶体管的集成发展到逻辑门的集成,现在又发展到 SoC 设计技术。SoC 最大的特点是成功实现了软硬件无缝结合,直接在处理器片内嵌入操作系统的代码模块,而且具有极高的综合性,在一个芯片内部运用 VHDL(Very-high-speed integrated circuit Hardware Description Language)等硬件描述语言,即可实现一个复杂的系统。

SoC 设计与传统的系统设计不同，设计者面对的不再是电路及芯片，不需要绘制庞大复杂的电路板，不用一点点地连接焊制，只需要使用标准的 VHDL 等硬件描述语言进行描述，综合时序设计直接在器件库中调用各种通用处理器的标准，仿真通过之后就可以直接交付半导体器件厂商制作样品，设计生产效率非常高。

在 SoC 中，除个别无法集成的器件以外，整个嵌入式系统绝大部分均可集成到一块或几块芯片中，应用系统电路板简洁，系统的体积和功耗小，可靠性高。SoC 芯片可以有效地降低电子/信息系统产品的开发成本，缩短开发周期，提高产品的竞争力，已在声音、图像、影视、网络及系统逻辑等应用领域中广泛应用，是未来工业界将采用的最主要的产品开发方式。

思考题及习题

1.1　什么是单片机？其主要由哪几部分组成？

1.2　单片机有哪些应用特点？主要应用在哪些领域？

1.3　MCS-51 系列单片机如何进行分类？各类有哪些主要特征？

1.4　嵌入式处理器按体系结构可以分为哪几类？它们的应用领域有何不同？

1.5　如何学好单片机课程？

第 2 章 AT89S51 单片机的硬件结构

通过第 1 章的学习，已经知道单片机就是将构成微型计算机的最基本功能部件集成到一块芯片上的集成芯片。本章主要介绍 AT89S51 单片机的硬件结构。单片机的硬件结构是单片机应用系统设计的基础，因此熟悉并掌握单片机的硬件结构对于应用系统设计者是十分重要的。只有掌握了单片机的硬件结构及各部分功能，才能合理地使用单片机。通过本章的学习，可以使读者对 AT89S51 单片机硬件结构有较为全面的了解，应主要了解和掌握 AT89S51 单片机的主要性能、引脚功能、存储器结构、特殊功能寄存器的功能以及并行 I/O 口的结构和特点。本章对复位电路和时钟电路的设计以及节电工作模式也进行了相应介绍。

2.1 AT89S51 单片机内部结构及功能

AT89S51 单片机是美国 Atmel 公司生产的一款低功耗、高性能的互补金属氧化物半导体（Complementary Metal Oxide Semiconductor，CMOS）8 位单片机，其内部结构图如图 2.1 所示，片内含 4 KB 的具有 ISP 功能且可反复擦写 1 000 次的 Flash ROM、128 B 的内部 RAM、32 条 I/O 口线、一个看门狗定时器（WDT）、两个数据指针、两个 16 位定时/计数器、一个 5 向量两级中断结构、一个全双工串行通信口、片内振荡器及时钟电路。同时，AT89S51 单片机可降至 0 Hz 的静态逻辑操作，并支持两种软件可选的节电工作模式。低功耗空闲方式时，CPU 停止工作，但允许 RAM、定时器/计数器、串行通信口及中断系统继续工作；掉电方式时，保存 RAM 中的内容，但振荡器停止工作并禁止其他所有部件工作直到下一个硬件复位。

另外，AT89S51 单片机采用 Atmel 公司高密度、非易失性存储技术生产，兼容标准 8051 指令系统和引脚。AT89S51 单片机还将多功能 8 位微处理器及 Flash 程序存储器集成在芯片内，是一种高效、低价位的微控制器，可灵活应用于各种嵌入式控制系统。

AT89S51 单片机具有如下功能特性：

（1）兼容 MCS-51 指令系统。

（2）8 位的 CPU。

（3）128×8 B 的内部 RAM。

（4）4 KB 可反复擦写（1 000 次）的具有 ISP 功能的 Flash ROM，灵活的字节和页编程，现场程序调试和修改更加方便灵活。

（5）双数据寄存器指针，方便对片外 RAM 的访问。

(6)4 个 8 位并行 I/O 口(P0 ~ P3 口)。

(7)一个全双工 UART 串行口。

(8)两个 16 位定时器/计数器。

(9)看门狗定时器(WDT),提高了系统的抗干扰能力。

(10)5 个中断源,中断优先级为两级。

(11)26 个特殊功能寄存器(SFR)。

(12)低功耗空闲模式和掉电模式,可实现掉电状态下的中断恢复模式。

(13)3 级加密位。

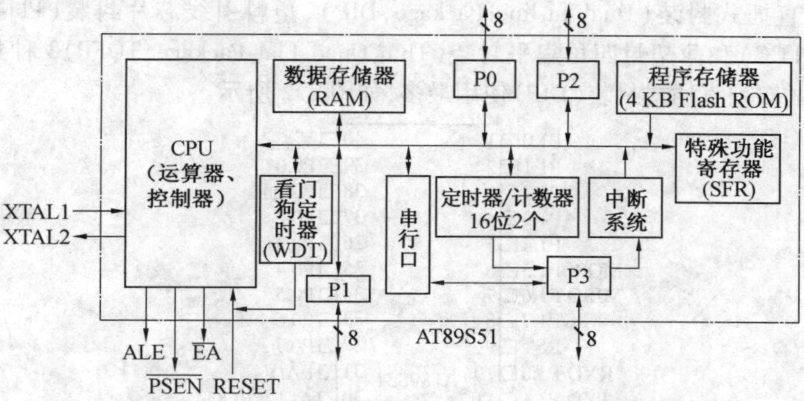

图 2.1　AT89S51 单片机的内部结构图

由图 2.1 可知,AT89S51 单片机通过片内单一总线将片内的各功能部件集成在一起,CPU 对各功能部件的控制采用特殊功能寄存器的集中控制方式。

下面对图 2.1 中的各功能部件做进一步说明:

(1)CPU:8 位的 CPU,与通用的 CPU 基本相同,也含运算器和控制器两大部分,并具有面向控制的位处理功能。

(2)数据存储器:片内有 128 B 的 RAM(增强型的 52 子系列为 256 B),片外最多可扩展至 64 KB。

(3)程序存储器:用来存储程序。AT89S51 单片机片内集成 4 KB 的 Flash ROM(AT89S52 单片机片内则集成了 8 KB 的 Flash ROM),片外最多可扩展至 64 KB。

(4)中断系统:具有 5 个中断源,其中两个外部中断源、两个定时/计数器中断源、一个串行口中断源,中断优先级分为高、低两级。

(5)定时器/计数器:片内有两个 16 位的定时器/计数器 T0、T1(增强型的 52 子系列有 3 个 16 位的定时器/计数器),具有 4 种工作方式。

(6)看门狗定时器(WDT):片内有一个 WDT。WDT 具有当 CPU 由于干扰使程序陷入死循环或跑飞状态时而使程序恢复正常运行的功能。

(7)并行 I/O 口:片内有 4 个 8 位并行 I/O 口(P0 ~ P3)。

(8)串行口:片内有一个全双工的 UART 串行口,实现单片机和其他数据设备间的串行数据传送。该串行口的功能较强,既可作为全双工异步通信收发器使用,也可作为同步移位寄存器使用,还可与多个单片机相连构成多机系统。

(9)特殊功能寄存器(SFR):共有 26 个特殊功能寄存器,用于 CPU 对片内各功能部件进行管理、控制和监视。特殊功能寄存器实际上是片内各个功能部件的控制寄存器和状态寄存器,这些特殊功能寄存器映射在片内 RAM 区 80H ~ FFH 的地址空间内。

2.2 AT89S51 单片机外部引脚说明

熟悉了单片机的内部功能模块,还需知道单片机对外表现的功能,从而利用单片机进行系统开发设计。单片机功能的实现是通过具体的引脚与外界传递数据来完成的。AT89S51 单片机有双列直插式封装(Dual In-line Package, DIP)、塑料引线芯片封装(Plastic Leaded Chip Carrier, PLCC)和薄塑封四角扁平封装(Thin Quad Flat Package, TQFP)3 种封装方式,其中,40 引脚的双列直插式封装(DIP)使用最多,如图 2.2 所示。

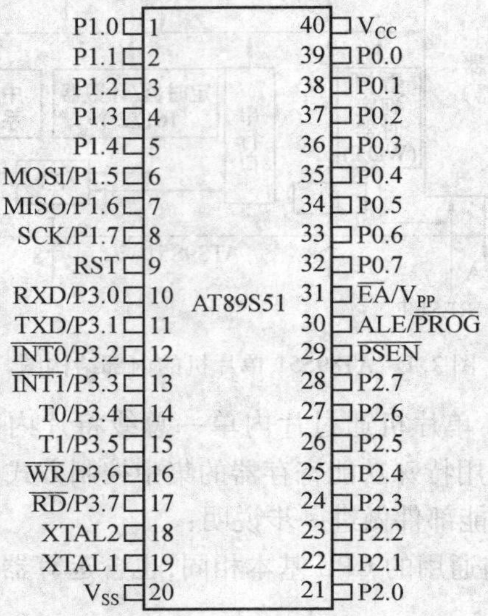

图 2.2　AT89S51 双列直插封装方式引脚结构

40 个引脚按其功能可分为如下 3 类:

(1)电源及时钟引脚:V_{CC}、V_{SS}、XTAL1、XTAL2。

(2)控制引脚:$\overline{PSEN}$、ALE/$\overline{PROG}$、$\overline{EA}$/V_{PP}、RST(即 RESET)。

(3)I/O 口引脚:P0 ~ P3 共 4 个 8 位并行 I/O 口,共有 32 个引脚。

下面结合图 2.2 介绍各引脚的功能。

2.2.1 电源及时钟引脚

1. 电源引脚

电源引脚接入单片机的工作电源。

(1)V_{CC}(40 脚):接+5 V 电源。

(2)V_{SS}(20 脚):接地。

2. 时钟引脚

时钟引脚外接晶体，与片内的反相放大器构成了一个振荡器，给单片机提供时钟控制信号。时钟引脚也可以外接晶体振荡器。

(1) XTAL1(19 脚)：片内时钟振荡器的反相放大器的输入端。当使用单片机片内的时钟振荡器时，该引脚连接外部石英晶体和微调电容；当采用外接晶体振荡器时，该引脚接外部时钟振荡器信号，即把此信号直接接到内部时钟发生器的输入端。

(2) XTAL2(18 脚)：片内时钟振荡器的反相放大器的输出端。当使用单片机片内的时钟振荡器时，该引脚连接外部石英晶体和微调电容；当采用外接晶体振荡器时，该引脚悬空。

2.2.2　控制引脚

此类引脚提供控制信号，有的引脚还具有复用功能。

(1) RST(RESET,9 脚)：复位信号输入端，高电平有效。在 RET 引脚加上持续时间大于两个机器周期的高电平，就可以使单片机复位。在单片机正常工作时，此引脚应为不大于 0.5 V 的低电平。看门狗定时器溢出输出时，RST 引脚将输出长达 96 个时钟振荡周期的高电平。

(2) $\overline{\text{PSEN}}$(Program Strobe Enable,29 脚)：外部程序存储器读选通控制信号，低电平有效。当 AT89S51 单片机从外部程序存储器执行外部代码时，$\overline{\text{PSEN}}$在每个机器周期被激活两次，而在访问外部数据存储器时，$\overline{\text{PSEN}}$将不被激活。

(3) ALE/$\overline{\text{PROG}}$(Address Latch Enable/Programming,30 脚)：ALE 为该引脚的第一功能，即地址锁存控制信号。当 CPU 访问外部程序存储器或数据存储器时，ALE 输出脉冲用于将低 8 位地址锁存到片外的地址锁存器中。即使不访问外部存储器，ALE 仍以时钟振荡频率的 1/6 输出固定的正脉冲信号，因此它可用作外部定时或触发信号使用。需要注意的是，每当 CPU 访问外部数据存储器时，将跳过一个 ALE 脉冲。

如有必要，可通过对特殊功能寄存器 AUXR(地址为 8EH)的 D0 位(ALE 禁止位)置 1，来禁止 ALE 操作。

$\overline{\text{PROG}}$为该引脚的第二功能，对 Flash ROM 编程期间，该引脚用于输入编程脉冲。

(4) $\overline{\text{EA}}$/V_{PP}(External Access Enable/Voltage Pulse of Programming,31 脚)：$\overline{\text{EA}}$为内部、外部程序存储器选择控制信号，为该引脚的第一功能。

当$\overline{\text{EA}}$引脚接高电平时，在程序计数器(Program Counter,PC)值不超出 0FFFH(即不超出片内 4 KB 的 Flash ROM 地址范围)时，单片机读取片内程序存储器(4 KB)中的程序；当 PC 值超出 0FFFH(即超出片内 4 KB 的 Flash ROM 地址范围)时，将自动转向读取片外 60 KB(地址范围为 1000H ~ FFFFH)程序存储器空间中的程序。当$\overline{\text{EA}}$引脚接低电平时，只读取外部程序存储器中的内容，读取的地址范围为 0000H ~ FFFFH，片内 4 KB 的 Flash ROM 不起作用。需注意的是：如果加密位 LB1 被编程，复位时内部会锁存$\overline{\text{EA}}$端状态。

V_{PP}为该引脚的第二功能，即在对片内 Flash ROM 编程时，该引脚用于接收 12 V 编程电压 V_{PP}。

2.2.3 并行 I/O 口引脚

(1)P0 口(8 位双向 I/O 口,引脚 32 ~39)。

P0 口是一个 8 位漏极开路的双向 I/O 口,既可作为地址/数据总线使用,又可作为通用 I/O 口使用。当 AT89S51 单片机扩展外部存储器及 I/O 口芯片时,P0 口作为地址总线(低 8 位)及数据总线的分时复用端口,在这种模式下,P0 口内部接上拉电阻。另外,P0 口也可作为通用的 I/O 口使用,这时 P0 口为准双向口,需外接上拉电阻。P0 口作为通用的I/O口输入时,应先向端口输出锁存器写入 1。作为通用的 I/O 口输出时,P0 口可驱动 8 个 LS 型逻辑门电路(Transistor Transistor-Logic,TTL)负载。

(2)P1 口(8 位准双向 I/O 口,引脚 1 ~8)。

P1 口是一个带内部上拉电阻的 8 位准双向 I/O 口,可驱动 4 个 LS 型 TTL 负载。当作为通用的 I/O 口输入时,应先向端口锁存器写入 1。MOSI/P1.5、MISO/P1.6 和 SCK/P1.7 也可用于对片内 Flash ROM 串行编程和校验,它们分别是串行数据输入、输出和移位脉冲引脚。

(3)P2 口(8 位准双向 I/O 口,引脚 21 ~28)。

P2 口是一个带有内部上拉电阻的 8 位准双向 I/O 口,既可作为地址总线高 8 位使用,又可作为通用 I/O 口使用。在访问外部程序存储器或 16 位地址的外部数据存储器时,P2 口送出高 8 位地址。在访问 8 位地址的外部数据存储器时,P2 口线上的内容(即特殊功能寄存器中 P2 寄存器的内容)在整个访问期间不改变。当作为通用的 I/O 口输入时,应先向端口锁存器写入 1。P2 口可驱动 4 个 LS 型 TTL 负载。

(4)P3 口(8 位准双向 I/O 口,引脚 10 ~17)。

P3 口是一个带有内部上拉电阻的 8 位准双向 I/O 口。P3 口除了作为一般的 I/O 口使用外,更重要的用途是它的第二功能,见表 2.1。当作为通用的 I/O 口输入时,也应先向端口锁存器写入 1。P3 口也可驱动 4 个 LS 型 TTL 负载。

表 2.1 P3 口的第二功能

引脚	第二功能
P3.0	RXD:串行口输入
P3.1	TXD:串行口输出
P3.2	$\overline{INT0}$:外部中断 0 请求输入
P3.3	$\overline{INT1}$:外部中断 1 请求输入
P3.4	T0:定时器/计数器 T0 外部计数脉冲输入
P3.5	T1:定时器/计数器 T1 外部计数脉冲输入
P3.6	$\overline{WR}$:外部数据存储器写控制信号输出
P3.7	$\overline{RD}$:外部数据存储器读控制信号输出

2.3 中央处理单元(CPU)

CPU 即中央处理单元,是单片机的核心部件,它完成各种运算和控制操作,主要由运算器和控制器两部分组成(图 2.1)。

2.3.1　运算器

运算器主要实现对操作数进行算术运算、逻辑运算和位操作，主要包括算术逻辑运算单元（Arithmetic Logic Unit，ALU）、累加器（Accumulator，A）、寄存器 B、程序状态字寄存器（Program Status Word，PSW）、位处理器及暂存器等。

1. 算术逻辑运算单元

算术逻辑运算单元可以对位数据进行加、减、乘、除、加 1、减 1、BCD 码数的十进制调整及比较等算术运算，以及与、或、异或、求补及循环移位等逻辑运算。AT89S51 单片机的 ALU 还具有位操作功能，它可对位（bit）变量进行位处理，如置 1、清 0、求补、测试转移及逻辑与、逻辑或等操作。

2. 累加器

累加器是 CPU 中使用最频繁、使用频度最高的一个 8 位特殊功能寄存器，简称为 Acc 或 A 寄存器，有些场合下必须写为“Acc”。

累加器的作用如下：

（1）累加器是 ALU 的输入数据源之一，它又是 ALU 运算结果的存放单元。

（2）CPU 中的数据传送大多都通过累加器，故累加器又相当于数据的中转站。为解决累加器结构所带来的“瓶颈堵塞”问题，AT89S51 单片机增加了一部分可以不经过累加器的传送指令。

（3）累加器的进位标志 Cy 是特殊的，因为它同时又是位处理机的位累加器。

3. 寄存器 B

寄存器 B 是一个 8 位寄存器，是为 ALU 进行乘、除运算而设置的。在执行乘法运算指令时，寄存器 B 用于存放其中的一个乘数和乘积的高 8 位数；在执行除法运算时，寄存器 B 用于存放除数和余数；在其他情况下，寄存器 B 可以作为一个普通的寄存器使用。

4. 程序状态字寄存器

AT89S51 单片机的程序状态字寄存器位于单片机片内的特殊功能寄存器区，字节地址为 D0H。PSW 的不同位包含了程序运行状态的不同信息，在程序设计中经常要用到 PSW 的各个位，因此掌握并牢记 PSW 的各个位的含义是十分重要的。PSW 的格式如图 2.3 所示。

	D7	D6	D5	D4	D3	D2	D1	D0	
PSW	CY	AC	F0	RS1	RS0	OV	—	P	D0H

图 2.3　PSW 的格式

PSW 中各个位的功能如下：

（1）CY（PSW.7）进位标志位：CY 也可写为 C。在执行算术运算和逻辑运算时，如果有进位或借位，CY=1；否则，CY=0。在位处理器中，它是位累加器。

（2）AC（PSW.6）辅助进位标志位：AC 标志位在 BCD 码运算时，用作十进位调整。当 D3 位向 D4 位产生进位或借位时，AC=1；否则，AC=0。

（3）F0（PSW.5）用户标志位：给用户使用的一个状态标志位，可用指令来使它置 1 或清

0,也可由指令来测试该标志位,根据测试结果控制程序的流向。编程时,用户应充分利用该标志位。

(4)RS1、RS0(PSW.4、PSW.3)工作寄存器区选择控制位:在 AT89S51 单片机的片内 RAM 区中共有 4 组工作寄存器区,RS1、RS0 两位用来选择这 4 组工作寄存器区中的某一组为当前工作寄存器区,它们和 RS1、RS0 组合值的对应关系见表 2.2。在单片机上电复位时,RS1RS0=00,系统自动选择第 0 区为当前工作寄存器组。

表 2.2　RS1、RS0 与 4 组工作寄存器区的对应关系

RS1	RS0	所选的 4 组寄存器
0	0	0 区(内部 RAM 地址 00H ~ 07H)
0	1	1 区(内部 RAM 地址 08H ~ 0FH)
1	0	2 区(内部 RAM 地址 10H ~ 17H)
1	1	3 区(内部 RAM 地址 18H ~ 1FH)

(5)OV(PSW.2)溢出标志位:当执行算术指令时,用来指示运算结果是否产生溢出。如果结果产生溢出,OV=1;否则,OV=0。

(6)—(PSW.1 位):保留位,未用。

(7)P(PSW.0)奇偶校验标志位:该标志位表示指令执行完时,累加器中 1 的个数是奇数还是偶数。P=1,表示 A 中 1 的个数为奇数;P=0,表示 A 中 1 的个数为偶数。数据指针(OPTR)标志位对串行通信中的串行数据传输有重要的意义。在串行通信中,常用奇偶校验的方法来检验数据串行传输的可靠性。

5. 位处理器

位处理器专门负责进行位操作。例如,位置 1、清 0、取反,判断位值转移,位数据传送,位逻辑与、逻辑或等。

6. 暂存器

用以暂存进入运算器之前的数据。

2.3.2　控制器

控制器是控制单片机系统各种操作的部件,其功能是控制指令的读取、译码和执行,对指令的执行过程进行定时控制,并根据执行结果决定其后的操作。控制器主要包括时钟发生器、定时控制逻辑、复位电路、指令寄存器(Instruction Register,IR)、指令译码器(Instruction Decoder,ID)、程序计数器(PC)、数据指针寄存器(DPTR0 和 DPTR1)、堆栈指针(Stack Pointer,SP)等。

1. 程序计数器

程序计数器是一个具有自加 1 功能的 16 位计数器,其内容始终是单片机将要执行的下一条指令的地址。AT89S51 单片机中的 PC 位数为 16 位,故可对 64 KB($=2^{16}$ B)的程序存储器进行寻址。PC 是不可访问的,即用户不能直接使用指令对 PC 进行读/写。当单片机复位时,PC 中的内容为 0000H,即 CPU 从程序存储器 0000H 单元取指令,开始执行程序。

2. 指令寄存器

指令寄存器用于存放从 Flash ROM 中读取的指令。

3. 指令译码器

指令译码器负责将指令译码,产生一定序列的控制信号,完成指令所规定的操作。

4. 数据指针寄存器(DPTR0 和 DPTR1)

为了便于访问数据存储器,AT89S51 单片机设置了两个数据指针寄存器(DPTR0 和 DPTR1),是16位的SFR,主要用来存放16位数据存储器的地址,以便对片外64 KB的数据RAM区进行读写操作。DPTR0(或DPTR1)由高位字节DP0H(或DP1H)和低位字节DP0L(或DP1L)组成,DPTR0(或DPTR1)既可以作为一个16位寄存器使用,也可以作为两个独立的8位寄存器DP0H(或DP1H)和DP0L(或DP1L)使用。

2.4 AT89S51 单片机的存储器组织

单片机系统中,存放程序的存储器称为程序存储器,类似于通用计算机系统中的ROM,单片机运行时,只能读出,不能写入;存放数据的存储器称为数据存储器,相当于通用计算机中的RAM。AT89S51单片机存储器结构是将程序存储器和数据存储器分开(称为哈佛结构),均具有64 KB的外部程序和数据寻址空间,AT89S51单片机的存储器结构如图2.4所示。

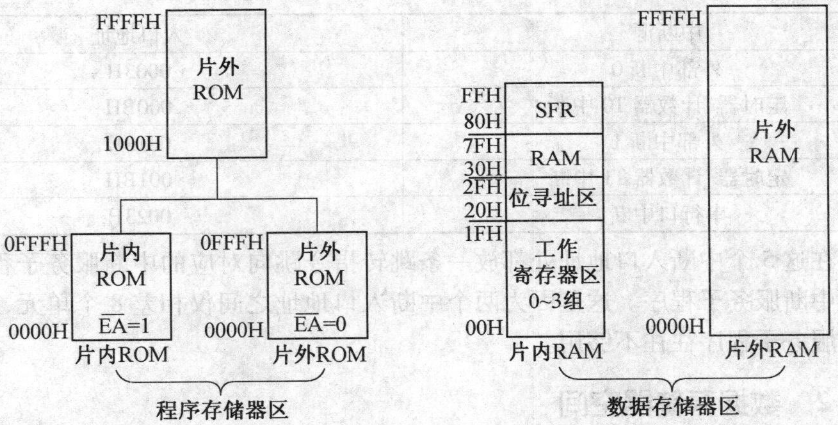

图2.4 AT89S51单片机的存储器结构

2.4.1 程序存储器

程序存储器是只读存储器(ROM),用来存放经过调试正确的应用程序和表格之类的固定数据。程序存储器可以分为片内程序存储器和片外程序存储器。AT89S51单片机的片内程序存储器为4 KB的Flash ROM,地址范围为0000H~0FFFH。由于AT89S51单片机有16位地址线,当片内4 KB的Flash ROM不够用时,用户可在片外扩展程序存储器,最多可扩展至64 KB($2^{16}=64$),地址范围为0000H~FFFFH。在进行单片机系统设计时,对于程序存储器的使用应考虑以下几个方面的问题:

(1)整个程序存储器空间可以分为片内和片外两部分(图2.4),在一个系统中既有片内程序存储器,同时又扩展了片外程序存储器,那么单片机在刚开始执行指令时,是先从片内程序存储器取指令,还是先从片外程序存储器取指令呢?这主要取决于程序存储器选择控制信号$\overline{EA}$引脚的电平状态。

$\overline{EA}$引脚接高电平时,单片机的 CPU 从片内 0000H 开始取指令,当 PC 值没有超出 0FFFH(片内 4 KB 的 Flash ROM 的地址范围)时,CPU 只访问片内的 Flash ROM,当 PC 值超出 0FFFH 会自动转向读取片外程序存储器(1000H ~ FFFFH)内的程序。

$\overline{EA}$引脚接低电平时,单片机的 CPU 只能执行片外程序存储器(0000H ~ FFFFH)中的程序。CPU 不理会片内 4 KB 的 Flash ROM(0000H ~ 0FFFH)。

(2)当系统需要扩展外部存储器时,它的 16 位地址应接在单片机的 P0 和 P2 口,片外程序存储器的寻址是通过这两个 8 位的 I/O 口进行的。

(3)片外程序存储器读选通控制信号$\overline{PSEN}$,用于对所有片外程序存储器的访问,而对片内程序存储器的访问无效。

(4)程序存储器中 0000H 单元存放的是单片机复位时的 PC 值,即单片机复位后系统从 0000H 开始执行程序。一般在该单元中存放一条绝对跳转指令,跳向主程序的入口地址。

(5)程序存储器空间中有 5 个固定的单元用于存放 5 个中断源的中断服务程序的入口地址,见表 2.3。

表 2.3　5 个中断源的中断入口地址

中断源	入口地址
外部中断 0	0003H
定时器/计数器 T0 中断	000BH
外部中断 1	0013H
定时器/计数器 T1 中断	001BH
串行口中断	0023H

通常在这 5 个中断入口地址处都放一条跳转指令跳向对应的中断服务子程序,而不是直接存放中断服务子程序。这是因为两个中断入口地址之间仅相差 8 个单元,用 8 个单元存放中断服务子程序往往不够用。

2.4.2　数据存储器空间

数据存储器空间分为片内数据存储器与片外数据存储器两部分。

1. 片内数据存储器

AT89S51 单片机的片内数据存储器(RAM)共有 128 个单元,字节地址为 00H ~ 7FH。图 2.5 所示为 AT89S51 单片机片内数据存储器的结构。

(1)工作寄存器区(00H ~ 1FH)。

AT89S51 单片机共有 4 组工作寄存器区,分别称为 0 区(00H ~ 07H)、1 区(08H ~ 0FH)、2 区(10H ~ 17H)和 3 区(18H ~ 1FH),每个区含 8 个 8 位寄存器,分别编号为 R0 ~ R7。任何时刻,CPU 只能使用其中的一组工作寄存器,不用的工作寄存器区仍可作为用户 RAM 单元使用。用户可以通过指令改变程序状态字寄存器(PSW)中的 RS1、RS0 位来切换当前选择的工作寄存器区。

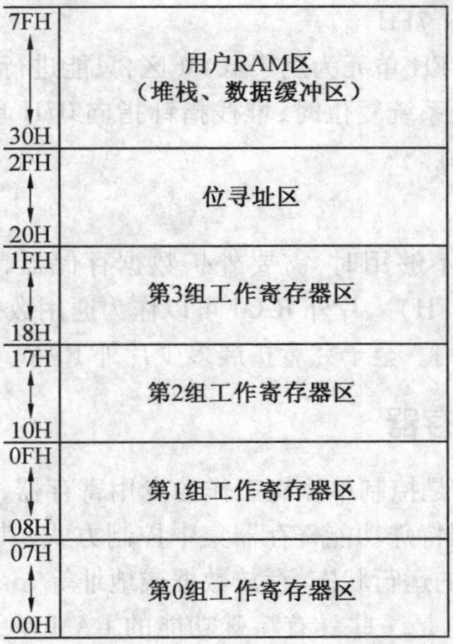

图 2.5　AT89S51 单片机片内数据存储器的结构

（2）位寻址区（20H ~ 2FH）。

20H ~ 2FH 之间共 16 个单元是片内 RAM 中的位寻址区，这 16 个字节共 128 个位，位地址为 00H ~ 7FH，见表 2.4。这些 RAM 单元可按位操作，每位可直接寻址，也可以进行字节寻址。

表 2.4　AT89S51 单片机片内 RAM 位地址区位地址表

字节地址	位地址							
	D7	D6	D5	D4	D3	D2	D1	D0
2FH	7FH	7EH	7DH	7CH	7BH	7AH	79H	78H
2EH	77H	76H	75H	74H	73H	72H	71H	70H
2DH	6FH	6EH	6DH	6CH	6BH	6AH	69H	68H
2CH	67H	66H	65H	64H	63H	62H	61H	60H
2BH	5FH	5EH	5DH	5CH	5BH	5AH	59H	58H
2AH	57H	56H	55H	54H	53H	52H	51H	50H
29H	4FH	4EH	4DH	4CH	4BH	4AH	49H	48H
28H	47H	46H	45H	44H	43H	42H	41H	40H
27H	3FH	3EH	3DH	3CH	3BH	3AH	39H	38H
26H	37H	36H	35H	34H	33H	32H	31H	30H
25H	2FH	2EH	2DH	2CH	2BH	2AH	29H	28H
24H	27H	26H	25H	24H	23H	22H	21H	20H
23H	1FH	1EH	1DH	1CH	1BH	1AH	19H	18H
22H	17H	16H	15H	14H	13H	12H	11H	10H
21H	0FH	0EH	0DH	0CH	0BH	0AH	09H	08H
20H	07H	06H	05H	04H	03H	02H	01H	00H

(3)用户 RAM 区(30H ~ 7FH)。

片内 RAM 中的 30H ~ 7FH 单元为用户 RAM 区,只能进行字节寻址,用于存放数据以及作为堆栈区使用。当单片机系统复位时,堆栈指针指向 07H 单元,因此当用户需要使用堆栈时,必须首先设置堆栈指针。

2. 片外数据存储器

当片内 128 B 的 RAM 不够用时,需要外扩数据存储器,AT89S51 单片机最多可外扩 64 KB的 RAM(0000H ~ FFFFH)。片外 RAM 可以作为通用数据区使用,用于存放大量的中间数据,也可以作为堆栈使用。至于究竟扩展多少片外 RAM,要根据用户实际需要来定。

2.4.3 特殊功能寄存器

特殊功能寄存器(SFR)是控制单片机工作的专用寄存器,AT89S51 单片机的 CPU 对片内各功能部件的控制是采用特殊功能寄存器集中控制方式,其主要功能包括控制单片机各个部件的运行、反映各部件的运行状态、存放数据或地址等。

特殊功能寄存器实质上是一些具有特殊功能的 RAM 单元,它们离散地分布于单元地址 80H ~ FFH 中,AT89S51 单片机共有 26 个特殊功能寄存器。SFR 的名称及分布见表 2.5。

表 2.5　SFR 的名称及分布

序号	特殊功能寄存器符号	名称	字节地址	位地址	复位值
1	* P0	P0 口寄存器	80H	87H ~ 80H	FFH
2	SP	堆栈指针	81H	—	07H
3	DP0L	数据指针 DPTR0 低字节	82H	—	00H
4	DP0H	数据指针 DPTR0 高字节	83H	—	00H
5	DP1L	数据指针 DPTR1 低字节	84H	—	00H
6	DP1H	数据指针 DPTR1 高字节	85H	—	00H
7	PCON	电源控制寄存器	87H	—	0××× 0000B
8	* TCON	定时器/计数器控制寄存器	88H	8FH ~ 88H	00H
9	TMOD	定时器/计数器模式控制寄存器	89H	—	00H
10	TL0	定时器/计数器 T0(低字节)	8AH	—	00H
11	TL1	定时器/计数器 T1(低字节)	8BH	—	00H
12	TH0	定时器/计数器 T0(高字节)	8CH	—	00H
13	TH1	定时器/计数器 T1(高字节)	8DH	—	00H
14	AUXR	辅助寄存器	8EH	—	××0 0××0B
15	* P1	P1 口寄存器	90H	97H ~ 90H	FFH
16	* SCON	串行口控制寄存器	98H	9FH ~ 98H	00H
17	SBUF	串行口数据缓冲器	99H	—	×××× ××××B
18	* P2	P2 口寄存器	A0H	A7H ~ A0H	FFH
19	AUXR1	辅助寄存器	A2H	—	×××× ×××0B
20	WDTRST	看门狗定时器复位寄存器	A6H	—	×××× ××××B
21	* IE	中断允许控制寄存器	A8H	AFH ~ A8H	0××0 0000B
22	* P3	P3 口寄存器	B0H	B7H ~ B0H	FFH
23	* IP	中断优先级控制寄存器	B8H	BFH ~ B8H	××00 0000B
24	* PSW	程序状态字寄存器	D0H	D7H ~ D0H	00H
25	* A(或 Acc)	累加器	E0H	E7H ~ E0H	00H
26	* B	寄存器 B	F0H	F7H ~ F0H	00H

在表 2.5 中,带"＊"的特殊功能寄存器既可以字节寻址,也可以按位寻址。可按位寻址的特殊功能寄存器共 11 个,共有 88 个位地址,其中 5 个位未用,其余 83 个位的位地址离散地分布于片内数据存储器区字节地址为 80H ~ FFH 的范围内,其最低的位地址等于其字节地址,并且其字节地址的末位都为 0 或 8。SFR 中的位地址分布见表 2.6。

表 2.6　SFR 中的位地址分布

特殊功能寄存器	位地址								字节地址
	D7	D6	D5	D4	D3	D2	D1	D0	
B	F7H	F6H	F5H	F4H	F3H	F2H	F1H	F0H	F0H
Acc	E7H	E6H	E5H	E4H	E3H	E2H	E1H	E0H	E0H
PSW	D7H	D6H	D5H	D4H	D3H	D2H	D1H	D0H	D0H
IP	—	—	—	BCH	BBH	BAH	B9H	B8H	B8H
P3	B7H	B6H	B5H	B4H	B3H	B2H	B1H	B0H	B0H
IE	AFH	—	—	ACH	ABH	AAH	A9H	A8H	A8H
P2	A7H	A6H	A5H	A4H	A3H	A2H	A1H	A0H	A0H
SCON	9FH	9EH	9DH	9CH	9BH	9AH	99H	98H	98H
P1	97H	96H	95H	94H	93H	92H	91H	90H	90H
TCON	8FH	8EH	8DH	8CH	8BH	8AH	89H	88H	88H
P0	87H	86H	85H	84H	83H	82H	81H	80H	80H

SFR 中的 P0 ~ P3、累加器(A)、寄存器 B、程序状态字寄存器(PSW)、数据指针寄存器(DPTR0、DPTR1)已在前面介绍过,下面简单介绍 SFR 中的堆栈指针(SP)、辅助寄存器(AUXR、AUXR1)和看门狗定时器复位寄存器(WDTRST),其余的 SFR 将在本书后面相应的章节中介绍。

1. 堆栈指针(81H)

堆栈指针是一个 8 位的专用寄存器,它指出堆栈顶部在内部 RAM 块中的位置。单片机系统复位后,SP 初始化地址为 07H,使得堆栈实际上从 08H 单元开始。由于 08H ~ 1FH 单元属于工作寄存器区 1 ~ 3,因此程序中要用到这些单元,需要用软件把 SP 的值改为 1FH 或者更大些。

AT89S51 单片机的堆栈结构属于向上生长型的堆栈(即每向堆栈压入一个字节数据时,SP 的内容自动增 1)。堆栈主要是为子程序调用和中断操作而设立的。堆栈的具体功能有两个:保护断点和保护现场。

(1)保护断点。因为无论是子程序的调用还是中断服务子程序的调用,最终都要返回主程序,所以,应预先把主程序的断点(PC 值)在堆栈中保护起来,为程序的正确返回做准备。

(2)保护现场。在单片机执行子程序或中断服务子程序时,很可能要用到单片机中的一些寄存器单元,这就会破坏主程序运行时这些寄存器单元中的原有内容。所以在执行子程序或中断服务子服务程序之前,要把单片机中有关寄存器单元的内容送入堆栈保存起来,这就是所谓的"保护现场"。

除了用软件直接设置 SP 的值外,在执行入栈、出栈、子程序调用、子程序返回、中断响应、中断返回等操作时,SP 的值将自动加 1 或减 1。在用 C 语言编程时由编译器管理堆栈区与堆栈指针。

2. AUXR 寄存器(8EH)

AUXR 是辅助寄存器,其格式如图 2.6 所示。

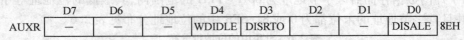

	D7	D6	D5	D4	D3	D2	D1	D0	
AUXR	—	—	—	WDIDLE	DISRTO	—	—	DISALE	8EH

图 2.6 AUXR 寄存器的格式

DISALE(D0):ALE 的禁止/允许位。DISALE=0,ALE 有效,发出恒定频率脉冲;DISALE=1,ALE 仅在 CPU 执行 MOVC 和 MOVX 类指令时有效,不访问外部存储器时 ALE 不输出脉冲信号。

DISRTO(D3):禁止/允许 WDT 溢出时的复位输出。当 DISRTO=0 时,WDT 溢出,在 RST 引脚输出一个高电平脉冲。DISRTO=1,RST 引脚仅为输入引脚。

WDIDLE(D4):WDT 在空闲模式下的禁止/允许位。WDIDLE=0,WDT 在空闲模式下继续计数;WDIDLE=1,WDT 在空闲模式下暂停计数。

3. AUXR1 寄存器(A2H)

AUXR1 也是辅助寄存器,其格式如图 2.7 所示。

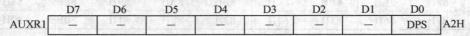

	D7	D6	D5	D4	D3	D2	D1	D0	
AUXR1	—	—	—	—	—	—	—	DPS	A2H

图 2.7 AUXR1 寄存器的格式

DPS(D0):数据指针寄存器选择位。前面介绍了 AT89S51 单片机有两个 16 位的数据指针寄存器 DPTR0、DPTR1,辅助寄存器 AUXR1 的 DPS 位用于选择两个数据指针。DPS=0,选择数据指针寄存器 DPTR0;DPS=1,选择数据指针寄存器 DPTR1。

4. WDTRST 寄存器(A6H)

AT89S51 单片机的看门狗定时器(WDT)包含一个 14 位计数器和一个看门狗定时器复位寄存器(WDTRST)。当 CPU 由于受到干扰,程序陷入死循环或“跑飞”状态时,看门狗定时器提供了一种使程序恢复正常运行的有效手段。

在 C 语言程序中,特殊功能寄存器在头文件“reg51.h”中定义,要使用特殊功能寄存器,在程序中必须引用这个头文件。特殊功能寄存器除累加器(A)和寄存器 B 是通用寄存器,在程序中可以随便使用外,其他特殊功能寄存器都是专用的,不能移做他用。

2.5 AT89S51 单片机的并行 I/O 口

并行端口是单片机控制外部设备的主要通道,AT89S51 单片机共有 4 个双向的 8 位并行 I/O 口:P0、P1、P2、和 P3,属于特殊功能寄存器。这 4 个端口既可以作为并行输入/输出数据端口,也可以按“位”方式使用。但这 4 个 I/O 口的功能不完全相同,所以它们的内部结构设计也是不同的。本节详细介绍了这些 I/O 口的结构,以便于读者掌握它们的结构特点,在使用时能够更好地选择和控制。需要说明的是,如果用 C 语言编写控制程序,对 I/O 口的内部结构不用了解的太多,能正确使用即可。

2.5.1　P0 口

P0 口字节地址为 80H，位地址为 80H ~ 87H，是一个双功能的 8 位并行口，一个功能是作为通用的 I/O 口使用，另一个是作为地址/数据总线使用。作为第二个功能使用时，在 P0 口上分时送出低 8 位的地址和传送 8 位数据，这种地址和数据共用一个 I/O 口的方式，称为总线复用方式，由它分时用作地址/数据总线。

P0 口某一位的电路结构如图 2.8 所示。它由一个锁存器、数据输出驱动电路、两个三态输入缓冲器和输出控制电路组成。锁存器用于输出数据位的锁存，P0 口的 8 个位锁存器构成了特殊功能寄存器；数据输出驱动电路由场效应管 T1、T2 组成，以增大带负载能力，其工作状态受输出控制电路控制；三态输入缓冲器 1 用于读引脚的输入缓冲，三态输入缓冲器 2 用于读锁存器的输入缓冲；输出控制电路由一个与门、一个反相器和一个多路转换开关 MUX 组成输出。当控制信号 C=0 时，MUX 开关向下，P0 口作为通用 I/O 口使用；当 C=1 时，MUX 开关向上，P0 口作为地址/数据总线使用。

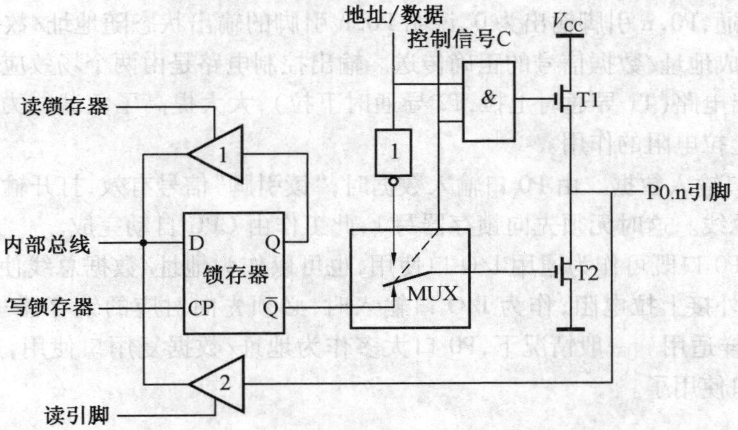

图 2.8　P0 口某一位的电路结构

1. P0 口作为通用 I/O 口使用

当控制信号 C=0 时，MUX 开关向下，P0 口作为通用 I/O 口使用，这时与门输出为 0，场效应管 T1 截止。

(1) P0 口作为输出口。当 CPU 在 P0 口执行输出指令时，“写”脉冲加在锁存器的 CP 端，内部总线上的数据写入锁存器的 D 端，并由引脚 P0.n 输出。当锁存器的 D 端为 1 时，$\overline{Q}$ 端为 0，下方场效应管截止，输出为漏极开路，此时，要使“1”信号正常输出，必须外接上拉电阻；当锁存器的 D 端为 0 时，下方场效应管导通，P0 口输出为低电平。

(2) P0 口作为输入口。当 P0 口作为输入口使用时，有两种读入方式：“读锁存器”和“读引脚”。读锁存器是指当 CPU 发出“读锁存器”指令时，锁存器的状态由 Q 端经上方的三态缓冲器 1 进入内部总线；读引脚是指读芯片引脚的数据，当 CPU 发出“读引脚”指令时，锁存器的输出为 1，即 $\overline{Q}$ 端为 0，从而使下方场效应管截止，这时使用下方的三态缓冲器 2，由读引脚信号将缓冲器打开，引脚的状态经缓冲器进入内部总线。

由于 P0 口作为 I/O 口使用时场效应管 T1 始终是截止的，当 P0 口作为输入口时，为保证引脚信号的正确读入,必须先向锁存器写 1,使场效应管 T2 截止,即引脚处于悬浮状态,才能用作高阻输入。否则,会因为 T2 导通而使端口始终被钳位在低电平,导致输入高电平无法读入。单片机复位后,数据输出锁存器自动被置 1;当 P0 口由原来的输出状态转变为输入状态时,应首先将锁存器置 1,方可执行输入操作。

2. P0 口作为地址/数据总线使用

在实际应用中,P0 口大多数情况下是作为地址/数据总线使用的。AT89S51 单片机没有单独的地址线和数据线,当扩展外部存储器或 I/O 时,由 P0 口作为单片机系统低 8 位地址/8 位数据分时复用的总线接口。当 P0 口作为地址/数据分时复用总线时,可分为以下两种情况:

(1)从 P0 口输出地址或数据。当访问外部存储器或 I/O 需从 P0 口输出地址或数据时,控制信号 C 应接高电平,这时硬件自动使转接开关 MUX 向上,接通反相器的输出,同时使与门处于开启状态。当输出的地址/数据信息为 1 时,与门输出为 1,场效应管 T1 导通,场效应管 T2 截止,P0. n 引脚输出为 1;当输出的地址/数据信息为 0 时,场效应管 T1 截止,场效应管 T2 导通,P0. n 引脚输出为 0,说明 P0. n 引脚的输出状态随地址/数据状态的变化而变化,从而完成地址/数据信号的正确传送。输出控制电路是由两个场效应管 T1 和 T2 组成的推拉式输出电路(T1 导通时上拉,T2 导通时下拉),大大提高了负载能力,场效应管 T1 这时起到内部上拉电阻的作用。

(2)从 P0 口输入数据。由 P0 口输入数据时,"读引脚"信号有效,打开输入缓冲器 2 使数据进入内部总线。这时无须先向锁存器写 1,此工作由 CPU 自动完成。

综上所述,P0 口既可作为通用 I/O 口使用,也可以作为地址/数据总线使用。作为 I/O 口输出时,必须外接上拉电阻;作为 I/O 口输入时,必须先向对应的锁存器写 1,这一点对 P1、P2、P3 口同样适用。一般情况下,P0 口大多作为地址/数据复用口使用,这时就不能再作为通用 I/O 口使用了。

2.5.2 P1 口

P1 口字节地址为 90H,位地址为 90H ~ 97H,只作为通用 I/O 口使用。

P1 口某一位的电路结构如图 2.9 所示。它由一个数据输出锁存器、两个三态输入缓冲器和一个数据输出驱动电路组成。数据输出驱动电路由一个场效应管 T2 和一个片内上拉电阻组成,因此当其某位输出高电平时,可以提供上拉电流负载,不必像 P0 口那样需要外接上拉电阻。

P1 口只有通用 I/O 口一种功能,每一位接口线都能独立地用作输入/输出端口。

(1)P1 口用作输出口。当 P1 口作为输出口时,若 CPU 输出 1,则 $Q=1,\overline{Q}=0$,场效应管 T2 截止,P1 口引脚的输出为 1;若 CPU 输出 0,则 $Q=0,\overline{Q}=1$,场效应管 T2 导通,P1 口引脚的输出为 0。

(2)P1 口用作输入口。当 P1 口作为输入口时,分为"读锁存器"和"读引脚"两种方式。"读锁存器"时,数据输出锁存器的输出端 Q 的状态经输入缓冲器 1 进入内部总线;"读引脚"时,必须先向数据输出锁存器写 1,使场效应管 T2 截止,P1. n 引脚上的电平经输入缓冲器 2 进入内部总线。

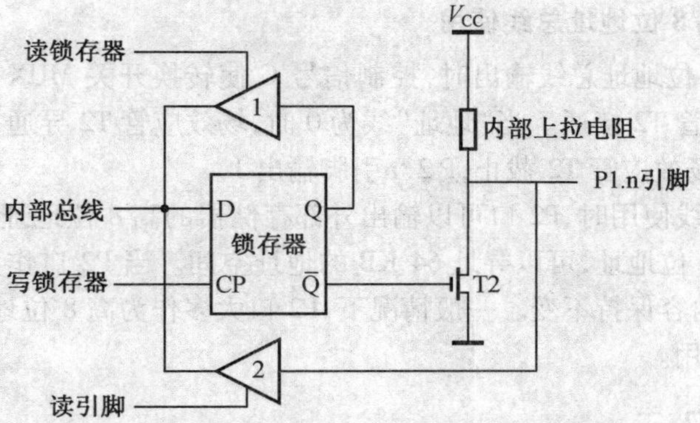

图 2.9　P1 口某一位的电路结构

2.5.3　P2 口

P2 口字节地址为 A0H，位地址为 A0H ~ A7H。P2 口是一个双功能口，既可以作为通用 I/O 口使用，也可以作为高 8 位地址总线输出使用。

P2 口某一位的电路结构如图 2.10 所示。它由一个锁存器、两个三态数据输入缓冲器、一个多路转换开关 MUX 和一个数据输出驱动电路组成。数据输出驱动电路由场效应管 T2 和内部上拉电阻组成。

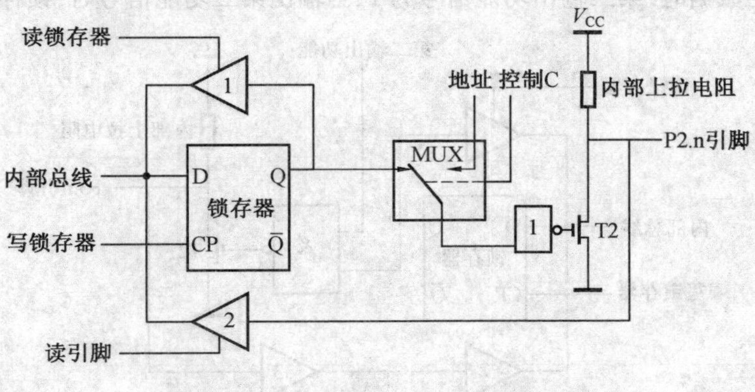

图 2.10　P2 口某一位的电路结构

1. P2 口作为通用 I/O 口使用

P2 口作为通用 I/O 口使用时，控制信号 C 使转换开关 MUX 接向左侧，将锁存器的输出 Q 端经反相器与场效应管 T2 接通。

（1）P2 口用作输出口。当 CPU 输出 1 时，Q = 1，$\overline{Q}$ = 0，场效应管 T2 截止，P2. n 引脚输出 1；当 CPU 输出 0 时，Q = 0，$\overline{Q}$ = 1，场效应管 T2 导通，P2. n 引脚输出 0。

（2）P2 口用作输入口。输入时，分为“读锁存器”和“读引脚”两种方式。“读锁存器”时，Q 端信号经输入缓冲器 1 进入内部总线；“读引脚”时，必须先向锁存器写 1，使场效应管 T2 截止，P2. n 引脚上的电平经输入缓冲器 2 进入内部总线。

2. P2 口作为高 8 位地址总线使用

P2 口作为高 8 位地址总线输出时，控制信号 C 使转换开关 MUX 接向右侧，“地址”通过反相器与场效应管 T2 接通。当“地址”线为 0 时，场效应管 T2 导通，P 2. n引脚输出 0；当“地址”线为 1 时，场效应管 T2 截止，P 2. n引脚输出 1。

作为地址输出线使用时，P2 口可以输出外部存储器的高 8 位地址，与 P0 口输出的低 8 位地址一起构成 16 位地址，可以寻址 64 KB 的地址空间。当 P2 口作为高 8 位地址输出口时，输出锁存器的内容保持不变。一般情况下，P2 口大多作为高 8 位地址用，这时就不能再作为通用 I/O 口使用。

2.5.4 P3 口

P3 口字节地址为 B0H，位地址为 B0H ~ B7H。P3 口是一个多功能端口，它除了作为通用 I/O 口使用外，还在 P3 口电路中增加了引脚的第二功能（各功能详见表 2.1）。P3 口的每一位都可以分别定义为第二输入功能或第二输出功能。

P3 口某一位的电路结构如图 2.11 所示。它由一个锁存器、3 个三态数据输入缓冲器和一个数据输出驱动电路组成。3 个输入缓冲器 1、2、3 分别用于读锁存器、读引脚和第二输入功能数据的缓冲。输出驱动电路由与非门、场效应管 T2 和内部上拉电阻组成。与非门的作用实际上是一个开关，它决定是输出锁存器上的数据，还是第二输出功能的信号。当输出锁存器 Q 端的数据时，第二输出功能信号为 1；当输出第二功能信号时，锁存器 Q 端为 1。

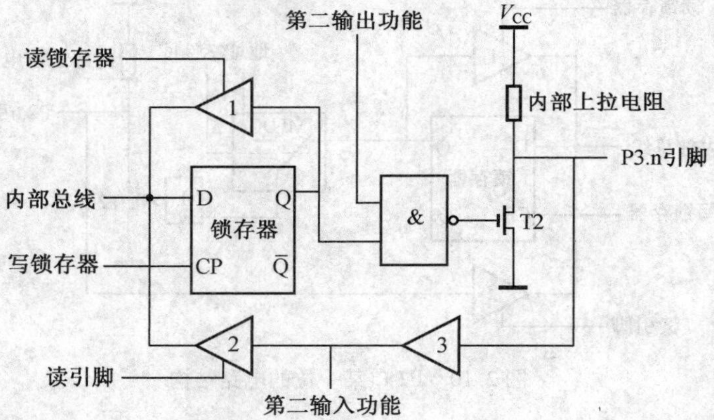

图 2.11　P3 口某一位的电路结构

1. P3 口作为通用 I/O 接口使用

(1)P3 口用作输出口。当 P3 口用作第一功能通用输出时，第二输出功能端应保持高电平，这时与非门为开启状态。当 CPU 输出 1 时，Q = 1，$\overline{Q}$ = 0，场效应管 T2 截止，P3. n 引脚输出为 1；当 CPU 输出 0 时，Q = 0，$\overline{Q}$ = 1，场效应管 T2 导通，P3. n 引脚输出为 0。

(2)P3 口用作输入口。当 P3 口用作第一功能通用输入时，P3. n 引脚的输出锁存器和第二输出功能端均应置 1，场效应管 T2 截止，P3. n 引脚状态通过输入缓冲器 3 送至输入缓冲器 2，在“读引脚”信号有效时，通过输入缓冲器 2 的输出端进入内部总线；当 P3 口实现第一功能通用输入时，也可以执行“读锁存器”操作，此时锁存器的 Q 端信息经过缓冲器 1 进入内部总线。

2. P3 口作为第二输入/输出功能使用

(1)P3 口作为第二输出功能使用。当选择 P3 口为第二输出功能时,由内部硬件将该位的锁存器置 1,使与非门为开启状态,第二功能如 TXD、$\overline{WR}$和$\overline{RD}$经与非门送至场效应管 T2,再输出到引脚端口。当输出为 1 时,场效应管 T2 截止,P3. n 引脚输出为 1;当输出为 0 时,场效应管 T2 导通,P3. n 引脚输出为 0。

(2)P3 口作为第二输入功能使用。当选择 P3 口为第二输入功能时,该位的锁存器和第二输出功能端均应置 1,保证场效应管 T2 截止,该位引脚为高阻态。此时第二输入功能如 RXD、$\overline{INT0}$、$\overline{INT1}$、T0、T1 等信号经输入缓冲器 3,送至第二输入功能端(此时端口不作为通用 I/O 口使用,无“读引脚”信号,三态缓冲器 2 不导通)。

用户不用考虑如何设置 P3 口的第一功能或第二功能。因为当 CPU 把 P3 口作为 SFR 进行寻址时(包括位寻址),内部硬件自动将第二输出功能线置 1,这时 P3 口为通用 I/O 口;当 CPU 不把 P3 口作为 SFR 时,内部硬件自动使锁存器 Q 端置 1,P3 口为第二功能端口。

2.6　AT89S51 单片机的时钟电路与时序

单片机有一个复杂的同步时序电路,为了保证内部各功能部件同步工作方式的实现,电路应在唯一的时钟信号的控制下严格地按时序进行工作。

CPU 在执行指令时,首先到程序存储器中取出需要执行的指令,然后进行译码,并由时序电路产生一系列控制信号完成指令所规定的操作。这些控制信号在时间上的相互关系就是 CPU 的时序,它是一系列具有时间顺序的脉冲信号。CPU 发出的时序信号有两类,一类用于片内各个功能部件的控制,它们是芯片设计师关注的问题,用户无须了解;另一类用于对片外存储器或 I/O 口的控制,需要通过器件的控制引脚送到片外,这部分时序对分析、设计硬件接口电路至关重要,也是软件编程应遵循的原则,所以单片机应用系统设计者需要认真掌握。

2.6.1　时钟电路

AT89S51 单片机各功能部件的运行都以时钟控制信号为基准,有条不紊、一拍一拍地工作。因此,时钟频率直接影响单片机的速度,时钟电路的质量也直接影响单片机系统的稳定性。常用的时钟电路有两种,一种是内部时钟方式,利用芯片内部的振荡电路产生时钟信号;另一种是外部时钟方式,时钟信号由外部引入。

1. 内部时钟方式

图 2.12 所示为 AT89S51 单片机内部时钟方式电路。该电路内部有一个用于构成内部振荡器的高增益反相放大器,引脚 XTAL1 和 XTAL2 分别是放大器的输入、输出端。这两个引脚外接石英晶体和微调电容,构成一个稳定的自激振荡器,这种方式称为内部时钟方式,大多数单片机均采用内部时钟方式。

电路中外接晶振以及电容 C_1、C_2 构成并联谐振电路,接在放大器的反馈电路中。内部振荡器的频率取决于晶振的频率。晶振的频率越高,系统的时钟频率越高,单片机的运行速度也就越快。但反过来，运行速度快对存储器的速度要求就高，对印制电路板的工艺要求也变高，即要求线间的寄生电容要小。晶振频率的可选范围通常为 1.2 ~ 12 MHz。电容 C_1 和 C_2 的主要作用是帮助起振（谐振），其值的大小会影响振荡器频率的高低、振荡器的稳定性和起振的快速性。因此常通过调节 C_1 或 C_2 的容量大小对频率进行微调，电容容量通常为 20 ~ 100 pF，当时钟频率为 12 MHz 时 C_1、C_2 的典型值为 30 pF。晶振和电容应尽可能安装得与单片机芯片靠近，以减少寄生电容，更好地保证振荡器稳定和可靠的工作。为了提高温度稳定性，应采用温度稳定性能好的高频电容。

AT89S51 单片机常选择振荡频率为 6 MHz 或 12 MHz 的石英晶体。随着集成电路制造工艺技术的发展，单片机的时钟频率也在逐步提高，AT89S51 和 AT89S52 单片机的时钟频率最高可达 33 MHz。

2. 外部时钟方式

图 2.13 所示为 AT89S51 单片机外部时钟方式电路。外部时钟方式将外部振荡器产生的脉冲信号直接加到振荡器的输入端，作为 CPU 的时钟源。这时外部振荡器的输出信号直接接到 XTAL1 端，XTAL2 端悬空。这种方式常用于多片 AT89S51 单片机同时工作的场合，为便于多片 AT89S51 单片机之间的同步，一般采用低于 12 MHz 的方波信号。

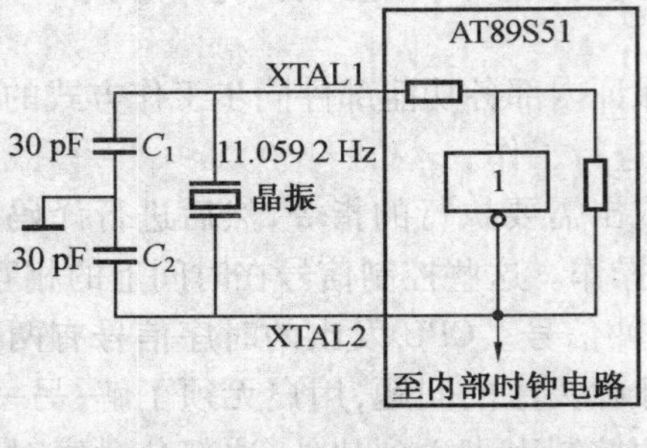

图 2.12　AT89S51 单片机内部时钟方式电路

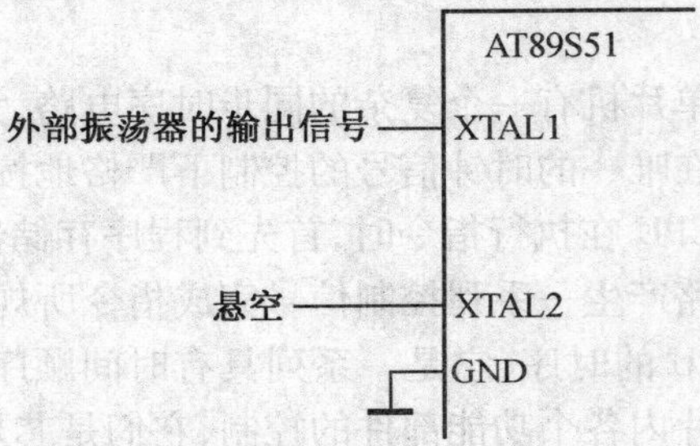

图 2.13　AT89S51 单片机外部时钟方式电路

3. 时钟信号的输出

当使用片内振荡器时，XTAL1、XTAL2 引脚还能为单片机应用系统中的其他芯片提供时钟信号，这时需增加驱动能力。其引出方式有两种，如图 2.14 所示。

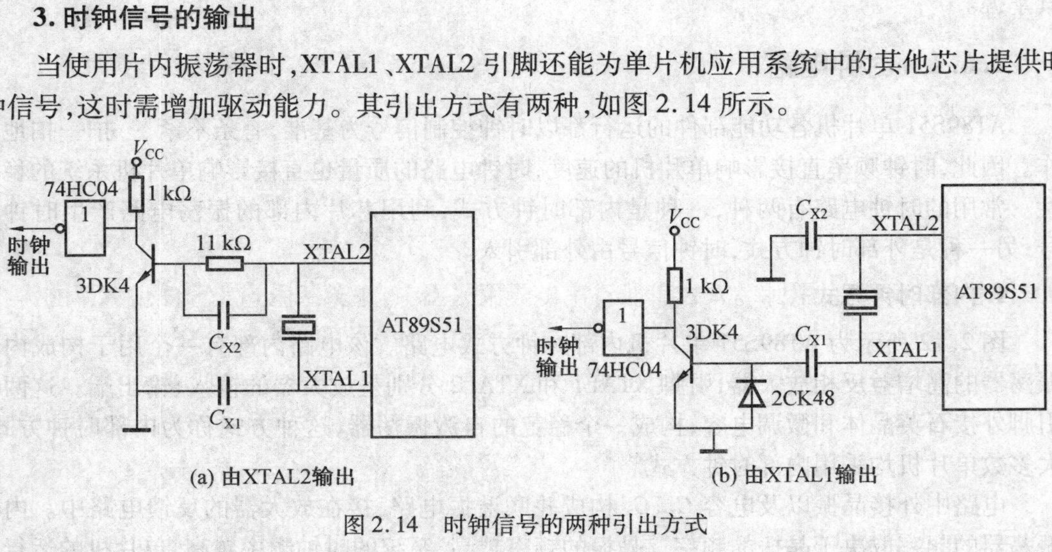

图 2.14　时钟信号的两种引出方式

2.6.2　CPU 时序

CPU 在执行指令时，各控制信号在时间顺序上的关系称为时序，由 CPU 控制器的时序控制电路控制，各种时序均与时钟周期有关。

1. 时钟周期

时钟周期是单片机时钟控制信号的基本时间单位。若时钟晶体的振荡频率为 f_{osc}，则时钟周期 $T_{osc}=1/f_{osc}$。

2. 机器周期

CPU 完成一个基本操作所需要的时间称为机器周期（记为 T_{cy}）。AT89S51 单片机的一个机器周期由 12 个时钟周期组成，即 $T_{cy}=12/f_{osc}$。若 $f_{osc}=6$ MHz，则 $T_{cy}=2$ μs；若 $f_{osc}=12$ MHz，$T_{cy}=1$ μs。单片机中常把执行一条指令的过程分为几个机器周期，每个机器周期完成一个基本操作，如取指令、读或写数据等。

AT89S51 单片机采用定时控制方式，具有固定的机器周期，一个机器周期包括 12 个时钟周期，这 12 个时钟周期可分为 6 个状态：S1 ~ S6。每个状态又分为两个拍节，前半周期对应的拍节称为拍节 1（P1），后半周期对应的拍节称为拍节 2（P2）。因此，一个机器周期中的 12 个时钟周期共有 12 个拍节，分别记作：S1P1、S1P2、S2P1、S2P2、…、S6P2，如图 2.15 所示。

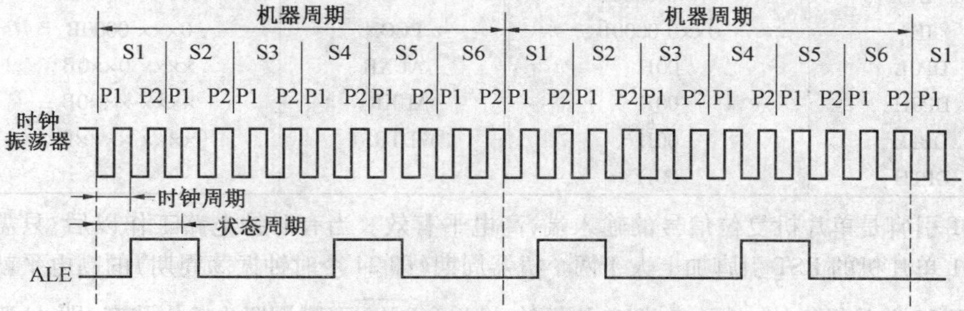

图 2.15　AT89S51 单片机的机器周期、状态周期和时钟周期

3. 指令周期

指令周期是最大的时序定时单位，执行一条指令所需要的全部时间称为指令周期。它一般由若干个机器周期组成。不同的指令，所需要的机器周期数也不相同。通常，包含一个机器周期的指令称为单周期指令，包含两个机器周期的指令称为双周期指令，依此类推。指令的运算速度与指令所包含的机器周期有关，机器周期数越少的指令执行速度越快。

2.7　复位操作和复位电路

复位是单片机的初始化操作，系统运行和重新启动靠复位电路来实现。复位的主要作用是使 CPU 和其他部件置于一个初始状态，使单片机硬件、软件从一个确定的、唯一的起点开始工作。

2.7.1 复位操作及复位信号

当 AT89S51 单片机进行复位时,程序计数器(PC)初始化为 0000H,也就是使 AT89S51 单片机从程序存储器的 0000H 单元开始执行程序,同时使 CPU 及其他的部件都从一个确定的初始状态开始工作。除了给单片机上电需要系统正常的初始化外,当程序运行出错(如程序"跑飞")或操作错误使系统处于"死锁"状态时,也都需要复位操作,使 AT89S51 单片机摆脱"跑飞"或"死锁"状态而重新启动程序。单片机复位后,内部各寄存器的状态见表 2.7。

表 2.7 单片机复位时内部各寄存器的状态

寄存器	复位状态	寄存器	复位状态
PC	0000H	TMOD	00H
Acc	00H	TCON	00H
PSW	00H	TH0	00H
B	00H	TL0	00H
SP	07H	TH1	00H
DPTR	0000H	TL1	00H
P0 ~ P3	FFH	SCON	00H
IP	×××0 0000B	SBUF	×××× ××××B
IE	0××0 0000B	PCON	0××× 0000B
DP0L	00H	AUXR	×××× 0××0B
DP0H	00H	AUXR1	×××× ×××0B
DP1L	00H	WDTRST	×××× ××××B
DP1H	00H		

RST 引脚是单片机复位信号的输入端,高电平有效。当有时钟电路工作以后,只需给 AT89S51 单片机的 RST 引脚加上大于两个机器周期(即 24 个时钟振荡周期)的高电平就可使 AT89S51 单片机复位。复位时把单片机的 ALE 和$\overline{\text{PSEN}}$引脚设置为输入状态,即 ALE=1 和$\overline{\text{PSEN}}$=1,而内部 RAM 中的数据将不受复位影响。

2.7.2 复位电路

AT89S51 单片机的复位是由外部的复位电路实现的。AT89S51 单片机片内复位电路结构如图 2.16 所示。

复位引脚 RST 通过一个施密特触发器与复位电路相连,施密特触发器用来抑制噪声,它的输出在每个机器周期的拍节 S5P2,由复位电路采样一次,然后才能得到内部复位操作所需要的信号。复位电路有两种:上电自动复位和按钮手动复位。

上电自动复位是通过外部复位电路的电容充电来实现的,上电自动复位电路如图 2.17 所示。在上电瞬间,电容 C 充电,RST 引脚的电位与 V_{CC}相同,随着电容 C 充电电压的增加,RST 引脚的电位逐渐下降。为保证单片机能有效复位,RST 引脚上的高电平必须维持至少两个机器周期。该电路的典型电阻、电容参数为:当时钟频率为 12 MHz 时,C 取 10 μF,R 取 8.2 kΩ;当时钟频率选用 6 MHz 时,C 取 22 μF,R 取 1 kΩ。上述参数比实际要求的值大很多,但通常设计人员并不关心多出的复位时间。

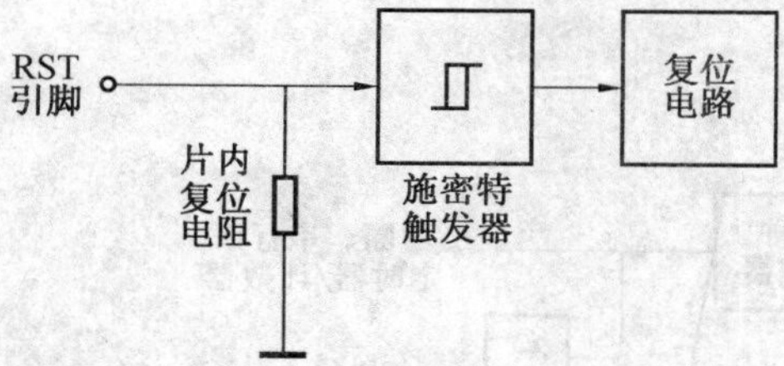

图 2.16　AT89S51 单片机的片内复位电路结构

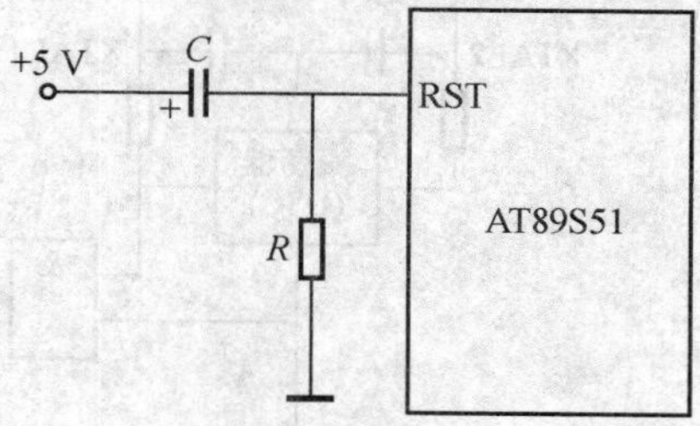

图 2.17　上电自动复位电路

除了上电复位外,有时还需要按钮手动复位。一般单片机复位电路都将上电自动复位和按钮手动复位设计在一起,如图 2.18 所示。电路中按钮没有按下时,其工作原理与图 2.17相同,为上电自动复位电路。在单片机运行期间,也可实现按钮手动复位。当时钟频率选用 6 MHz 时,C 取 22 μF,R_s 约为 200 Ω,R_k 约为 1 kΩ。

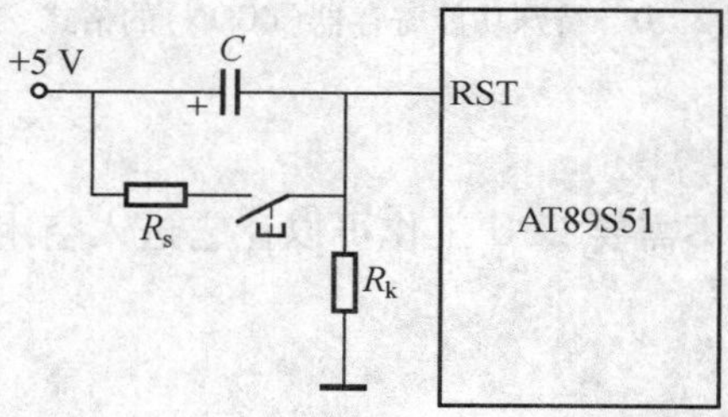

图 2.18　上电自动及按钮手动复位电路

2.8　AT89S51 单片机的低功耗节电模式

为了降低单片机运行时的消耗功率,AT89S51 单片机提供了两种低功耗节电工作模式,即空闲模式(Idle Mode)和掉电保持模式(Power Down Mode),所以单片机除了正常的工作模式外,还可以使用低功耗节电模式工作(又称省电模式)。在掉电保持模式下,V_{CC}可由后备电源供电。图 2.19 所示为两种低功耗节电模式的内部控制电路。

AT89S51 单片机的两种低功耗节电模式需要通过软件设置才能实现,具体是设置特殊功能寄存器中的电源控制寄存器(PCON)的 PD 和 IDL 位。PCON 的格式如图 2.20 所示,字节地址为 87H。

PCON 各位的定义如下:

①SMOD:串行通信波特率加倍位,SMOD=1 时波特率加倍。

②—:保留位,未定义。

③GF1、GF0:通用标志位 1 和通用标志位 0,供用户在程序设计时使用,两个标志位用户应充分利用。

④PD:掉电保持模式控制位,PD=1 时进入掉电保持模式。

⑤IDL:空闲模式控制位,IDL=1 时进入空闲模式。

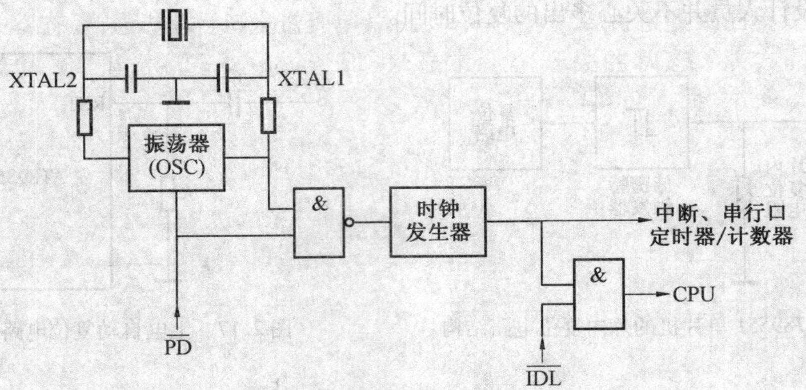

图 2.19　两种低功耗节电模式的内部控制电路

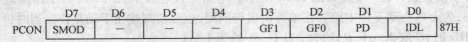

	D7	D6	D5	D4	D3	D2	D1	D0	
PCON	SMOD	—	—	—	GF1	GF0	PD	IDL	87H

图 2.20　特殊功能寄存器(PCON)的格式

2.8.1　空闲模式

在程序执行过程中,如果不需要 CPU 工作可以让它进入空闲工作模式,目的是降低单片机的功率消耗。

1. 空闲模式的进入

如果用指令把 PCON 中的 IDL 位置 1,则在图 2.19 中$\overline{IDL}$=0,此时通往 CPU 的时钟信号被阻断,单片机的 CPU 停止工作进入休眠状态。此时振荡器仍然运行,并向单片机内部的中断系统、串行口和定时器/计数器电路提供时钟,使它们继续工作。CPU 进入空闲模式时,SP、PC、PSW、A、P0 ~ P3 等所有其他寄存器,以及内部 RAM 和 SFR 中的内容均保持进入空闲模式前的原始状态,ALE 和$\overline{PSEN}$输出为高电平。

2. 空闲模式的退出

系统退出空闲模式的方式有两种:中断响应方式和硬件复位方式。

(1)在空闲模式下,若任何一个允许的中断请求被响应,PCON 的 IDL 位被片内硬件自动清 0,从而退出空闲模式。当执行完中断服务程序返回时,将从设置空闲模式指令的下一条指令(断点处)开始继续执行程序。

(2)通过硬件复位退出空闲模式时,若 RST 引脚出现复位脉冲,将导致 PCON 的 IDL 位清 0,进而退出空闲模式。复位逻辑电路发挥控制作用前(复位操作需要两个机器周期才能完成),有长达两个机器周期的时间,单片机要从断点处(IDL 位置 1 指令的下一条指令处)继续执行程序。在这期间,复位算法已经开始控制单片机的硬件并禁止 CPU 对片内 RAM 的访问,但不阻止对外部端口(或片外 RAM)的访问。为了避免在硬件复位退出空闲模式时出现对端口(或片外 RAM)出现意外的写操作,设置系统进入空闲模式时,将 IDL 位置 1 的指令后面应该避免写端口(或片外 RAM)的指令。

2.8.2　掉电保持模式

1. 掉电保持模式的进入

如果用指令把 PCON 的 PD 位置 1，单片机便进入掉电保持模式。由图 2.19 可见，这时进入时钟振荡器的信号被封锁，振荡器停止工作。由于时钟发生器没有时钟信号输出，单片机内部的所有功能部件均停止工作，但片内 RAM 和特殊功能寄存器区的内容被保留，而端口的输出状态值都被存在对应的 SFR 中。

2. 掉电保持模式的退出

退出掉电保持模式也有两种方法：硬件复位和外部中断。硬件复位时将重新初始化所有的寄存器，但不改变片内 RAM 的内容。当 V_{CC} 恢复到正常工作水平时，只要硬件复位信号维持 10 ms，便可使单片机退出掉电保持模式。采用外部中断的方法退出掉电保持模式时，这个外部中断必须使系统恢复到系统全部进入掉电保持模式之前的稳定状态，因此应使中断输入保持足够长时间的低电平，以使振荡器达到稳定。

思考题及习题

2.1　AT89S51 单片机的片内都集成了哪些功能部件？各部件的主要功能是什么？

2.2　程序计数器(PC)和数据指针(DPTR)有何区别？各自有哪些特点？

2.3　程序状态字寄存器(PSW)的作用是什么？如 PSW＝81H，分析其各标志位的含义。

2.4　写出 AT89S51 单片机 5 个中断源及其对应的 5 个中断矢量地址。

2.5　AT89S51 单片机的存储空间如何划分？各地址空间的寻址范围是多少？

2.6　AT89S51 单片机片内 128 B 的数据存储器可分为哪几个区？各自的地址范围及功能是什么？

2.7　在访问片外程序存储器或片外数据存储器时，P0 口和 P2 口各用来传送什么信号？P0 口为什么要采用片外地址锁存器？

2.8　分析 AT89S51 单片机有哪些地址单元？具有哪些位地址？

2.9　AT89S51 单片机的 4 个并行 I/O 口在使用时有哪些特点？

2.10　什么是时钟周期？什么是机器周期？什么是指令周期？

2.11　若 AT89S51 单片机的时钟晶体振荡频率分别为 3 MHz、6 MHz 和 12 MHz，分别计算出其机器周期各是多少？

2.12　常用的单片机复位有哪几种方式？复位后单片机的初始状态如何？

2.13　画图分析 AT89S51 单片机上电复位的工作原理。

2.14　单片机有哪几种工作模式？其低功耗模式如何设置？

第 3 章 单片机应用系统 C 语言程序设计

在单片机应用系统开发过程中,程序设计普遍采用两种方法:基于汇编语言的程序设计方法和基于 C 语言的程序设计方法。使用汇编语言编写程序对硬件操作方便,编写的代码短,机器代码生成效率高,但可读性和可移植性较差。而 C 语言既具有高级语言使用方便的特点,也具有汇编语言对硬件操作的特点,在大多数情况下,其机器代码生成效率和汇编语言相当,而可读性和可移植性却远远超过汇编语言,C 语言已成为在单片机应用系统开发中程序设计的主流语言。用 C 语言编写的单片机应用程序必须由单片机 C 语言编译器,如 Keil C51(简称 C51),转换成单片机可执行的代码。

3.1 C 语言的特点及 C51 程序结构

3.1.1 C 语言的特点

C 语言既具有高级语言的特点,也具有汇编语言的特点,主要体现在:

(1)C 语言简洁,使用方便灵活。C 语言是现有程序设计语言中规模最小的语言之一,ANSIC 标准 C 语言只有 32 个关键字,9 种流程控制语句。

(2)运算符丰富。C 语言有多种运算符,用户可灵活使用各种运算符实现复杂运算。利用 C 语言提供的多种运算符,可以组成各种表达式,还可以采用多种方法来获得表达式的值,从而使程序设计具有更大的灵活性。

(3)数据类型丰富。C 语言具有丰富的数据结构类型,用户根据需要,采用多种数据类型来实现各种复杂的数据结构运算。

(4)可进行结构化程序设计。C 语言具有各种结构化的控制语句,如 if…else, while, do…while、for、switch 等。另外,C 语言以函数作为程序设计的基本单位,一个 C 语言程序由多个函数构成,一个函数相当于一个程序模块,方便进行结构化程序设计。

(5)可以直接操作计算机硬件。C 语言具有直接访问机器物理地址的能力,Keil C51 编译器和 Franklin C51 编译器都可以直接对单片机的内部特殊功能寄存器和 I/O 口进行操作,可以直接访问片内或片外存储器,还可以进行各种位操作。

(6)可移植性好。采用 C 语言编写的程序,不依赖机器硬件,可以不加修改地移植到其他机器上。

(7)生成的目标代码质量高。

3.1.2 C51程序结构

C51程序结构与标准C语言程序结构相同,程序由一个或若干个函数组成,每个函数都是完成某个特殊任务的程序模块。组成程序的若干个函数可以保存在一个源程序文件中,也可以保存在几个源程序文件中,最后将它们连接在一起,源程序文件的扩展名为“.c”。

下面举例说明。

【例3.1】 跑马灯程序设计。

```
#include <reg51.h>                    //预处理命令,包含特殊功能寄存器
#include <intrins.h>                  //预处理命令,包含固有库函数
void delay(unsigned char a)
{
  unsigned char i;                    //定义变量i为无符号字符型变量
  while(--a)                          //while 循环
   {
    for(i=0;i<125;i++);                //for 循环
   }
}
void main(void)
{
  unsigned char b,i;
  while(1)                            //无限循环
   {
   b=0xfe;                            //赋值语句
   for(i=0;i<8;i++)
    {
    P1=b;
    delay(250);
    b=_crol_(b,1);
    }
   }
}
```

下面对上述程序结构做简要说明。

main()是主函数。C语言程序是由函数构成的,一个C语言程序至少包含一个主函数main(),也可以包含若干个其他功能函数。函数之间可以相互调用,但主函数main()只能调用其他功能函数,而不能被其他功能函数调用。

#indude <reg51.h>是编译预处理语句(注意后面没分号),它的作用是调用reg51.h。reg51.h是51单片机的头文件,包含了51单片机全部的特殊功能寄存器的字节地址及可寻

址位的位地址定义。程序中包含 reg51.h 的目的就是为了使用 P1 这个符号,即通知程序中所写的 P1 是指 AT89S51 单片机的 P1 口,而不是其他变量。

虽然 C51 的基本语法、程序结构及程序设计方法都与标准 C 程序设计相同,但是对标准 C 进行了扩展。深入理解 C51 与标准 C 的不同是掌握 C51 的关键问题之一。

C51 与标准 C 的主要区别如下:

(1)头文件不同。51 单片机厂家有很多,不同型号的单片机的差异主要在于内部 I/O 口、中断、定时器、串行口内部资源数量以及功能的不同,使用者在编程时只需要将含有相应功能寄存器的头文件加载在程序内,就可实现所要求的功能。

(2)数据类型不同。C51 与标准 C 相比扩展了 4 种数据类型,主要是针对 51 单片机位操作和特殊功能寄存器设置的。

(3)数据存储模式不同。C 语言最初是为通用计算机设计的,在通用计算机中只有一个程序和数据统一寻址的内存空间,而 51 单片机有片内、片外程序存储器,还有片内、片外数据存储器,C51 中变量的存储模式与 51 单片机的存储器紧密相关,而标准 C 中并没有提供这部分存储器的地址范围的定义。

(4)库函数不同。C51 中定义的库函数和标准 C 定义的库函数有所不同,标准 C 中的库函数是按照通用的微型计算机来定义的,而 C51 中的库函数是按 51 单片机的相应情况来定义的,有些库函数必须针对 51 单片机的硬件特点做出相应的开发,与标准 C 的库函数的构成和用法有很大的不同。比如在标准 C 中屏幕打印和接收字符由 printf/scanf 两个函数实现,而在 C51 中,输入/输出是通过单片机的串行口完成的,执行输入/输出前必须进行串行口初始化。

(5)函数使用方面的不同,C51 中有专门的中断函数。

3.2 C51 的标识符和关键字

3.2.1 标识符

标识符是用来表示符号常量、变量、数组、函数、过程、类型及文件的名字的。

标识符的命名规则如下:

(1)以字母或下划线开头,由字母、数字和下划线组成。

(2)不能与关键字同名,最好不要与库函数同名。

(3)长度无限定,但不同版本的 C 编译时有自己的规定。

(4)区分大小写。

3.2.2 关键字

关键字是一类具有固定名称和特定含义的特殊标识符。C 语言中的所有关键字都是用小写字母标识的,ANSIC 标准 C 语言有 32 个关键字,见表 3.1。

表 3.1　ANSIC 标准 C 语言的关键字

auto	break	case	char	const	continue	volatile
default	do	double	else	enum	extern	while
float	for	goto	if	int	long	void
register	return	short	signed	sizeof	static	unsigned
struct	switch	typedef	union			

C51 编译器除了支持 ANSIC 标准 C 语言的关键字外，还专门为单片机扩展了 13 个关键字，见表 3.2。

表 3.2　扩展关键字

bit	sbit	sfr	sfr16	data	bdata	idata
pdata	xdata	code	interrupt	reentrant	using	

3.3　C51 的运算量

3.3.1　常量与符号常量

1. 常量

在程序运行过程中，值保持不变的量称为常量。常量是日常所说的常数、字符、字符串等。

2. 符号常量

用#define 定义的用标识符来表示的常量是符号常量。常量名必须是一个标识符。定义一个符号常量的格式为

#define　常量名　常量

3.3.2　变量

在程序运行过程中，值可能发生变化的量称为变量。要在程序中使用变量必须先用标识符作为变量名，并指出所用的数据类型和存储器类型，这样编译系统才能为变量分配相应的存储空间。变量必须先声明后使用，变量一旦声明，系统就为它开辟一个相应类型的存储空间，变量所占用的存储空间的首地址称为该变量的地址。定义一个变量的格式如下：

[存储种类]　数据类型　[存储器类型]　变量名表

在定义格式中除了数据类型和变量名表是必要的，其他都是可选项。存储种类有 4 种：自动(auto)、外部(extern)、静态(static)和寄存器(register)，缺省类型为自动(auto)。存储器类型的说明就是指定该变量在单片机硬件系统中所使用的存储区域，并在编译时准确定位。

3.3.3　变量的存储器类型

C51 编译器完全支持 51 单片机的硬件结构，可以访问其硬件系统的所有部分，对于每个变量可以准确地赋予其存储器类型，从而可使之在单片机系统内准确地定位。存储器类型就是用于指明变量所处的单片机的存储器区域情况。C51 编译器能识别的存储器类型见表 3.3。

表 3.3　C51 编译器能识别的存储器类型

存储器类型	说明
data	直接访问片内数据存储器(128 B),访问速度最快
bdata	可位寻址片内数据存储器(16 B),允许位与字节混合访问
idata	间接访问片内数据存储器(256 B),允许访问全部内部地址
pdata	分页访问片外数据存储器(256 B),用 MOVX@ Ri 指令访问
xdata	片外数据存储器(64 KB),用 MOVX@ DPTR 指令访问
code	程序存储器(64 KB),用 MOVC@ A+DPTR 指令访问

3.4　C51 的数据类型

数据是程序的必要组成部分,也是程序处理的对象。C 语言规定,在程序中使用的每一个数据必须属于某一数据类型。标准 C 语言的基本数据类型分为基本数据类型和组合数据类型,组合数据类型由基本数据类型构造而成。

3.4.1　基本数据类型

C51 支持标准 C 语言的基本数据类型:字符型(char)、整型(int)、短整型(short)、长整型(long)、浮点型(float)和双精度型(double),同时在标准 C 语言基本数据类型的基础上扩展了 4 种数据类型,包括位类型(bit)、字节型特殊功能寄存器类型(sfr)、双字节型特殊功能寄存器类型(sfr16)和特殊功能位类型(sbit)。在 C51 编译器中 int 和 short 相同,float 和 double 相同。C51 支持的基本数据类型的数据长度及值域见表 3.4。

表 3.4　C51 支持的基本数据类型的数据长度及值域

数据类型	位数	字节数	值域
signed char	8	1	-128 ~ 127
unsigned char	8	1	0 ~ 255
signed int	16	2	-32 768 ~ +32 767
unsigned int	16	2	0 ~ 65 535
signed long	32	4	-2 147 483 648 ~ +2 147 483 647
unsigned long	32	4	0 ~ +4 294 967 295
float	32	4	$\pm 1.175\ 494\times10^{-38} \sim \pm 3.402\ 823\times10^{38}$
*	24	1 ~ 3	对象指针
bit	1	—	0 或 1
sbit	1	—	0 或 1
sfr	8	1	0 ~ 255
sfr16	16	2	0 ~ 65 535

关于标准 C 语言中常用的基本数据类型,在 C 语言程序设计课程中已经做了详细介绍,下面主要说明 C51 扩展的 4 种数据类型。

1. 位类型(bit)

bit 类型变量用于访问可寻址的位单元,用来定义普通的位变量,其值只能是“0”或“1”。

2. 字节型特殊功能寄存器类型(sfr)

对于 AT89S51 单片机,特殊功能寄存器在片内 RAM 区的 80H ~ FFH 之间,"sfr"数据类型占用一个内存单元。利用它可访问 AT89S51 单片机内部的所有特殊功能寄存器。

例如:sfr　P1 = 0x90

该语句定义 P1 与地址 0x90 对应,在后面可用"P1 = 0xff"(使 P1 的所有引脚输出高电平)之类的语句来对特殊功能寄存器进行操作。

3. 双字节型特殊功能寄存器类型(sfr16)

sfr16 数据类型占用两个字节的内存单元。sfr16 和 sfr 一样用于操作特殊功能寄存器,它用于操作占两个字节的特殊功能寄存器,如 DPTR。

例如:sfr16　DPTR = 0x82

该语句定义了片内 16 位数据指针寄存器 DPTR,其低 8 位字节地址为 82H。在后面的语句中可以直接对 DPTR 进行操作。

4. 特殊功能位类型(sbit)

sbit 数据类型用于定义片内特殊功能寄存器的可寻址位,其值是可进行位寻址的特殊功能寄存器的位绝对地址,如定义 PSW 寄存器 Cy 位的绝对地址为 0xd7,程序如下:

```
sfr   PSW = 0xd0;        //定义特殊功能寄存器 PSW 的地址为 0xd0
sbit  PSW^7 = 0xd7;      //定义 Cy 位为 PSW.7
```

符号"^"前面是特殊功能寄存器的名字,"^"后面的数字定义特殊功能寄存器可寻址位在寄存器中的位置,取值必须是 0 ~ 7。

3.4.2　组合数据类型

C51 除了支持以上基本数据类型以外,也支持一些复杂的数据类型,包括数组类型、指针类型、结构体类型及联合体类型等。

1. 数组类型

数组是一组有序数据的组合,数组中的各个元素可以用数组名和下标唯一确定。一维数组只有一个下标,多维数组有两个以上的下标。在 C 语言中,数组必须先定义,再使用。

一维数组的定义格式是:

数据类型　数组名[常量表达式];

例如定义一个具有 10 个元素的一维整型数组 a,代码为

```
int   a[10];      //数组 a 的 10 个元素分别为 a[0] ~ a[9]
```

定义多维数组时,只要在数组名后面增加相应维数的常量表达式即可。二维数组的定义格式是:

数据类型　数组名[常量表达式 1][常量表达式 2];

例如一个具有 2×3 个元素的字符型二维数组 b,代码为

```
char   b[2][3];
```

2. 指针类型

(1)指针和指针变量的概念。内存中每个字节的存储单元都有编号,称为地址。如果

一个变量占用连续多个字节,则将第一个字节的地址作为变量的地址。在 C 语言中将变量的地址称为指针。指针是一种数据类型,指针类型数据是专门用来确定其他类型数据地址的。

变量的地址(也称为指针)可以存放到专门的变量中,这种专门用于存放指针的变量称为指针变量。如果指针变量 p 中存放了 a 变量的地址,也称 p 指针指向了 a 变量。需要注意的是,有时指针变量也称为指针,需要从上下文中区分是指地址还是指变量。

(2)指针变量的定义。

指针变量定义的格式是:

类型名　*指针变量名;

格式中的"类型名"可以是任意的 C 语言数据类型,表示所定义的指针变量可以指向的目标变量的类型;格式中的" * "表示所定义的变量是指针类型,这种变量只能用来存放地址。

(3)和指针有关的运算符。

"&"为取地址运算符。例如,若 a 为变量,则 &a 表示 a 变量的地址。

" * "为取值运算符,用于获取指针所指变量的值。例如,若 p 为指向 a 变量的指针,则 *p 表示 a 变量的值。

注意:若 a 为变量,则 *(&a)等价于 a;若 p 为指针,则 &(*p)等价于 p。

(4)指针变量赋值。

指针变量的赋值主要有两种方法。

①定义指针变量时初始化。

例如:
```
int  a;
int *p=&a;
```

②定义后,使用赋值语句赋值。

例如:
```
int a, *p;
p=&a;
```

上述两种方式都需要先定义变量 a,且 p 所指类型需与变量 a 的类型保证一致。

3. 结构体类型

结构体是将若干不同类型的数据变量有序地组合在一起而形成的一个有机整体,便于引用。结构体类型的一般定义格式是:

```
struct  结构体名
  {
  成员表列
  }变量名表列;
```

例如:
```
struct student
  {  int num;
     char name[20];
     char sex;
     int age;
     float score;
```

```
    char addr[30];
  }student1,student2;
```

该例中定义了两个 struct student 类型的变量 student1,student2。

4. 联合体类型

C51 中还有一种数据类型,它可以使几个不同的变量共用同一段内存空间,只是在时间上交错开,以提高内存的利用效率,这种数据类型称为联合体类型。联合体类型定义格式如下:

```
union  联合类型名
 {
  成员表列
  }变量表列;
```

联合体的意义是把共用的成员都存储在内存的同一地方,也就是说在一个联合体中,可以在同一地址开始的内存单元中放进不同数据类型的数据。

5. 枚举类型

枚举类型指的是将变量的值一一列举出来,变量的值只限于列举出来的值的范围内。因此枚举类型的定义应当列出该类型变量的可能取值,其定义格式是:

```
enum  枚举名
{枚举值表列}变量表列;
```

例如:enum{sun,mon,tue,wed,thu,fri,sat}workday;

变量值只能是 sun 到 sat 之一。

3.4.3 运算符和表达式

C51 有很强的数据处理能力,具有十分丰富的运算符,按其在表达式中的作用,可分为赋值运算符、算术运算符、增量与减量运算符、关系运算符、逻辑运算符、位运算符、复合赋值运算符、逗号运算符、条件运算符、指针与地址运算符等。掌握各种运算符的意义和使用规则,对于编写正确的 C51 程序是十分重要的。表达式就是把常量、变量、函数用各种运算符连接起来的合法的式子,根据所用运算符的不同,表达式也有很多种类。

(1)赋值运算符。

赋值符号“=”就是赋值运算符,它的作用是将一个数据赋给一个变量。如“a=3”的作用是执行一次赋值操作(或称赋值运算),把常量 3 赋给变量 a。也可以将一个表达式的值赋给一个变量。

由赋值语句构成的表达式称为赋值表达式,这种表达式还可以嵌套,从右到左逐一进行赋值运算,表达式的值是最后一次赋值的值。

(2)算术运算符。

C51 中共有 6 种算术运算符,见表 3.5。

表 3.5　C51 中的算数运算符

运算符号	功　能	运算符号	功　能
+	加法	++	递加(加 1)
−	减法	−−	递减(减 1)
*	乘法	%	余数
/	除法		

算术表达式的形式如下：

表达式 1　　算术运算符　　表达式 2

例如：(a+b) * (10−a)，(x+2)/(y−a)

(3)增量与减量运算符。

增量与减量运算符是 C 语言中特有的运算符，其作用是对运算对象做加 1 或减 1 运算。“++”为增量运算符，“−−”为减量运算符。

要注意的是，运算对象在符号前或后，其含义是不一样的，虽然同是加 1 或减 1。如a++(或 a−−)是先使用 a 的值，再执行 a+1(或 a−1)；++a(或−−a)是先执行 a+1(或 a−1)，再使用 a 的值。增量与减量运算符只允许用于变量的运算中，不能用于常数或表达式。

(4)关系运算符。

关系运算符用来比较变量的值或常量的值，并将结果返回给变量。若为真，则结果为 1；若为假，则结果为 0。运算的结果不影响各个变量的值。C51 中共有 6 种关系运算符，见表 3.6。

表 3.6　C51 中的关系运算符

运算符号	例子	说　明	运算符号	例子	说　明
>	a>b	a 是否大于 b	<=	a<=b	a 是否小于或等于 b
>=	a>=b	a 是否大于或等于 b	==	a==b	a 是否等于 b
<	a<b	a 是否小于 b	! =	a! =b	a 是否不等于 b

前四个具有相同的优先级，后两个也具有相同的优先级，前四个的优先级要高于后两个的。当两个表达式用关系运算符连接起来时，就是关系表达式。关系表达式通常是用来判别某个条件是否满足，其形式如下：

表达式 1　　关系运算符　　表达式 2

例如：a>b，a==b，(x=2)<(y=4)，(x+y)>y。

(5)逻辑运算符。

逻辑运算符的功能是用来判断语句的真、假。若语句为真，则结果为 1；若语句为假，则结果为 0。C51 中共有 3 种逻辑运算符，见表 3.7。

表 3.7　C51 中的逻辑运算符

运算符号	例子	说明
&&	a&&b	a 与 b
||	a||b	a 或 b
!	! a	非 a

用逻辑运算符将关系表达式或逻辑量连接起来就是逻辑表达式了。下面是逻辑表达式的一般形式：

逻辑与:表达式 1　&&　表达式 2

逻辑或:表达式 1　||　表达式 2

逻辑非:　!　表达式 2

(6)位运算符。

位运算符的作用是按位对变量进行运算,但是并不改变参与运算的变量的值。如果要求按位改变变量的值,则要利用相应的赋值运算。C51 中共有 6 种位运算符,见表 3.8。位运算的一般形式如下:

变量 1　位运算符　变量 2

表 3.8　C51 中的位运算符

<table>
<tr><th>运算符号</th><th>例子</th><th>说　明</th></tr>
<tr><td>&</td><td>a & b</td><td>将 a 与 b 各位做与运算</td></tr>
<tr><td>|</td><td>a|b</td><td>将 a 与 b 各位做或运算</td></tr>
<tr><td>^</td><td>a^b</td><td>将 a 与 b 各位做异或运算</td></tr>
<tr><td>~</td><td>~b</td><td>将 b 的内容取反</td></tr>
<tr><td>>></td><td>a>>b</td><td>将 a 的值右移 b 位</td></tr>
<tr><td><<</td><td>a<<b</td><td>将 a 的值左移 b 位</td></tr>
</table>

位运算符的优先级从高到低依次是:“ ~ ”(按位取反)→“<<”(左移)→“>>”(右移)→“&”(按位与)→“^”(按位异或)→“|”(按位或)。

(7)复合赋值运算符。

复合赋值运算符就是在赋值运算符“=”的前面加上其他运算符。表 3.9 是 C51 中的复合赋值运算符。复合运算的一般形式如下:

变量　　复合赋值运算符　　表达式

程序执行时将变量与表达式先进行运算符所要求的运算,再把运算结果赋值给参与运算的变量。

表 3.9　C51 中的复合赋值运算符

<table>
<tr><th>符号</th><th>说明</th><th>符号</th><th>说明</th></tr>
<tr><td>+=</td><td>加法赋值</td><td>>>=</td><td>右移位赋值</td></tr>
<tr><td>-=</td><td>减法赋值</td><td>&=</td><td>逻辑与赋值</td></tr>
<tr><td>*=</td><td>乘法赋值</td><td>|=</td><td>逻辑或赋值</td></tr>
<tr><td>/=</td><td>除法赋值</td><td>^=</td><td>逻辑异或赋值</td></tr>
<tr><td>%=</td><td>取模赋值</td><td>!=</td><td>逻辑非赋值</td></tr>
<tr><td><<=</td><td>左移位赋值</td><td></td><td></td></tr>
</table>

(8)逗号运算符。

逗号运算符的作用是将两个表达式连接起来,又称为“顺序求值运算符”。逗号表达式的一般形式如下:

表达式 1,表达式 2,表达式 3,…,表达式 n

程序执行时从左到右逐一求表达式的值,整个表达式的值为最后一个表达式的值。

需要注意的是,大部分情况下使用逗号表达式的目的只是为了分别得到各个表达式的值,而并不一定要得到和使用整个逗号表达式的值。

(9)条件运算符。

条件运算符要求有 3 个运算对象,能把 3 个表达式连接起来构成一个条件表达式。条件表达式的一般形式如下:

逻辑表达式? 表达式 1:表达式 2

条件运算符的作用就是根据逻辑表达式的值选择使用表达式的值。当逻辑表达式的值为真(非 0 值)时,整个表达式的值为表达式 1 的值;当逻辑表达式的值为假(值为 0)时,整个表达式的值为表达式 2 的值。

(10)指针与地址运算符。

在前面介绍 C51 数据类型时,已经介绍了指针类型变量,这里主要说明一下指针和地址运算符。运算符号"*"用于取内容,运算符号"&"用于取地址。下面是取内容和地址的一般形式。

取内容:变量=*指针变量

取地址:指针变量=& 目标变量

取内容运算是将指针变量所指向的目标变量的值赋给左边的变量;取地址运算是将目标变量的地址赋给左边的变量。要注意的是:指针变量中只能存放地址(也就是指针型数据)。

3.5 C51 程序基本结构及控制语句

C51 程序结构符合标准 C 结构化程序设计方法,每个程序由若干个模块构成,每个模块由若干个基本结构组成。C51 程序基本结构包括顺序结构、选择结构和循环结构。每个基本结构由若干语句组成,主要控制语句有:条件控制语句、循环控制语句、goto 语句、switch 语句、break 语句、continue 语句以及返回语句。

3.5.1 C51 程序基本结构

1. 顺序结构

顺序结构是一种最基本、最简单的编程结构。在这种结构中,程序由低地址向高地址顺序执行指令代码。如图 3.1 所示,程序先执行 A 操作,再执行 B 操作,两者是顺序执行的关系。

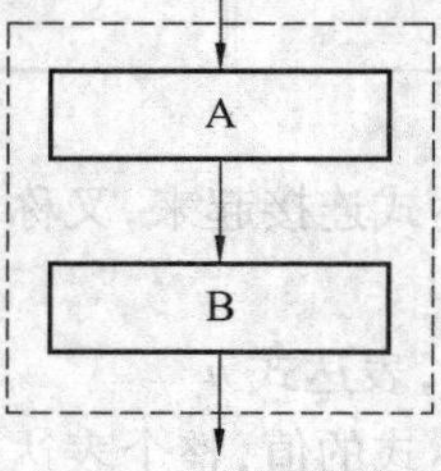

图 3.1 顺序结构流程图

2. 选择结构

实际问题并不都是顺序结构所能解决的,常常需要按不同情况进行不同处理或加工,选择结构就是为描述这一类问题而设计的。选择结构根据程序的执行情况,选择不同的分支。在选择结构中,根据条件判定的结果(真或假)决定执行给出的两种操作之一。如图 3.2 所示,当条件 P 成立时,执行语句 A;当条件 P 不成立时,执行语句 B。

if 语句是为描述选择结构而设计的。if 语句有单分支 if 语句、双分支 if 语句和多分支 if 语句,多分支结构还可以用 switch 语句实现。

3. 循环结构

循环结构用来描述某一段程序需要重复执行多次的问题,分成先判断条件的循环(当型循环)和后判断条件的循环(直到型循环)两类。图 3.3(a)所示为先判断条件的循环,同样问题还可以描述成图 3.3(b)所示的后判断条件的循环。

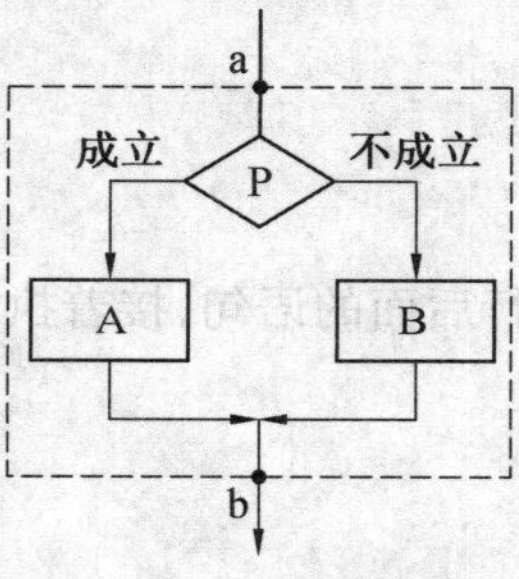

图 3.2　选择结构

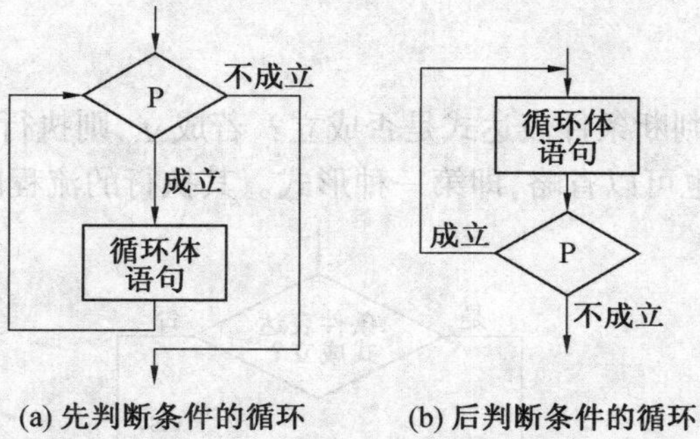

图 3.3　循环结构

C51 常用 3 种循环,即 while 循环、do…while 循环和 for 循环。3 种循环可以用来处理同一问题,一般情况下它们可以互相替换,但需要弄清它们的相同与不同之处,以便在不同场合下使用。

由 3 种基本结构组成的程序结构,可以解决任何复杂的问题。3 种基本结构的共同特点是:

(1)只有一个入口。

(2)只有一个出口。需要注意,一个菱形判断框有两个出口,而一个选择结构只有一个出口。不要将菱形框的出口和选择结构的出口混淆。

(3)结构内的每一部分都有机会被执行到。

(4)结构内不存在“死循环”(无终止的循环)。

3.5.2 条件语句

if 语句是为描述选择结构而设计的。if 语句有单分支 if 语句和双分支 if 语句,其语法结构是:

```
if  (表达式)
{语句}
```

在这种结构中,如果圆括号中的表达式成立(为“真”),则程序执行花括号内的语句,否则程序将跳过花括号中的语句,执行下面的其他语句。

C 语言提供了 3 种形式的 if 语句,如下:

(1)if 形式。

```
if  (条件表达式)
{
语句
}
```

当条件表达式的值为真时,执行后面的语句,接着执行下一语句。当条件表达式的值为假时,就直接执行下一语句。

(2)if…else 形式。

```
if  (条件表达式)
  语句 1;
else
  语句 2;
```

在这种语句里,先判断条件表达式是否成立?若成立,则执行语句 1;若不成立,则执行语句 2,其中 else 部分也可以省略,即第一种形式。其执行的流程图如图 3.4 所示。

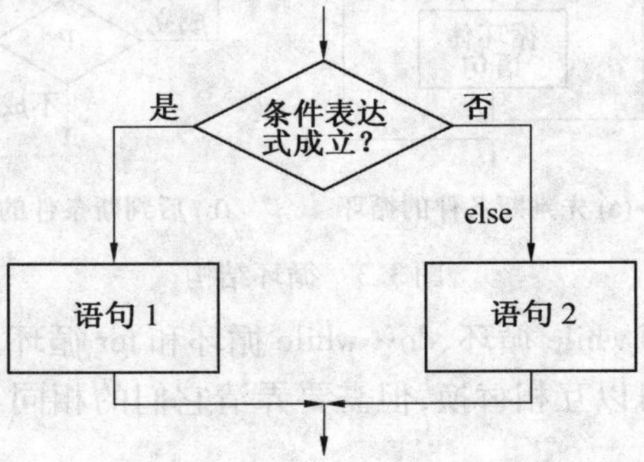

图 3.4　if…else 条件语句执行的流程图

(3)if…else if 形式。

if…else 语句也可利用 else if 指令串接为多重条件判断,即写成如下格式,其执行的流程图如图 3.5 所示。

```
if  (表达式 1)
语句 1;
```

else if （表达式2）
语句2;
else if （表达式3）
语句3;
……
else if （表达式 n-1）
语句 n-1;
else
语句 n;

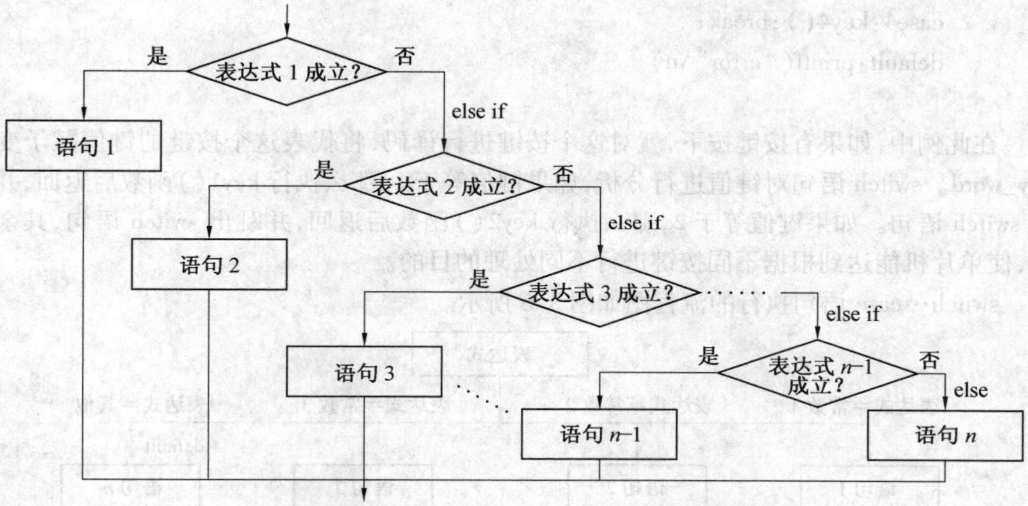

图3.5 if…else if 语句执行的流程图

(4) switch…case 语句。

switch 语句是一种用于多分支的语句，也称为开关语句。虽然条件语句 if 也是一种选择语句，用多个 if 语句嵌套构成复合的条件语句也能实现多分支选择跳转，但这样会使程序结构复杂，而用 switch 语句实现多分支选择程序会更简单、更清楚。C51 支持 switch…case 语句，用于直接处理并行多分支选择的问题。switch…case 语句的一般形式如下：

switch （表达式）
{
case 常量表达式1:语句序列1;break;
case 常量表达式2:语句序列2;break;
case 常量表达式3:语句序列3;break;
……
case 常量表达式 n:语句序列 n;break;
default:语句序列 n+1;
}

switch 语句执行时，会将 switch 后面表达式的值与 case 后面各个常量表达式的值逐个进行比较，若相等，就执行相应的 case 后面的语句序列，然后执行 break 语句并中止当前语句的执行，使程序跳出 switch 语句。若都不相等，则只执行 default 指向的语句。

在单片机程序设计中，常用 switch 语句作为按键输入判别并根据输入的按键值跳转到各自的处理分支程序，例如：

```
……
switch(key_word)
   {
     case1:key1();break;
     case2:key2();break;
     case3:key3();break;
     case4:key4();break;
     default:printf("error"\n)
     }
```

在此例中，如果有按键按下，就对这个按键进行译码，将代表这个按键的键值赋予变量 key_word。switch 语句对键值进行分析，如果键值等于 1，那么执行 key1()函数后返回，并跳出 switch 语句。如果键值等于 2，那么执行 key2()函数后返回，并跳出 switch 语句，其余类推，使单片机能达到根据不同按键进行不同处理的目的。

switch…case 语句执行的流程图如图 3.6 所示。

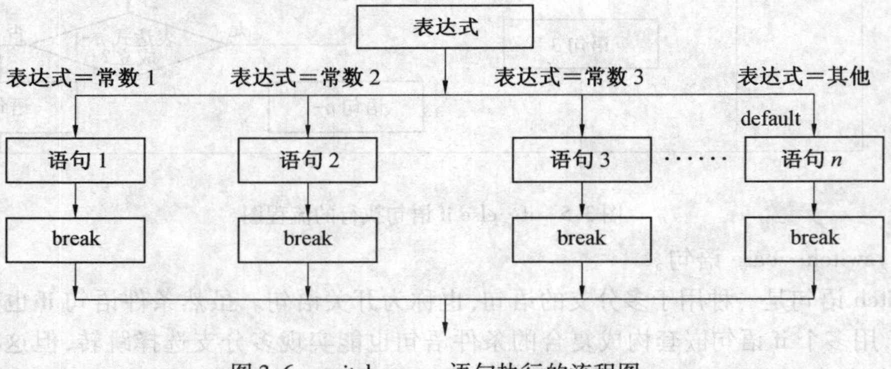

图 3.6　switch…case 语句执行的流程图

3.5.3　循环语句

(1) while 循环。

while 在 C51 中实现当型循环，while 语句构成循环的一般形式为

```
while  (条件表达式)
{
  循环体语句;
}
```

其意义是当条件表达式的结果为真（即非"0"）时，重复执行后面的循环体语句，一直到条件表达式的结果变化为假（即值为"0"）时为止。由于这里的循环结构是先判断条件表达式所给出的条件，再根据判别的结果决定是否执行后面的循环体语句，因此，如果一开始条

件表达式的结果就为假,那么后面的语句便一次也不会执行。与条件语句相同,这里的语句也可以是复合语句。

(2)do…while循环。

do…while语句实现直到型循环,采用do…while语句构成的循环结构一般形式如下:

```
do
{
    循环体语句;
}
while  (表达式);
```

这种循环与上面while循环的不同在于先执行循环体语句,然后判断表达式是否为真,若为真则继续执行循环体语句,若为假则终止循环体而继续执行后面的语句。因此,do…while语句构成的循环结构循环体内的语句至少会被执行一次。

(3)for循环。

在C语言的循环语句中for语句是最为灵活也是最为复杂的一种。它不仅可以用于循环次数已经确定的情况,而且可以用于循环次数不确定但已经给出循环条件的情况。采用for语句构成循环结构的一般形式如下:

```
for  (表达式1;表达式2;表达式3)
{
    循环体语句;
}
```

在for循环中,除了被重复的循环指令体外,表达式模块由3个部分组成。表达式1是初始化表达式,任何表达式在开始执行时都应该做一次初始化;表达式2是对是否结束循环进行测试,一旦测试表达式为假,就会结束循环;表达式3是每次循环后对循环变量做出的修改。

3.5.4　break语句和continue语句

前面介绍switch语句时已经用到了break语句,break语句可以使流程跳出switch结构,继续执行switch语句下面的语句。break语句只能用在开关语句和循环语句中,在循环结构中break语句用来实现从循环体内跳出循环体,即提前结束循环,接着执行循环下面的语句。需要注意的是,它只能跳出它所在的那一层循环。

它的一般形式如下:

```
break;
```

continue语句是一种中断语句,它一般用在循环结构中,continue语句的作用是结束本次循环,即跳过循环体中下面尚未执行的语句,接着进行下一次循环条件的判定。

一般形式如下:

```
continue;
```

3.5.5　返回语句

返回语句用于终止函数的执行并控制程序回到调用该函数时所处的位置。下面是它的两种形式。

第一种形式:return (表达式);

第二种形式:return;

对于第一种形式,return 后面带有表达式,函数在返回前先计算表达式的值,并将表达式的值作为该函数的返回值返回至主调函数;若使用第二种形式,那么被调用函数返回主函数时,函数值不确定。

3.6 函数定义

C51 与标准 C 语言一样采用结构化的程序设计语句,函数是 C51 源程序的基本模块,通过对函数模块的调用来实现特定的功能。每个程序由一个主函数和若干个子函数构成,必须有且只能有一个主函数 main( ),它可以调用其他函数,而不能被其他函数调用。因此,程序的执行总是从 main( )开始,完成对其他函数的调用后再返回到 main( )函数,最后由 main( )函数结束整个程序。

在 C51 中函数主要包括库函数(也称为标准函数或系统函数)和用户自定义函数两种。库函数是系统提供具有特定功能的函数,存放于标准函数库中供用户调用的函数,用户使用库函数前,可以通过预处理命令#include 将对应的标准函数库包含到程序的开始部分。如果用户需要的函数没有包含在标准函数库中,用户也可以根据自己的需要进行自定义,对于用户自定义的函数,在使用之前必须对它进行定义,定义之后才能调用。

在 C51 中所有的函数定义,包括主函数 main( )在内,都是平行的。也就是说,在一个函数的函数体内,不能再定义另一个函数,即不能嵌套定义。但函数之间允许相互调用,也允许嵌套调用。习惯上把调用者称为主调函数。函数还可以自己调用自己,称为递归调用。

3.6.1 函数的定义

所谓函数,即子程序,也就是"语句的集合"。它把经常使用的语句群定义成函数,在程序中调用,这样就可以减少重复编写程序的麻烦。一个函数在一个 C51 程序中只允许被定义一次,函数格式如下:

```
函数类型  函数名(形式参数表)[reentrant][interrupt  m][using  n]
形式参数类型说明
{
 函数体说明部分;
 函数功能语句序列;
}
```

1. 函数类型

函数类型说明了函数返回值的类型。它可以是前面介绍的各种数据类型,用于说明函数最后的 return 语句送回给被调用处的返回值的类型。如果一个函数没有返回值,函数类型可以省略。实际处理中,一般把它定义成 void。

2. 函数名

函数名是用户为自定义函数取的名字,以便调用函数时使用。函数名可以是任意符合规则的字母或数字组合。

3. 形式参数表

形式参数表用于列出在主调函数与被调用函数之间进行数据传递的形式参数。在函数定义时，形式参数的类型必须要进行说明，可以在形式参数列表处直接进行说明，也可以在函数名后面进行形式参数类型说明。

4. reentrant 修饰符

reentrant 用于把函数定义为可重入函数。可重入函数就是允许被递归调用的函数。函数的递归调用是指当一个函数正被调用尚未返回时，又直接或间接调用函数本身。一般的函数不能做到这样，只有可重入函数才允许递归调用。

5. interrupt m 修饰符

interrupt m 是 C51 函数中非常重要的一个修饰符，这是因为中断函数必须通过它进行定义。在 C51 程序设计中，当函数定义时用了 interrupt m 修饰符，系统编译时就会把对应函数转化为中断函数，自动加上程序头段和尾段，并按单片机系统中断的处理方式自动把它安排在程序存储器中的相应位置。关键字 interrupt 后面的 m 是中断号，其值为 0 ~ 31。对于 AT89S51 单片机，m 的取值为 0 ~ 4，分别表示外部中断 0、定时器/计数器 T0 中断、外部中断 1、定时器/计数器 T1 中断和串行口中断，其他值预留。关于中断的具体内容将在第 4 章详细介绍。

6. using n 修饰符

修饰符 using n 用于指定本函数内部使用的工作寄存器组。AT89S51 单片机在内部 RAM 中有 4 个工作寄存器区，每个寄存器区包含 8 个工作寄存器（R0 ~ R7）。C51 扩展的关键字为 using，n 的值为 0 ~ 3，专门用来选择 AT89S51 单片机的 4 个不同的工作寄存器区。如果不选用该项，则由编译器自动选择一个寄存器区作为绝对寄存器区访问。

7. 函数体

{　} 中的内容称为函数体。如果一个函数体内有多个花括号，则最外层的一对“{}”为函数体的范围。在函数体中的声明部分，是对函数体内部所用到的局部变量的说明。局部变量定义是对在函数内部使用的局部变量进行定义，只有在函数调用时才分配内存单元，在调用结束时，立刻释放所分配的内存单元。因此，局部变量只在函数内部有效。函数体语句是为完成函数特定功能而编写的各种语句。例如，定义一个延时函数的程序如下：

```
void delay(unsigned char i)
{
  unsigned char j;
  for( ;i>0;i--)
  {
    for(j=255;j>0;j--)
    {
      ;
    }
```

```
    }
}
```

这里定义一个函数名为 delay 的函数,该函数没有返回值,仅有一个无符号字符型的形式参数 i。在函数体内定义了一个局部无符号字符型变量 j,通过 for 循环,完成一定时间的延时。由于 j 是局部变量,在函数调用结束返回主调用函数时,就不再有任何意义。

3.6.2 函数的调用与声明

在进行函数的定义后,就可以在主调函数里调用被调用函数,函数的调用格式如下:

函数名(实际参数名);

函数名指被调用的是哪个函数。实际参数表中实际参数的个数、类型及顺序应与函数定义中的形式参数表严格保持一致。实际参数可以是常数,也可以是变量或表达式,但要求它具有确定的值。如果被调用的函数没有形式参数,则实际参数表为空,但圆括号不能省略。

按照函数调用在主调函数中出现的位置,函数调用有以下 3 种形式:

(1)函数语句。将被调函数作为主调函数的一条语句。如调用延时函数 delay,可以在调用的地方接写:

delay(100);

(2)函数表达式。将被调函数作为主调函数的一个表达式,把被调函数作为一个运算对象直接出现在主调函数的表达式中。例如,求 a 与 b 的最大值并将结果赋予 m,其表达式如下:

m=max(a,b);

(3)函数参数。被调用函数作为另一个函数的参数。例如,在主调函数中,将被调用函数 max1 作为被调用函数 max2 的一个参数。其表达式如下:

d=max2(max1(a,b),c);

函数的调用与变量的使用一样,在调用一个函数之前,要对该函数进行声明,即"先声明后调用"。函数声明的一般形式是:

[extern] 函数类型　被调函数名(形式参数表);

函数的声明是把函数的名字、函数类型以及形式参数的类型、个数和顺序通知编译系统,以便调用函数时系统进行对照检查。函数的声明后面要加分号。其中,函数类型说明了函数返回值的类型,形式参数表中说明了各个参数的类型,每个参数间用逗号分开。如果声明的函数在文件内部,则声明时不用 extern,如果声明的函数不在文件内部,而在另一个文件中,声明时必须带 extern,指明使用的函数在另一个文件中。

3.6.3 C51 常用库函数

C51 中包含丰富的库函数,使用库函数可以大大简化用户程序设计的工作量,提高编程效率。每个库函数都在相应的头文件中给出了函数原型声明,在使用时,必须在源程序的开始处使用预处理命令#include 将有关的头文件包含进来。C51 库函数中类型的选择考虑到了 AT89S51 单片机的结构特性,用户在自己的应用程序中应尽可能地使用最小的数据类型,以最大限度地发挥 51 单片机的性能,同时可减少应用程序的代码长度。

1. 函数库的具体用法

(1)输入与输出<stdio. h>。

头文件<stdio. h>定义了用于输入和输出的函数、类型和宏。

(2)字符类测试<ctype. h>。

头文件<ctype. h>中说明了一些用于测试字符的函数。

(3)字符串函数<string. h>。

头文件<string. h>中定义了两组字符串函数。

(4)数学函数<math. h>。

头文件<math. h>中说明了数学函数和宏。

(5)标准函数<stdlib. h>。

头文件<stdlib. h>中说明了用于数值转换、内存分配以及具有其他相似任务的函数。

(6)诊断<assert. h>。

assert 宏用于为程序增加诊断功能。

(7)可变参数函数<stdarg. h>。

头文件<stdarg. h>中的说明提供了依次处理含有未知数目和类型的函数变元表的机制。

(8)非局部跳转<setjmp. h>。

头文件<setjmp. h>中的说明提供了一种避免通常的函数调用和返回顺序的途径,特别地,它允许立即从一个多层嵌套的函数调用中返回。

(9)信号处理<signal. h>。

头文件<signal. h>中提供了一些用于处理程序运行期间所引发的异常条件的功能,如处理来源于外部的中断信号或程序执行期间出现的错误等事件。

(10)日期与时间函数<time. h>。

头文件<time. h>中说明了一些用于处理日期和时间的类型和函数。

2. 常用库函数

(1)_crol_:左循环移位函数,使用前必须引用 intrins. h 头文件,下面是左循环移位函数的具体格式。

```
unsigned   char_crol_(unsigned   char   c,unsigned   char   b);
```

其功能为将字符 c 按位循环左移 b 次,函数的返回值为循环移位操作后的字符 c。

(2)_cror_:右循环移位函数,使用前必须引用 intrins. h 头文件。

(3)_nop_:空操作函数,使用前必须引用 intrins. h 头文件。

(4)purchar:串口字节发送函数,使用前必须引用 stdio. h 头文件。

(5)printf:打印输出函数,使用前必须引用 stdio. h 头文件。

(6)sprintf:打印函数,使用前必须引用 stdio. h 头文件。

其他常用函数的说明在此不一一赘述。

思考题及习题

3.1　说明 C51 与标准 C 语言的主要区别。

3.2　C51 主要的数据类型有哪几种?

3.3　C51 程序设计的基本结构有哪几种形式?

3.4　说明函数定义的一般格式。

3.5　分析函数定义格式中,函数的类型、函数的形式参数表的作用。

3.6　如何定义一个中断服务函数?

3.7　设计一个 8 位流水灯的控制程序,实现流水灯左右流动。

第 4 章

AT89S51 单片机的中断系统

中断是计算机中很重要的一个概念,中断系统也是 51 单片机的重要组成部分。实时控制、故障处理往往通过中断来实现,计算机与外部设备之间的信息传递常常采用中断处理方式。本章主要介绍 AT89S51 单片机的中断系统的基本概念和主要功能、中断系统的结构、中断控制、中断处理过程、中断系统的应用以及多外部中断源系统的设计。

4.1 中断系统的基本概念

单片机与外部设备之间的数据交换常常采用查询方式和中断方式。查询方式传送数据也称为条件传送方式,主要用于解决外部设备与 CPU 之间的速度匹配问题。其优点是:通用性好,可以用于各种外部设备和 CPU 之间的数据传送;缺点是:需要一个等待查询过程,CPU 在等待查询期间不能进行任何操作,从而导致单片机工作效率降低。

与查询方式不同,中断方式传送数据是由外部设备主动提出数据传送的请求,CPU 在收到请求前,一直在执行主程序,只有在收到外部设备提出的数据传送请求之后,才中断原有主程序的执行,暂时与外部设备交换数据,数据交换完毕后立即返回主程序继续执行。中断方式完全消除了 CPU 在查询方式中的等待现象,大大提高了 CPU 的工作效率,更适用于实时性、灵活性要求较高的监测系统等场合。

中断,是指当 CPU 正在执行某段程序时,计算机的内部或者外部发生了某一事件,请求 CPU 迅速去处理,于是 CPU 暂时中止当前执行的程序,自动转去执行预先安排好的处理该事件的服务子程序,处理完成后,再返回到原来被中止的地方继续执行被终止的程序。中断过程的示意图如图 4.1 所示。

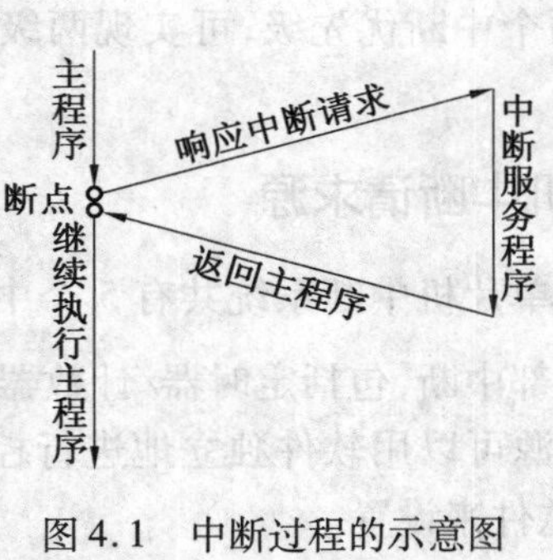

图 4.1　中断过程的示意图

图 4.1 反映了单片机对中断服务请求的整个响应和处理过程。其中,单片机中能够实现中断处理功能的硬件系统和软件系统称为中断系统,产生中断的请求源称为中断源。中断源向 CPU 发出的要求服务的请求称为中断请求(或中断申请),CPU 暂停当前的工作,转去处理中断服务程序的过程称为中断响应,对整个事件的处理过程称为中断服务,完成中断服务程序后,CPU 返回到原来发生中断的断点处称为中断返回,断点是原来被中断的地方。发生中断时系统自动将断点地址压入堆栈,中断返回时执行中断返回指令,从堆栈中自动弹出断点地址到 PC,继续执行被中断的程序。

4.2 中断的主要功能

在单片机系统中,中断的主要功能如下:

(1)实现 CPU 与外部设备的速度配合。

由于应用系统的许多外部设备速度较慢,因此可以通过中断的方法来协调快速 CPU 与慢速外部设备之间的工作。

(2)实现实时控制。

在单片机中,依靠中断技术能实现实时控制。实时控制要求单片机能及时完成被控对象随机提出的分析和计算任务。在自动控制系统中,要求各控制参量随机地在任何时刻可向计算机发出请求,CPU 必须做出快速响应,并及时处理。

(3)实现故障的及时发现及处理。

单片机应用中由于外界的干扰、硬件或软件设计中存在问题等原因,在实际运行中会出现硬件故障、运算错误、程序运行故障等,有了中断技术,就能及时发现故障并自动处理。

(4)实现人机互动。

比如通过键盘向单片机发出中断请求,用以实时干预单片机的工作。

4.3 AT89S51 单片机中断系统的结构

中断过程是在硬件基础上再配以相应的软件实现的,不同的单片机系统,其硬件结构和软件指令是不完全相同的,因此,中断系统也是不相同的。AT89S51 单片机的中断系统有 5 个中断请求源(简称中断源),两个中断优先级,可实现两级中断服务程序嵌套。其中断系统结构示意图如图 4.2 所示。

4.3.1 AT89S51 单片机中断请求源

从图 4.2 中可见,AT89S51 单片机中断系统共有 5 个中断源,可分为两类:一类是两个外部中断$\overline{\text{INT0}}$和$\overline{\text{INT1}}$;一类是内部中断,包括定时器/计数器 T0 和 T1 的溢出中断和串行口的发送/接收中断。每一个中断源可以用软件独立地进行控制(允许中断或关中断),每一个中断源的中断优先级均可用软件来设置。

1. 外部中断

外部中断是由外部信号引起的,分别由$\overline{\text{INT0}}$(P3.2)和$\overline{\text{INT1}}$(P3.3)引脚引入。

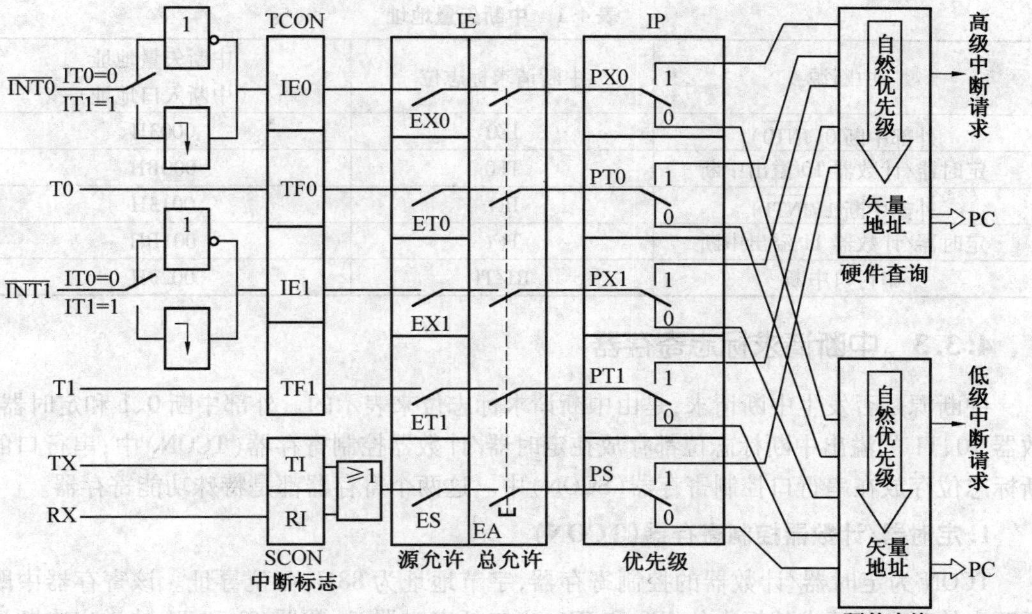

图 4.2　AT89S51 单片机的中断系统结构示意图

(1) $\overline{\text{INT0}}$：外部中断 0，中断请求信号由 P3.2 引脚输入，中断请求标志位为 IE0。

(2) $\overline{\text{INT1}}$：外部中断 1，中断请求信号由 P3.3 引脚输入，中断请求标志位为 IE1。

2. 定时器/计数器中断

定时器/计数器中断是为满足定时或计数的需要而设置的。当计数器发生计数溢出时，表明设定的定时时间到或计数值已满，这时可以向 CPU 申请中断。

(1) 定时器/计数器 T0 计数溢出发出的中断请求，中断请求标志位为 TF0。

(2) 定时器/计数器 T1 计数溢出发出的中断请求，中断请求标志位为 TF1。

3. 串行口中断

串行口中断是为串行数据传送的需要而设置的。每当串行口发送或接收一组串行数据时，就产生一个串行中断请求。

串行口中断请求，中断请求标志位为发送中断 TI 或接收中断 RI。

4.3.2　中断矢量地址

当 CPU 响应中断时，由硬件直接给出一个固定的中断入口地址，即矢量地址，由矢量地址指出每个中断源的中断服务程序的入口。很显然，每个中断源分别有自己的中断服务程序，而每个中断服务程序又有自己的矢量地址。当 CPU 识别出某个中断源时，由硬件直接给出一个与该中断源相对应的矢量地址，从而转入各自的中断服务程序。中断矢量地址见表 4.1。

表 4.1 中断矢量地址

中断源	中断请求标志位	中断矢量地址（中断入口地址）
外部中断 0（$\overline{INT0}$）	IE0	0003H
定时器/计数器 T0 溢出中断	TF0	000BH
外部中断 1（$\overline{INT1}$）	IE1	0013H
定时器/计数器 T1 溢出中断	TF1	001BH
串行口中断	RI/TI	0023H

4.3.3 中断请求标志寄存器

中断源是否发生中断请求，是由中断请求标志位来表示的。外部中断 0、1 和定时器/计数器 T0、T1 的溢出中断标志位都存放在定时器/计数器控制寄存器（TCON）中；串行口的中断标志位存放在串行口控制寄存器（SCON）中。这两个寄存器都是特殊功能寄存器。

1. 定时器/计数器控制寄存器（TCON）

TCON 为定时器/计数器的控制寄存器，字节地址为 88H，可位寻址。该寄存器中既包括两个外部中断请求的标志位 IE0 和 IE1，也包括定时器/计数器 T0 和 T1 的溢出中断请求标志位 TF0 和 TF1，此外还包括两个外部中断请求源的中断触发方式选择控制位。定时器/计数器控制寄存器（TCON）中的中断标志位如图 4.3 所示。

	D7	D6	D5	D4	D3	D2	D1	D0	
TCON	TF1	TR1	TF0	TR0	IE1	IT1	IE0	IT0	88H
位地址	8FH	—	8DH	—	8BH	8AH	89H	88H	

图 4.3 TCON 中的中断标志位

下面为 TCON 中各标志位的功能。

（1）TF1：片内定时器/计数器 T1 的溢出中断请求标志位。

当启动定时器/计数器 T1 计数后，定时器/计数器 T1 从初值开始加 1 计数，当最高位产生溢出时，由硬件使 TF1 置 1，向 CPU 申请中断。CPU 响应中断时，TF1 标志位由硬件自动清 0，也可由软件查询该标志位，并由软件清 0。

（2）TF0：片内定时器/计数器 T0 的溢出中断请求标志位，功能与 TF1 类似。

（3）IE1：外部中断 1 的中断请求标志位。

（4）IE0：外部中断 0 的中断请求标志位。

（5）IT1：外部中断 1 的触发方式控制位，选择外部中断 1 为边沿触发方式还是电平触发方式。当 IT1 = 0，即外部中断 1 设置为电平触发方式时，CPU 在每个机器周期的节拍 S5P2 期间采样$\overline{INT1}$（P3.3）引脚，若为低电平，则将 IE1 标志位置 1；若为高电平，则将 IE1 标志位清 0，所以在中断返回前必须撤销$\overline{INT1}$引脚上的低电平，否则将再次引起中断，造成系统出错。当 IT1 = 1，即外部中断 1 设置为边沿触发方式时，CPU 在每个机器周期的节拍 S5P2 期间采样$\overline{INT1}$（P3.3）引脚，若在两个连续机器周期采样到$\overline{INT1}$引脚有一个从高到低的电平变化，即第一个周期采样到$\overline{INT1}$ = 1，第二个周期采样到$\overline{INT1}$ = 0，则将 IE1 标志位置 1，直到 CPU 响应中断时才由硬件将 IE1 标志位清 0。在边沿触发方式中，为保证 CPU 在两个机器周期内检测到先高后低的负跳变，输入高低电平的持续时间至少要保持 12 个时钟周期。

(6) IT0：外部中断 0 的触发方式控制位，选择外部中断请求 0 为边沿触发方式还是电平触发方式。其设置及功能与 IT1 类似。

(7) TR1/TR0：定时器/计数器 T1、T0 的工作启动和停止控制位，与中断控制无关，将在第 5 章详细介绍。

当 AT89S51 单片机复位后，TCON 被清 0，5 个中断源的中断请求标志位均为 0。

2. 串行口控制寄存器(SCON)

SCON 为串行口控制寄存器，字节地址为 98H，可位寻址。SCON 的低两位是锁存串行口发送中断和接收中断的请求标志位 TI 和 RI，其中断请求标志位如图 4.4 所示。

	D7	D6	D5	D4	D3	D2	D1	D0	
SCON	—	—	—	—	—	—	TI	RI	98H
位地址	—	—	—	—	—	—	99H	98H	

图 4.4　SCON 中的中断请求标志位

下面是 SCON 中各标志位的功能。

(1) TI：串行口的发送中断请求标志位。CPU 将一个字节的数据写入串行口的发送缓冲器 SBUF 时，就启动一帧串行数据的发送，每发送完一帧串行数据后，硬件使 TI 自动置 1。值得注意的是，CPU 在响应串行口发送中断时，TI 并不会被自动清 0，必须由用户在中断服务子程序中用软件清 0，否则，CPU 将会陷入响应中断和中断处理当中。

(2) RI：串行口的接收中断请求标志位。在串行口接收完一帧串行数据后，硬件自动使 RI 标志位置 1。同样，CPU 在响应串行口接收中断时，RI 并不会被自动清 0，必须由用户在中断服务子程序中用软件清 0，否则，CPU 将会陷入响应中断和中断处理当中，将会造成数据帧的丢失。

4.4　AT89S51 单片机的中断控制

AT89S51 单片机的中断控制包括中断允许、禁止和中断优先级管理，分别通过中断允许控制寄存器(IE)和中断优先级控制寄存器(IP)来实现。

4.4.1　中断允许控制寄存器(IE)

AT89S51 单片机在中断源与 CPU 之间有两级中断允许控制逻辑电路，类似开关(图 4.2)，其中第一级为一个总开关，第二级为 5 个分开关，它们是由中断允许控制寄存器(IE)控制的。IE 的字节地址为 A8H，可进行位寻址，其格式如图 4.5 所示。

IE	EA	—	—	ES	ET1	EX1	ET0	EX0	A8H
位地址	AFH			ACH	ABH	AAH	A9H	A8H	

图 4.5　中断允许控制寄存器(IE)的格式

AT89S51 单片机通过中断允许控制寄存器(IE)实现对中断的开放或禁止，并实行两级控制，即以 EA 位作为总控制位，以各中断源的中断允许位作为分控制位。只有当总控制位

EA=1 有效时,即开放中断系统,这时才能通过各分控制位对相应的中断源分别进行开放或禁止,当相应分控制位为 1 时,中断请求被允许。反之,如果 EA=0,则屏蔽所有中断请求。

下面是 IE 中各位的功能。

(1)EA:总中断允许控制位。EA=1,开放所有的中断请求,各中断源的允许和禁止可通过相应中断允许位单独加以控制;EA=0,屏蔽所有的中断请求。

(2)ES:串行口中断允许控制位。ES=1,允许串行口中断;ES=0,禁止串行口中断。

(3)ET1:定时器/计数器 T1 的溢出中断允许位。ET1=1,允许定时器/计数器 T1 溢出中断;ET1=0,禁止定时器/计数器 T1 溢出中断。

(4)EX1:外部中断 1 的中断允许位。EX1=1,允许外部中断 1 的中断;EX1=0,禁止外部中断 1 的中断。

(5)ET0:定时器/计数器 T0 的溢出中断允许位。ET0=1,允许定时器/计数器 T0 溢出中断;ET0=0,禁止定时器/计数器 T0 溢出中断。

(6)EX0:外部中断 0 的中断允许位。EX0=1,允许外部中断 0 的中断;EX0=0,禁止外部中断 0 的中断。

AT89S51 单片机系统复位后,IE 中各中断允许位均被清 0,即禁止所有的中断。IE 中的各个位可用软件置 1 或清 0,即可允许或禁止各中断源的中断申请。若使某一个中断源被允许中断,除了 IE 中相应的标志位被置 1 外,还必须使 EA 标志位置 1。改变 IE 的内容,可由位操作指令来实现,也可用字节操作指令实现。

【例 4.1】 若只允许两个外部中断源的中断请求,并禁止其他中断源的中断请求,请编写设置 IE 的相应程序段。

(1)用位操作实现。

```
ES=0;      //禁止串行口中断
ET0=0;     //禁止定时器/计数器 T0 中断
ET1=0;     //禁止定时器/计数器 T1 中断
EX0=1;     //允许外部中断 0 的中断
EX1=1;     //允许外部中断 1 的中断
EA=1;      //总中断开关位开放
```

(2)用字节操作实现。

```
IE=0x85;
```

上述的两段程序对 IE 的设置是相同的。

4.4.2 中断优先级控制寄存器(IP)

AT89S51 单片机有两个中断优先级,分别为高优先级和低优先级,可以通过中断优先级控制寄存器(IP)来设定每个中断源的中断优先级,同时,可实现两级中断嵌套。两级中断嵌套,就是 AT89S51 单片机正在执行低优先级的中断服务程序时,可被高优先级中断请求所中断,待高优先级中断处理完毕后,再返回低优先级中断服务程序。两级中断嵌套的过程如图 4.6 所示。

对于中断优先级和中断嵌套,需要满足以下几条基本原则:

(1)低优先级可被高优先级中断,高优先级不能被低优先级中断。

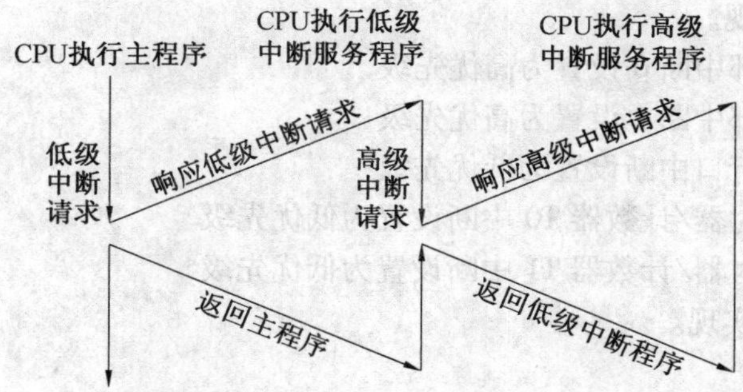

图4.6　两级中断嵌套的过程

(2)同级中断不能打断同级中断。也就是任何一种中断(无论高优先级还是低优先级),一旦得到响应,不会再被其他的同级中断所中断。

(3)CPU同时接收到几个中断请求时,首先响应优先级高的中断请求。

AT89S51单片机的中断优先级是通过片内的中断优先级控制寄存器IP进行设置的,其字节地址为B8H,可位寻址。只要用程序改变其内容,即可进行各中断源中断优先级的设置,中断优先级控制寄存器(IP)的格式如图4.7所示。

IP	—	—	—	PS	PT1	PX1	PT0	PX0	B8H
位地址	BFH	BEH	BDH	BCH	BBH	BAH	B9H	B8H	

图4.7　中断优先级控制寄存器(IP)的格式

下面是中断优先级控制寄存器(IP)中各位的含义。

(1)PS:串行口中断优先级控制位。PS=1,串行口中断为高优先级;PS=0,串行口中断为低优先级。

(2)PT1:定时器/计数器T1中断优先级控制位。PT1=1,定时器/计数器T1中断为高优先级;PT1=0,定时器/计数器T1中断为低优先级。

(3)PX1:外部中断1的中断优先级控制位。PX1=1,外部中断1为高优先级;PX1=0,外部中断1为低优先级。

(4)PT0:定时器/计数器T0中断优先级控制位。PT0=1,定时器/计数器T0中断为高优先级;PT0=0,定时器/计数器T0中断为低优先级。

(5)PX0:外部中断0的中断优先级控制位。PX0=1,外部中断0为高优先级;PX0=0,外部中断0为低优先级。

中断优先级控制寄存器(IP)的各位都可由用户程序置1或清0,用位操作或字节操作都可以设置其内容,从而设置各中断源的中断优先级。当AT89S51单片机系统复位后,IP各位的值为0,各个中断源均为低优先级中断。

当CPU同时接收到的是几个同一优先级的中断请求时,则由内部的硬件查询序列确定它们的优先服务次序,即在同一优先级内有一个由内部查询序列确定的第二个优先级结构。在AT89S51单片机系统中,对于同级中断,系统默认的优先级顺序是:

外部中断0>定时器/计数器T0>外部中断1>定时器/计数器T1>串行口中断。

【例4.2】　设置中断优先级控制寄存器(IP)的初始值,使AT89S51单片机的两个外部中断请求为高优先级,其他中断请求为低优先级。

(1)用位操作实现。

```
PX0=1;   //外部中断 0 设置为高优先级
PX1=1;   //外部中断 1 设置为高优先级
PS=0;    //串行口中断设置为低优先级
PT0=0;   //定时器/计数器 T0 中断设置为低优先级
PT1=0;   //定时器/计数器 T1 中断设置为低优先级
```

(2)用字节操作实现。

```
IP=0x05;
```

4.5 中断处理过程

中断处理过程分为 4 个阶段:中断请求、中断响应、中断服务和中断返回。

4.5.1 中断响应的条件

CPU 要响应中断需要满足下列条件:

(1)有中断请求信号,即该中断源对应的中断请求标志位为 1。

(2)总中断允许开关接通,即 IE 中的 EA=1,中断源对应的中断允许位也为 1。

(3)无同级或高级中断正在服务。

(4)当前的指令执行到最后一个机器周期且已结束。

(5)如果当前指令为中断返回指令(RETI)或访问 IE 和 IP 的指令,至少还要再执行完一条指令。

上述条件中,前两条是中断响应的必要条件,后面 3 条是为了保证中断嵌套和中断调用的可靠性而设置的。当 CPU 正在执行一个同级或高优先级的中断服务程序时不响应中断,以保证正在执行中的同级和高优先级中断服务不被中断;正在执行的指令尚未执行完时,不响应中断,以保证正在执行中的当前指令完整执行完,在执行过程中不被破坏;最后一条如果 CPU 正在执行中断返回指令(RETI)或者对 IE、IP 进行读/写的指令,在执行完上述指令之后,要再执行一条非中断相关指令,才能响应中断请求,主要是为了保证中断服务程序的正确返回,以及 IE、IP 的正确和稳定配置。

4.5.2 中断响应过程

若中断请求符合响应条件,则 CPU 将响应中断请求。中断响应的主要过程是:首先,中断系统通过硬件自动生成长调用指令"LCALL",其格式为 LCALL addr16,而 addr16 就是各中断源的中断矢量地址(表 4.1)。该指令将自动把断点地址(程序计数器 PC 值)压入堆栈进行保护,先低位地址,后高位地址,同时堆栈指针 SP 加 2;然后,将对应的中断矢量地址装入程序计数器 PC 中(由硬件自动执行),同时清除中断请求标志位(串行口中断和电平触发外部中断除外),使程序转向该中断矢量地址去执行中断服务程序。

由于各中断矢量区仅 8 个字节,通常是在中断矢量区中安排一条无条件转移指令,使程序转向执行在其他地址中存放的中断服务程序。

中断服务程序由中断矢量地址开始执行,直至遇到中断返回指令(RETI)为止。执行中断返回指令(RETI),一是撤销中断申请,从堆栈中弹出断点地址返回给 PC,先弹出高位地址,后弹出低位地址,同时堆栈指针 SP 减 2,恢复原来被中断的程序的断点地址继续执行;二是使优先级状态触发器恢复原来的状态。

4.5.3 中断响应时间

中断响应时间是指从查询中断请求标志位到转入中断服务程序矢量地址所需要的时间。

响应中断最短需要 3 个机器周期,其中中断请求标志位查询占一个机器周期,而这个机器周期恰好处于指令的最后一个机器周期。在这个机器周期结束后,中断即被响应,CPU 接着执行一条硬件调用指令 LCALL 以转到相应的中断服务程序入口,这需要两个机器周期,加上查询的一个周期,一共需要 3 个机器周期才开始执行中断服务程序。若系统中只有一个中断,AT89S51 单片机中断响应时间在 3 ~ 8 个机器周期之间。

4.5.4 中断请求的撤销

某个中断请求被响应后,CPU 应清除该中断请求标志,否则会重复引起中断而导致错误。下面按中断请求源的类型分别说明中断请求的撤销方法。

1. 定时器/计数器中断请求的撤销

对于定时器/计数器 T0、T1 的溢出中断,中断请求被响应后,硬件会自动清除中断请求标志位 TF0 和 TF1,即定时器/计数器中断请求是自动撤销的,除非定时器/计数器 T0、T1 再次溢出,才再次产生中断。

2. 外部中断请求的撤销

外部中断可分为边沿触发和电平触发。外部中断请求的撤销实际上包括两项内容:中断标志位 IE0、IE1 清 0 和P3.2(或 P3.3)引脚上的外部中断信号的撤销。对于边沿触发的外部中断0 或 1,CPU 响应中断后由硬件自动清除中断标志位 IE0 或 IE1,而 P3.2(或 P3.3)引脚的外部中断请求信号,在跳沿信号过后也会自动消失,所以边沿触发方式的外部中断请求是自动撤销的。对于电平触发方式外部中断请求,虽然中断请求标志位 IE0 或 IE1 的撤销是自动的,但只要 P3.2(或 P3.3)引脚为低电平,在以后的机器周期采样时,又会把已清 0 的 IE0 或 IE1 标志位重新置 1,从而又会产生中断,这样就出现一次请求、多次中断的情况。因此,需要在中断服务程序返回前撤销 P3.2(或 P3.3)引脚的中断请求信号,即使 P3.2(或 P3.3)为高电平。为此,可在系统中增加如图 4.8 所示的撤销电路。

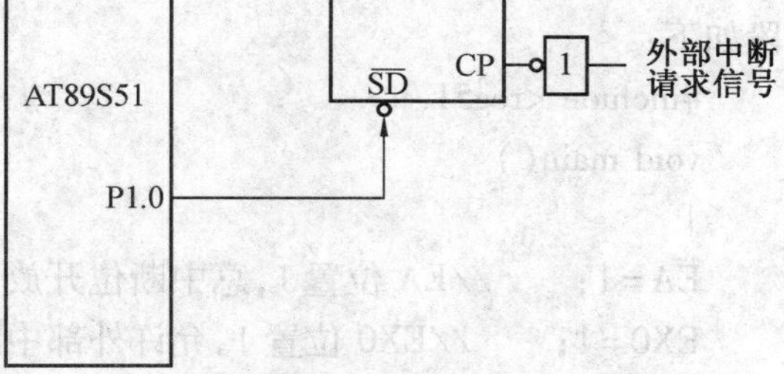

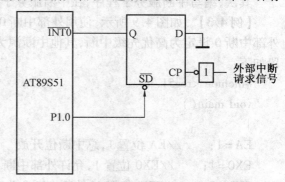

图 4.8 电平触发方式的外部中断请求的撤销电路

由图 4.8 可见,外部中断请求信号不是直接加在$\overline{INT0}$(或$\overline{INT1}$)上,而是加到 D 触发器的时钟脉冲输入(CP)端。由于 D 端接地,当外部中断请求信号出现在 CP 端时,Q 端输出为 0,$\overline{INT0}$($\overline{INT1}$)为低电平,外部中断向单片机发出中断请求。当 CPU 响应中断后,为了撤销中断请求可利用 D 触发器的直接置 1 端$\overline{SD}$实现,把$\overline{SD}$端接 P1.0 引脚,只要在 P1.0 引脚输出一个负脉冲就可以使 D 触发器置 1,即使 Q=1,便撤销了外部中断请求信号。所需的负脉冲在中断服务程序中需增加如下指令方可得到:

```
ORL P1,#01H;//P1.0 为 1
ANL P1,#0FEH;//P1.0 为 0
ORL P1,#01H;//P1.0 为 1
```

3. 串行口中断请求的撤销

串行口中断的标志位是 TI 和 RI,但对这两个中断标志位 CPU 不自动清 0。因为在响应串行口的中断后,CPU 无法知道是接收中断还是发送中断,还需测试这两个中断标志位的状态,以判定是接收操作还是发送操作,然后才能清除。所以串行口中断请求的撤销只能使用软件的方法,通过以下指令在中断服务程序中对串行口中断标志位进行清除:

```
TI=0;
RI=0;
```

4.6 AT89S51 单片机中断系统的应用

中断系统必须由硬件系统和软件系统互相配合才能正确使用。中断程序编写时,首先,要对中断系统进行初始化,也就是对与中断相关的几个特殊功能寄存器的相关控制位进行设置。这部分一般放在主程序的初始化程序段中,具体需要完成以下工作:

(1)设置中断允许控制寄存器(IE),开总中断并允许相应的中断源中断。

(2)设置中断优先级控制寄存器(IP),确定各中断源的中断优先级。

(3)若是外部中断源,还要设置外部中断请求的触发方式控制位 IT1 或 IT0,以规定采用电平触发方式还是边沿触发方式。

其次,编写中断服务子程序,在中断服务子程序中处理中断请求。

【例 4.3】 如图 4.9 所示,使用外部中断 0 采集 P0 口的开关状态并发送到 P2 口显示。外部中断 0 设定为高优先级中断,其他中断源为低优先级中断,采用边沿触发方式。其程序段如下:

```
#include <reg51.h>
void main()
{
EA=1;      //EA 位置 1,总中断位开放
EX0=1;     //EX0 位置 1,允许外部中断 0 产生中断
PX0=1;     //PX0 位置 1,外部中断 0 为高优先级中断
IT0=1;     //IT0 位置 1,外部中断 0 为边沿触发方式
while(1);
}
void int0_serv(void) interrupt 0
```

```
{
P0=0x0f;
P2=P0;
}
```

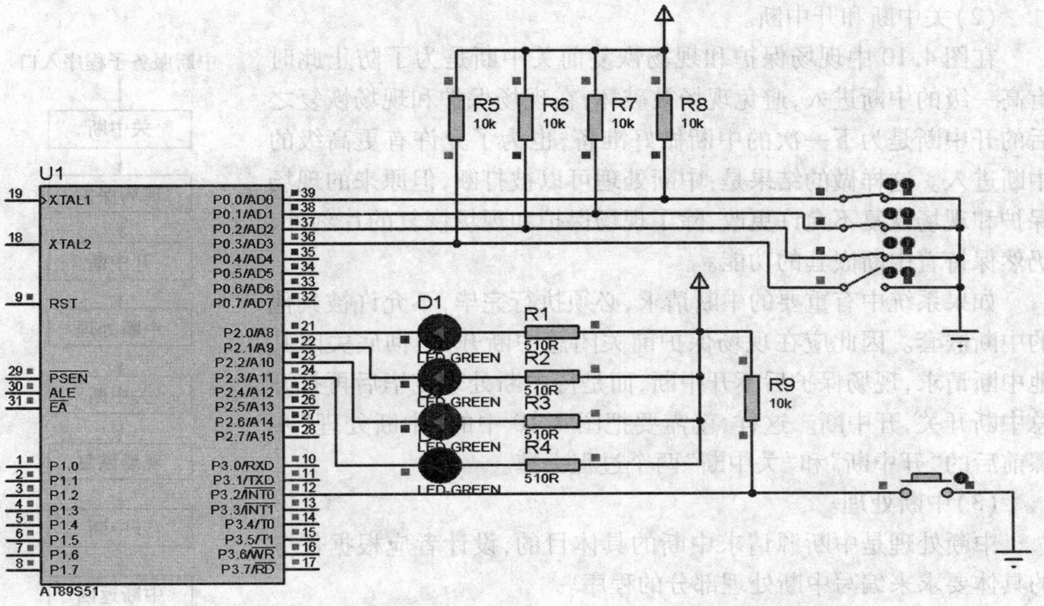

图 4.9　中断服务子程序初始化实例(电路原理仿真图)

1. 中断服务函数

程序中用到了中断服务函数。由于标准 C 语言没有处理单片机中断的定义,为了能进行 AT89S51 单片机的中断处理,C51 对函数的定义进行了扩展,增加了一个扩展关键字 interrupt,使用 interrupt 可将一个函数定义为中断服务函数。由于 C51 在编译时对声明为中断服务程序的函数自动添加了相应的现场保护、禁止其他中断、返回时自动恢复现场等处理程序段,因此在编写中断服务函数时可不必考虑现场保护问题,减小了用户编写中断服务程序的烦琐程度。中断服务函数的一般形式为:

函数类型　函数名(形式参数表) interrupt n using m

关键字 interrupt 后的 n 是中断号,对于 AT89S51 单片机,n 的取值为 0~4,对应单片机的 5 个中断源。n=0,表示外部中断 0。关键字 using 后面的 m 是所选择的片内存储区,using m 选项可以省略。如果省略,中断服务函数中的所有工作寄存器的内容将被保存到堆栈中。

2. 中断服务子程序的流程

AT89S51 单片机的中断服务程序一般包括两部分内容:一是保护现场,二是完成中断源请求的服务。中断断服务子程序的基本流程如图 4.10 所示。编写中断服务子程序需要注意以下几个问题:

(1)现场保护和现场恢复。

现场指的是单片机中某些寄存器或存储单元中的数据或状态。通常,主程序和中断服务子程序都会用到累加器(A)、程序状态字寄存器(PSW)及其他一些寄存器,当 CPU 进入中断服务子程序用到上述寄存器时，就会破坏原来存储在寄存器中的内容，一旦中断返回，将会影响主程序的运行，因此，要把它们送入堆栈保护起来，这就是现场保护。在进入中断服务子程序后，首先，要进行现场保护；然后，执行中断处理程序，在中断返回之前再进行现场恢复。注意，采用 C 语言编程时不需要进行现场保护和现场恢复。

(2)关中断和开中断。

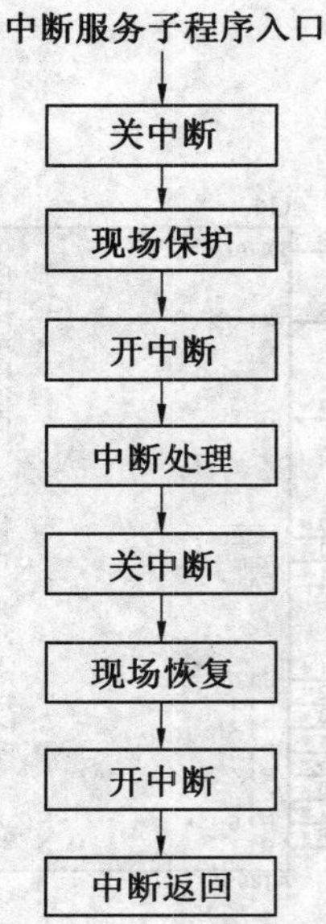

图 4.10　中断服务子程序的基本流程

在图 4.10 中现场保护和现场恢复前关中断是为了防止此时有高一级的中断进入，避免现场被破坏；在现场保护和现场恢复之后的开中断是为下一次的中断做好准备，也为了允许有更高级的中断进入。这样做的结果是：中断处理可以被打断，但原来的现场保护和现场恢复不允许更改，除了现场保护和现场恢复的片刻外，仍然保持着中断嵌套的功能。

如果系统中有重要的中断请求，必须执行完毕，不允许被其他的中断嵌套。因此应在现场保护前关闭总中断开关，彻底关闭其他中断请求，现场保护后不开中断，而是待中断处理完毕后再打开总中断开关，开中断。这样，就需要把图 4.10 中的“中断处理”步骤前后的“开中断”和“关中断”两个过程去掉。

(3)中断处理。

中断处理是中断源请求中断的具体目的，设计者应根据任务的具体要求来编写中断处理部分的程序。

(4)中断返回。

C 语言中断点的保护和中断返回是由 CPU 自动运行的。CPU 执行完中断程序后，把响应中断时所置 1 的不可寻址的优先级状态触发器清 0，然后从堆栈中弹出栈顶上的两个字节的断点地址送到程序计数器 PC，弹出的第一个字节送入 PCH，弹出的第二个字节送入 PCL，CPU 从断点处重新执行被中断的主程序。

【例 4.4】　如图 4.11 所示，在 AT89S51 单片机的 P1 口接有 8 只发光二极管(Light Emitting Diode, LED)。在外部中断请求 0 输入引脚$\overline{INT0}$(P3.2)接有一个按钮开关 S1。要求将外部中断 0 设置为电平触发方式。程序运行时，P1 口上的 8 只 LED 全亮。每按一次开关 S1，使引脚$\overline{INT0}$接地，即产生一个低电平触发的外部中断请求。在中断服务子程序中，让低 4 位的 LED 与高四位的 LED 交替闪烁 3 次，然后从中断返回控制 8 只 LED 再次全亮。

其中断服务子程序如下：

```
#include <reg51.h>
#define uchar unsigned char
void delay(unsigned int i)
{
  unsigned char j;
  for(;i>0;i--)
  for(j=0;j<333;j++);
```

```
}
main( )
{
  IT0 = 1;      //选择外部中断 0 为边沿触发方式
  EA = 1;
  EX0 = 1;
while(1);
{  P1 = 0;}
}

void int0( ) interrupt 0 using 0
{
  uchar m;
  EX0 = 0;      //禁止外部中断 0
  for(m = 0;m<3;m++)
  {
  P1 = 0x0f;
  delay(400);
  P1 = 0xf0;
  delay(400);
  EX0 = 1;      //中断返回前,打开外部中断 0
  }
}
```

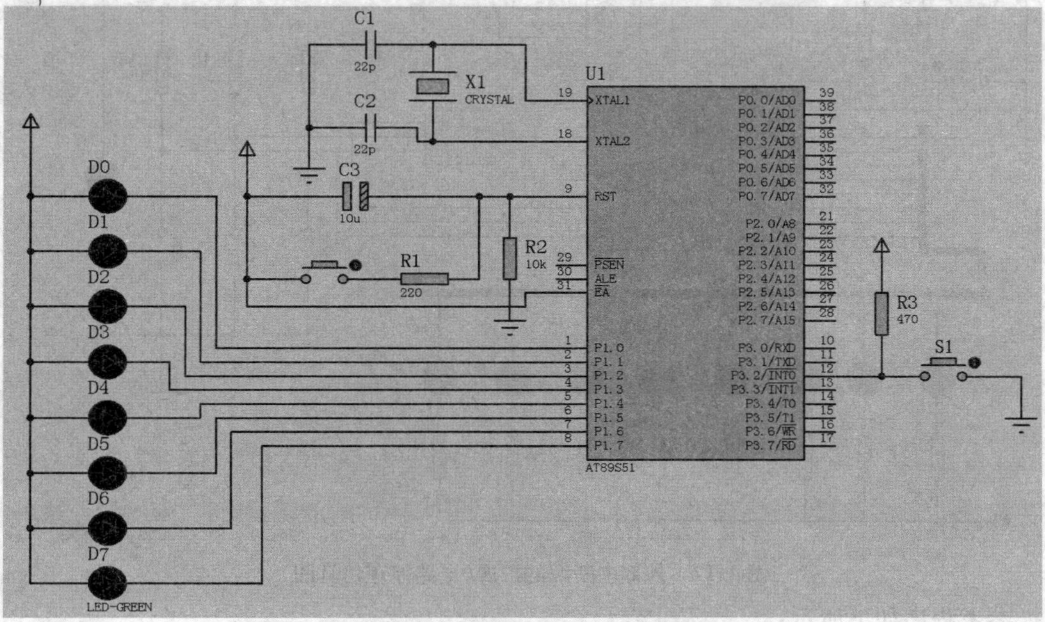

图 4.11　中断服务子程序实例(电路原理仿真图)

这里需要注意的是：

(1)用 C 语言编写中断服务子程序时，现场保护和返回程序不用程序员编写。

(2)本例为单一外部中断应用案例，在执行中断服务子程序时禁止执行外部中断 0 的嵌套。

4.7　多外部中断源系统设计

AT89S51 单片机为用户提供了两个外部中断请求输入端 $\overline{INT0}$ 和 $\overline{INT1}$，实际的应用系统中，两个外部中断请求源往往不够用，可以对外部中断源进行扩展。本节通过两个具体的实例介绍扩展外部中断源的方法。

【例 4.5】　如图 4.12 所示，单片机的 P1 口接 LED，LED 从 P1.0 ~ P1.7 循环点亮，有 3 个按键 A1、A2、A3。其功能如下：A1 按下时，继电器动作；A2 按下时，发出“滴滴”的声音；A3 按下时，两者同时进行。中断仍然采用外部中断 0 并设置为边沿触发方式。由于 3 个按键要实现在线控制，因此采用外部中断扩展的方法，即 3 个按键共用一个中断口。在程序设计上采用中断加查询的方法，主程序完成 LED 从 P1.0 ~ P1.7 循环点亮，中断服务程序完成中断源的判断和相应的动作。

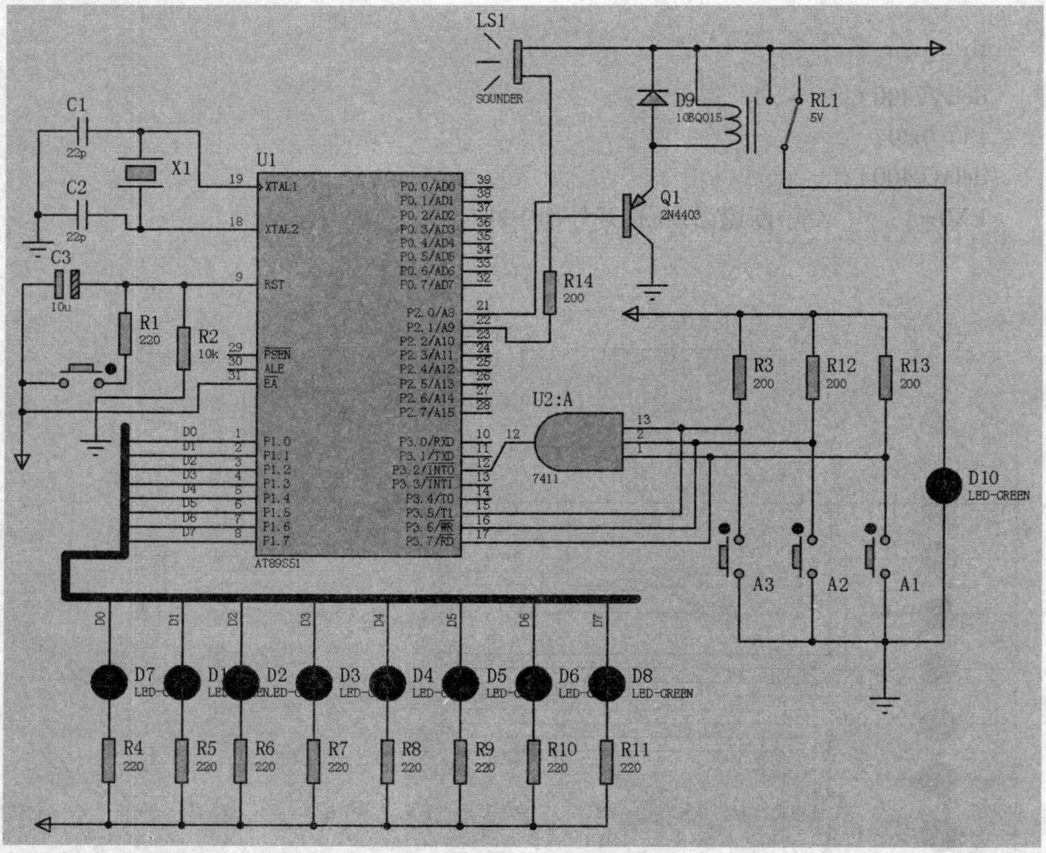

图 4.12　外部中断源的扩展(电路原理仿真图)

参考程序如下所示：

```
#include <reg51. h>
#include <intrins. h>
#include <absacc. h>
#define uchar unsigned char
#define uint unsigned int
sbit A1=P3^7;             //定义位变量 A1
sbit A2=P3^6;             //定义位变量 A2
sbit A3=P3^5;             //定义位变量 A3
sbit B1=P2^1;             //定义位变量 B1
sbit B2=P2^0;             //定义位变量 B2
void delay(uint com)
{
uchar i,j,k;
for(i=5;i>0;i--)
for(j=132;j>0;j--)
for(k=com;k>0;k--);
}
main()
{
uchar dat=0xfe;
EX0=1;
IT0=1;
EA=1;
while(1)
{
P1=dat;
delay(100);
dat=_crol_(dat,1);
}
}
void into_irg() interrupt 0
{
uchar i;
EA=0;
if(A1==0)
{
for(i=4;i>0;i--)
{
B1=0;
```

```
delay(100);
B1=1;
delay(100);
}
}
if(A2==0)
{
for(i=10;i>0;i--)
{
B2=0;
delay(100);
B2=1;
delay(100);
}
}
if(A3==0)
{
for(i=10;i>0;i--)
{
B1=B2=0;
delay(100);
B1=B2=1;
delay(100);
}
}
EA=1;
}
```

【例 4.6】 如图 4.13 所示，若系统中有 5 个外部中断请求源 IR0 ~ IR4，它们均为高电平有效，这时可按中断请求的轻重缓急进行排队，把其中最高级别的中断请求源 IR0 通过非门接到 AT89S51 单片机的外部中断请求输入端 $\overline{\text{INT0}}$ 上，其余的 4 个中断请求源 IR1 ~ IR4 按图示的方法通过各自的 OC 门（集电极开路门）连到 AT89S51 单片机的另一个外部中断请求输入端 $\overline{\text{INT1}}$ 上，同时还连到 P1 口的 P1.0 ~ P1.3 脚，供 AT89S51 单片机查询。各外部中断请求源的中断请求由外部设备的硬件电路产生。除了 IR0 的中断优先级别最高外，其余 4 个外部中断源的中断优先级取决于查询顺序，这里假设查询顺序为 P1.0 ~ P1.3，因此，中断优先级由高到低的顺序依次为 IR1，…，IR4。

假设图 4.13 中 IR1 ~ IR4 中有一个提出中断请求，则中断请求通过 4 个 OC 门的输出公共点，即 $\overline{\text{INT1}}$ 引脚的电平变低。那么究竟是哪个中断源的中断请求，还要通过程序查询 P1.0 ~ P1.3 脚上的逻辑电平来确定。本例假设某一时刻只能有一个中断源提出中断请求，

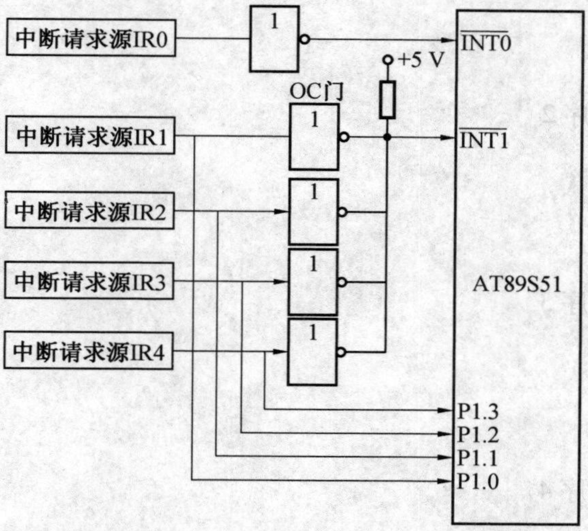

图 4.13　中断和查询相结合的多外部中断

并设 IR1 ~ IR4 这 4 个中断请求源的高电平可由相应的中断服务子程序清 0,其中断服务子程序如下:

```
    #include <reg51. h>
    sbit IR1 = P1^0;
    sbit IR2 = P1^1;
    sbit IR3 = P1^2;
    sbit IR4 = P1^3;
    void init( )        //中断初始化
    {
    EA = 1;
    EX0 = 1;
    EX1 = 1;       //开中断
    IT0 = 1;
    IT1 = 1;       //设为边沿触发方式
    }
void ex0( ) interrupt 0
    {
    INT0中断服务子程序
    }
void ex1( ) interrupt 2
    {
    if( IR1 = = 1)
    {
    INT1中断服务子程序 1
    }
```

else if(IR2 = = 1)

{

$\overline{\text{INT1}}$中断服务子程序 2

}

else if(IR3 = = 1)

{

$\overline{\text{INT1}}$中断服务子程序 3

}

else(IR4 = = 1)

{

$\overline{\text{INT1}}$中断服务子程序 4

}

}

查询法扩展外部中断源比较简单,但是扩展的外部中断源个数较多时,查询时间稍长。为了克服查询法扩展外部中断源的缺点,在扩展外部中断源时也经常使用中断控制器 8259A 或优先权编码器 74LS148 等方法扩展外部中断源。

思考题及习题

4.1　AT89S51 单片机能提供几个中断源? CPU 响应中断时其中断矢量地址各是多少?

4.2　简述 AT89S51 单片机的中断响应过程。

4.3　简述 AT89S51 单片机的中断响应条件。

4.4　AT89S51 单片机中和中断相关的控制寄存器有哪几个? 其各自的主要工作是什么?

4.5　AT89S51 单片机的外部中断有哪两种触发方式? 如何设置? 对外部中断源的中断请求信号有何要求?

4.6　编写外部中断 0 为边沿触发方式的中断初始化程序段。

4.7　编写程序段,实现将外部中断 1 设置为高优先级中断,且为电平触发方式,定时器/计数器 T1 中断设为低优先级中断,串行口中断设置为高优先级中断,其余中断源设置为禁止状态。

4.8　利用中断来点亮 LED,电路参见图 4.11,用$\overline{\text{INT0}}$引脚的按钮控制 P1 口连接的 LED,要求每按一下按钮就申请一次中断,点亮一个 LED,依次点亮 8 个 LED,外部中断采用边沿触发方式。

4.9　某系统有 3 个外部中断源 1、2、3,当某一中断源发出的中断请求使$\overline{\text{INT1}}$引脚变为低电平时(电路参见图 4.13),便请求 CPU 进行处理,中断的处理次序由高到低为 3、2、1,中断处理程序的入口地址分别为 1000H、1100H、1200H。试编写主程序及中断服务子程序(转至相应的中断处理程序的入口即可)。

4.10 利用多中断源控制LED的亮灭,电路参见图4.11(假设图中$\overline{\text{INT1}}$引脚与$\overline{\text{INT0}}$引脚连接相同的按键)。要求每按一下$\overline{\text{INT1}}$引脚的按钮就点亮8个LED中的一个,而每按一下$\overline{\text{INT0}}$引脚的按钮,就使所有LED的亮灭变为相反的状态。要求$\overline{\text{INT1}}$优先级最高,$\overline{\text{INT0}}$、$\overline{\text{INT1}}$均采用边沿触发方式。

第 5 章 AT89S51 单片机的定时器/计数器

测控系统中,常常要求有一些定时时钟,以实现定时控制、定时测量、延时动作、产生音响等功能,也往往要求有计数功能对外部事件进行计数,如测电动机转速、频率、工件个数等。本章介绍 AT89S51 单片机内部定时器/计数器的结构和功能、两种工作模式和 4 种工作方式,以及与其相关的两个特殊功能寄存器 TMOD 和 TCON 各位的定义及其编程,最后介绍定时器/计数器的编程及应用实例。

5.1 定时器/计数器概述

所谓计数器就是对外部输入脉冲的计数;定时器也是通过对脉冲进行计数完成的,计数的是 AT89S51 单片机内部产生的标准脉冲,通过计数脉冲个数实现定时。定时器和计数器本质上是一致的。

5.1.1 定时和计数的方法

实现定时和计数的方法一般有软件定时、专用硬件电路定时和可编程定时器/计数器 3 种方法。

(1)软件定时:执行一个循环程序进行时间延迟。定时准确,不需要外加硬件电路,但增加了 CPU 开销,降低了 CPU 的利用率。

(2)专用硬件电路定时:可实现精确的定时和计数,但参数调节不便。例如采用 555 电路,外接必要的元器件(电阻和电容),即可构成硬件定时电路。但在硬件连接好以后,定时值与定时范围不能由软件进行控制和修改,即不可编程。

(3)可编程定时器/计数器:不占用 CPU 时间,能与 CPU 并行工作,实现精确的定时和计数,又可以通过编程设置其工作方式和其他参数,因此使用方便。这种定时芯片的定时值及定时范围很容易用软件来确定和修改,定时功能强,使用灵活。在单片机的定时器/计数器不够用时,可以考虑进行扩展。

5.1.2 定时器/计数器的结构

AT89S51 单片机的定时器/计数器结构框图如图 5.1 所示,包含两个可编程的定时器/计数器 T0 和 T1,每个定时器内部结构实际上就是一个可编程的加法计数器,通过编程来设置其工作在定时状态还是计数状态。

定时器/计数器 T0 和 T1 分别由特殊功能寄存器 TH0、TL0 以及 TH1、TL1 构成。

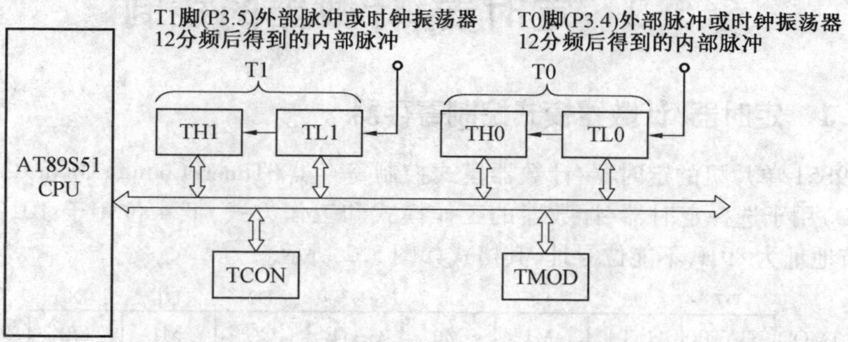

图 5.1　AT89S51 单片机的定时器/计数器结构框图

两个定时器/计数器都具有两种工作模式(定时器和计数器)和 4 种工作方式(方式 0、方式 1、方式 2 和方式 3),都属于增 1 计数器。

特殊功能寄存器 TMOD 用于选择定时器/计数器 T0、T1 的工作模式和工作方式。特殊功能寄存器 TCON 用于控制定时器/计数器 T0、T1 的启动和停止,同时包含定时器/计数器 T0、T1 的状态。定时器/计数器 T0、T1 不论是工作在定时器模式还是计数器模式,实质都是对脉冲信号进行计数,只不过是计数信号的来源不同。计数器模式是对加在 T0(P3.4)和 T1(P3.5)两个引脚上的外部脉冲进行计数(图 5.1),而定时器工作模式是对单片机的时钟振荡器信号经片内 12 分频后的内部脉冲信号计数。由于时钟频率是定值,因此可根据对内部脉冲信号的计数值计算出定时时间。

计数器的起始计数都是从计数器的初值开始。单片机复位时计数器的初值为 0,也可用指令给计数器装入一个新的初值。

5.1.3　定时器/计数器的工作原理

定时器/计数器的基本工作原理是,利用定时器/计数器对固定周期的脉冲计数,通过寄存器的溢出来触发中断。具体过程如下:

加 1 计数器输入的计数脉冲有两个来源:一个是由系统的时钟振荡器输出脉冲经 12 分频后送来;一个是 T0 或 T1 引脚输入的外部脉冲源。每来一个脉冲计数器加 1,当加到计数器为全 1 时,再输入一个脉冲就使计数器回 0,且计数器的溢出使 TCON 中 TF0 或 TF1 位置 1,向 CPU 发出中断请求(定时器/计数器中断允许时)。如果定时器/计数器工作于定时模式,则表示定时时间已到;如果工作于计数模式,则表示计数值已满。

可见,由溢出时计数器的值减去计数初值才是加 1 计数器的计数值。

具体应用步骤如下:

(1)根据需要的定时时间,结合单片机的晶振频率,计算出寄存器的初始值。

(2)根据需要开中断。

(3)启动定时器。

若已规定用软件启动,则可把 TR0、TR1 位置“1”;若已规定由外部中断引脚电平启动,则需给外部引脚步加启动电平。当实现了启动要求后,定时器即按规定的工作方式和初值开始计数或定时。

5.2 定时器/计数器的控制

5.2.1 定时器/计数器模式控制寄存器

AT89S51 单片机的定时器/计数器模式控制寄存器(Timer/Counter Mode Control Register,TMOD)用于选择定时器/计数器的工作模式和工作方式,低 4 位用于 T0,高 4 位用于 T1。字节地址为 89H,不能位寻址,其格式如图 5.2 所示。

	D7	D6	D5	D4	D3	D2	D1	D0	
TMOD	GATE	C/$\overline{T}$	M1	M0	GATE	C/$\overline{T}$	M1	M0	89H
	T1方式字段				T0方式字段				

图 5.2 TMOD 的格式

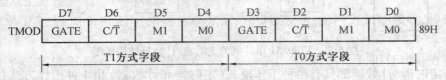

下面对 TMOD 的各位给出说明。

(1)GATE:门控位。GATE=0 时,只要用软件使 TCON 中的 TRx(x=0,1)为 1,就可以启动定时器/计数器工作;GATE=1 时,用外部中断引脚($\overline{INT0}$或$\overline{INT1}$)上的电平与运行控制位 TRx(x=0,1)共同来控制定时器/计数器运行。

(2)C/$\overline{T}$:定时/计数模式选择位。C/$\overline{T}$=0,为定时器工作模式,对单片机的时钟振荡器 12 分频后得到的脉冲进行计数;C/$\overline{T}$=1,为计数器工作模式,计数器对外部输入引脚 T0(P3.4)或 T1(P3.5)的外部脉冲(负跳变)计数。

(3)M1、M0:工作方式设置位。定时器/计数器共有 4 种工作方式,由 M1、M0 进行设置,见表 5.1。

表 5.1 M1、M0 工作方式选择

M1	M0	工作方式
0	0	方式 0,为 13 位定时器/计数器
0	1	方式 1,为 16 位定时器/计数器
1	0	方式 2,为 8 位的常数自动重新装载的定时器/计数器
1	1	方式 3,仅适用于 T0,此时 T0 分成两个 8 位计数器,T1 停止计数

5.2.2 定时器/计数器控制寄存器

定时器/计数器控制寄存器(Timer/Counter Control Register,TCON)的低 4 位用于控制外部中断,已在前面介绍,这里仅介绍与定时器/计数器相关的高 4 位的功能。TCON 的高 4 位用于控制定时器/计数器的启动和中断申请。它的字节地址为 88H,可位寻址,位地址为 88H~8FH。TCON 的格式如图 5.3 所示。

下面为 TCON 高 4 位的功能介绍。

(1)TF1、TF0:计数溢出标志位。当计数器计数溢出时,该位置 1。使用查询方式时,此位作为状态位供 CPU 查询,但应注意查询有效后,应使用软件及时将该位清 0;使用中断方

	D7	D6	D5	D4	D3	D2	D1	D0	
TCON	TF1	TR1	TF0	TR0	IE1	IT1	IE0	IT0	88H

图 5.3　TCON 的格式

式时，此位作为中断请求标志位，进入中断服务程序后由硬件自动清 0。

(2) TR1、TR0：计数运行控制位。TR1 位（或 TR0 位）为 1，是启动定时器/计数器工作的必要条件。TR1 位（或 TR0 位）为 0，停止定时器/计数器工作。该位可由软件置 1 或清 0。

5.3　定时器/计数器的工作方式

定时器/计数器具有 4 种工作方式，由 M1、M0 不同的编码方式来确定。

5.3.1　方式 0

当 M1M0＝00 时，定时器/计数器被设置为工作方式 0，这时定时器/计数器的等效逻辑结构框图如图 5.4 所示（以定时器/计数器 T1 为例，令 M1M0＝00，$x=1$）。

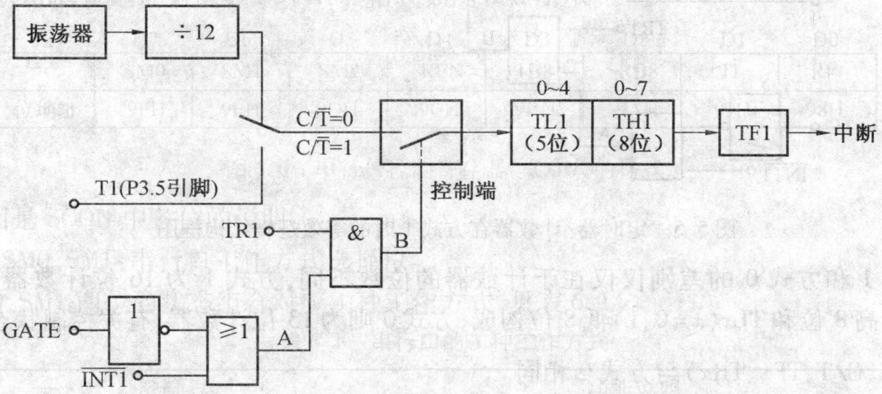

图 5.4　定时器/计数器在方式 0 时的等效逻辑结构框图

定时器/计数器工作在方式 0 时，为 13 位计数器，由 TLx（$x=0,1$）的低 5 位和 THx（$x=0,1$）的高 8 位构成。TLx（$x=0,1$）低 5 位溢出则向 THx（$x=0,1$）进位，THx（$x=0,1$）计数溢出则把 TCON 中的溢出标志位 TFx（$x=0,1$）置 1。

图 5.4 中，C/$\overline{T}$ 位控制的电子开关决定了定时器/计数器的两种工作模式。

(1) C/$\overline{T}$＝0 时，电子开关打在上面位置，T1（或 T0）为定时器工作模式，把振荡器时钟 12 分频后得到的脉冲作为计数信号。

(2) C/$\overline{T}$＝1 时，电子开关打在下面位置，T1（或 T0）为计数器工作模式，计数脉冲为P3.4（或 P3.5）引脚上的外部输入脉冲，当引脚上发生负跳变时，计数器加 1。

GATE 位的状态决定定时器/计数器的运行控制取决于 TRx 一个条件，还是取决于 TRx 和$\overline{INTx}$（$x=0,1$）引脚状态这两个条件。

(1) GATE=0 时,A 点(图 5.4)电位恒为 1,B 点电位仅取决于 TRx 状态。TRx=1 时,B 点为高电平,控制端控制电子开关闭合,允许 T1(或 T0)对脉冲计数。TRx=0 时,B 点为低电平,电子开关断开,禁止 T1(或 T0)计数。

(2) GATE=1 时,B 点电位由 $\overline{\text{INT}x}$(x=0,1)的输入电平和 TRx 的状态这两个条件来确定。当 TRx=1,且 $\overline{\text{INT}x}$=1 时,B 点才为高电平,控制端控制电子开关闭合,允许 T1(或 T0)计数。故这种情况下计数器是否计数是由 TRx 和 $\overline{\text{INT}x}$ 两个条件共同控制的。

5.3.2 方式 1

当 M1M0=01 时,定时器/计数器工作于方式 1,这时定时器/计数器的等效逻辑结构框图如图 5.5 所示(以定时器/计数器 T1 为例,令 M1M0=1,x=1)。

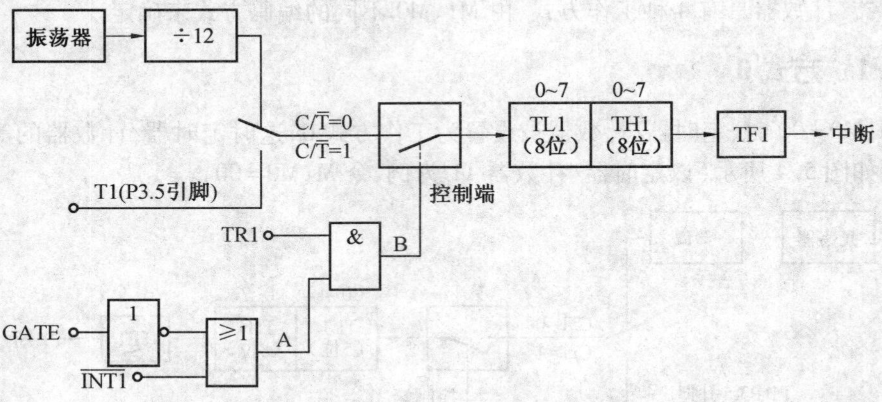

图 5.5 定时器/计数器在方式 1 时的等效逻辑结构框图

方式 1 和方式 0 的差别仅仅在于计数器的位数不同,方式 1 为 16 位计数器,由 THx(x=0,1)高 8 位和 TLx(x=0,1)低 8 位构成;方式 0 则为 13 位计数器,有关控制状态位的含义(GATE、C/$\overline{\text{T}}$、TFx、TRx)与方式 0 相同。

5.3.3 方式 2

方式 0 和方式 1 的最大特点是计数溢出后,计数器为全 0。因此在循环定时或循环计数应用时就存在用指令反复装入计数初值的问题。这不仅影响定时精度,而且也会给程序设计带来麻烦。方式 2 就是针对此问题而设置的。

当 M1M0=10 时,定时器/计数器工作于方式 2,这时定时器/计数器的等效逻辑结构框图如图 5.6 所示(以定时器/计数器 T1 为例,令 M1M0=10,x=1)。

定时器/计数器工作于方式 2 时为自动恢复初值(初值自动装入)的 8 位定时器/计数器,TLx(x=0,1)作为常数缓冲器,当 TLx 计数溢出时,在溢出标志位 TFx(x=0,1)置 1 的同时,还自动将 THx(x=0,1)中的初值送至 TLx,使 TLx 从初值开始重新计数。定时器/计数器工作于方式 2 的工作过程如图 5.7 所示。

这种工作方式可以省去用户软件中重装初值的指令执行时间,简化定时初值的计算方法,可以相当精确地确定定时时间。

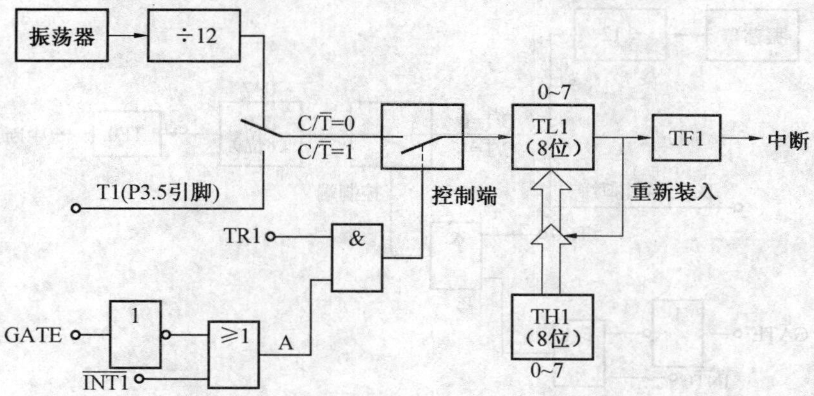

图 5.6　定时器/计数器在方式 2 时的等效逻辑结构框图

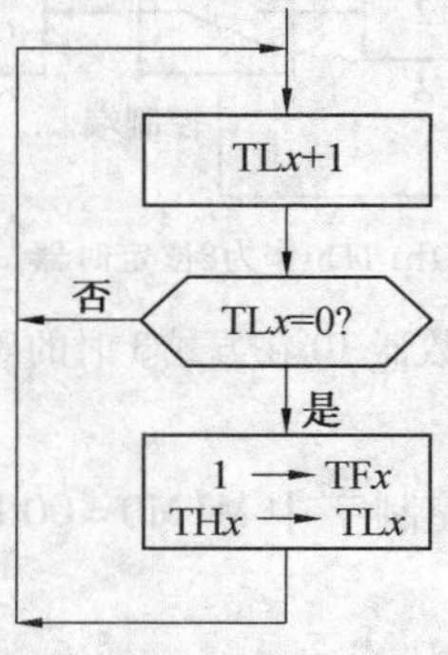

图 5.7　定时器/计数器工作于方式 2 的工作过程

5.3.4　方式 3

方式 3 是为了增加一个附加的 8 位定时器/计数器而设置的，从而使 AT89S51 单片机具有 3 个定时器/计数器。方式 3 只适用于定时器/计数器 T0，定时器/计数器 T1 不能工作于方式 3。T1 处于方式 3 时相当于 TR1 = 0，停止计数（此时 T1 可用来作为串行口波特率发生器）。

1. 工作方式 3 下的 T0

当 M1M0 = 11 时，T0 的工作方式被选为方式 3，其等效逻辑结构框图如图 5.8 所示。

定时器/计数器 T0 分为两个独立的 8 位计数器 TL0 和 TH0，其中 TL0 使用 T0 的状态控制位 $C/\overline{T}$、GATE、TR0、$\overline{INT0}$，除计数位数不同于方式 0、方式 1 外，其功能、操作与方式 0、方式 1 相同，可定时亦可计数。而 TH0 占用原定时器/计数器 T1 的状态控制位 TF1 和 TR1，同时还占用定时器/计数器 T1 的中断源，其启动和关闭仅受 TR1 置 1 或清 0 控制。TH0 只能进行简单的内部定时，不能对外部脉冲进行计数。

2. T0 工作在方式 3 时 T1 的各种工作方式

一般情况下，当 T1 用作串行口波特率发生器时，T0 才工作在方式 3。T0 处于工作方式 3 时，T1 可定为方式 0、方式 1 和方式 2，用来作为串行口的波特率发生器，或不需要中断的

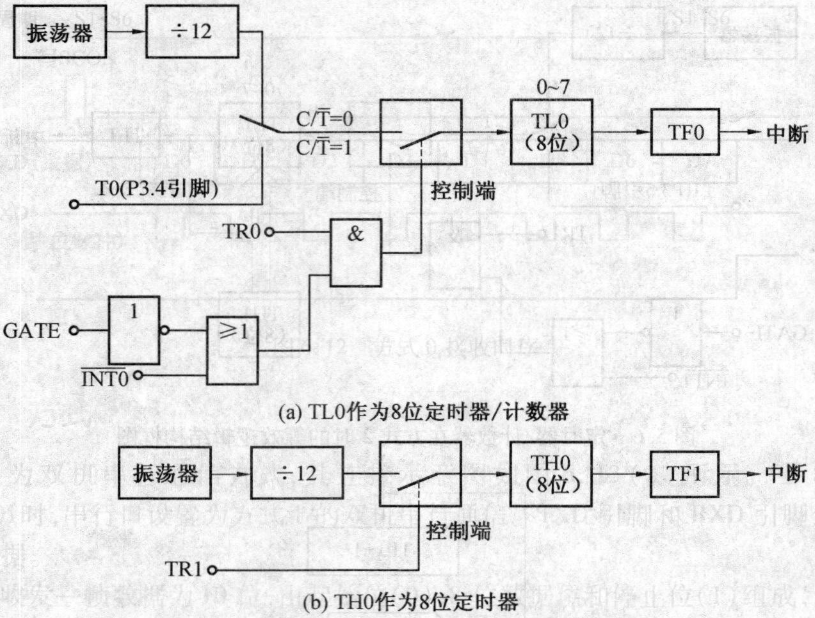

(a) TL0作为8位定时器/计数器

(b) TH0作为8位定时器

图 5.8　定时器/计数器 T0 在方式 3 时的等效逻辑结构框图

场合。

(1)T1 工作于方式 0。当 T1 的控制字中 M1M0＝00 时,T1 工作于方式 0,工作示意图如图 5.9 所示。

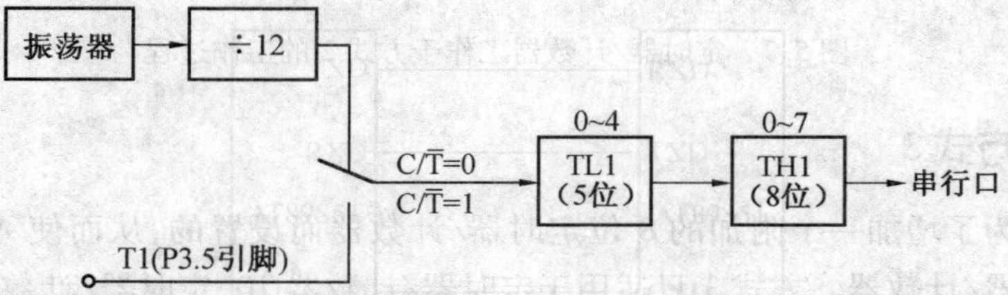

图 5.9　T0 工作于方式 3、T1 工作于方式 0 时的工作示意图

(2)T1 工作于方式 1。当 T1 的控制字中 M1M0＝01 时,T1 工作在方式 1,工作示意图如图 5.10 所示。

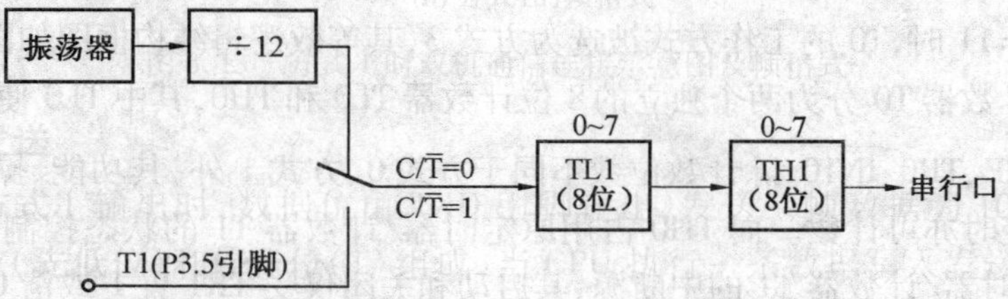

图 5.10　T0 工作于方式 3、T1 工作于方式 1 时的工作示意图

(3)T1 工作于方式 2。当 T1 的控制字中 M1M0＝10 时,T1 的工作方式为方式 2,工作示意图如图 5.11 所示。

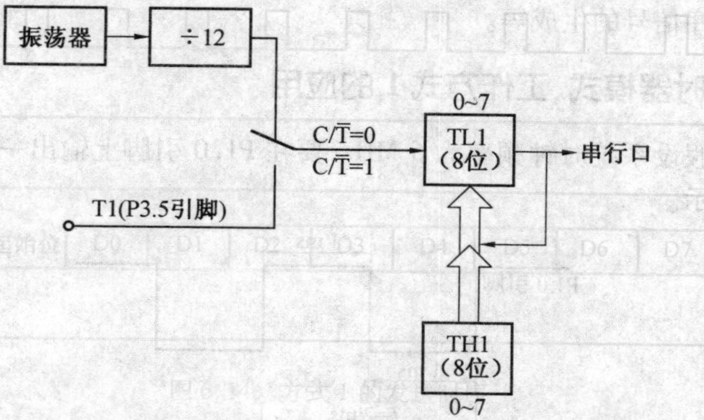

图 5.11　T0 工作于方式 3、T1 工作于方式 2 时的工作示意图

(4) T1 设置为方式 3。当 T0 工作于方式 3 时，再把 T1 设置成方式 3，此时 T1 停止计数。

5.4　定时器/计数器对输入的计数信号的要求

当定时器/计数器工作在计数器模式时，单片机在每个机器周期都对外部输入引脚 T0 或 T1 进行采样，即外部输入的计数信号要满足单片机采样时的时序要求。在每个机器周期的节拍 S5P2 期间采样检测引脚输入电平。若前一个机器周期采样值为 1，后一个机器周期采样值为 0，则计数器加 1。

新的计数值在检测到输入引脚电平发生 1 到 0 的负跳变(下降沿)后，于下一个机器周期的节拍 S3P1 期间装入计数器中，其时序关系如图 2.16 所示。

由于 CPU 需要两个机器周期来识别一个 1 到 0 的跳变信号，因此最高的计数频率为 $f_{osc}/24$。

例如，选用 6 MHz 频率的晶体，允许输入的脉冲频率最高为 250 kHz。如果选用 12 MHz 频率的晶体，则可输入最高频率为 500 kHz 的外部脉冲。对于外部输入信号的占空比并没有什么限制，但为了确保某一给定电平在变化之前能被采样一次，这一电平至少要保持一个机器周期。故对外部输入信号的要求如图 5.12 所示，图中 T_{cy} 为机器周期。

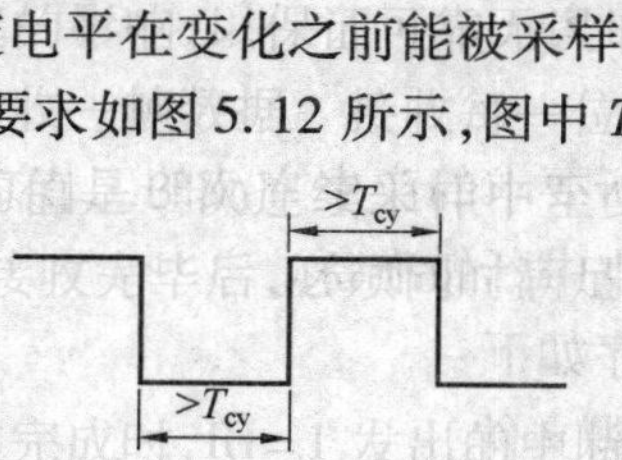

图 5.12　对外部计数输入信号的要求

5.5　定时器/计数器的编程和应用

在 AT89S51 单片机中定时器/计数器的 4 种工作方式中，方式 0 与方式 1 基本相同，只是计数器的计数位数不同(方式 0 为 13 位计数器，方式 1 为 16 位计数器)。使用定时器/计数器可以进行定时控制、计数控制及时序控制，如电子乐曲演奏的频率与节拍控制、频率或

转速的测量及时序信号的生成等。

5.5.1 定时器模式、工作方式 1 的应用

【例 5.1】 假设系统时钟频率为 6 MHz,要在 P1.0 引脚上输出一个周期为 2 ms 的方波,如图 5.13 所示。

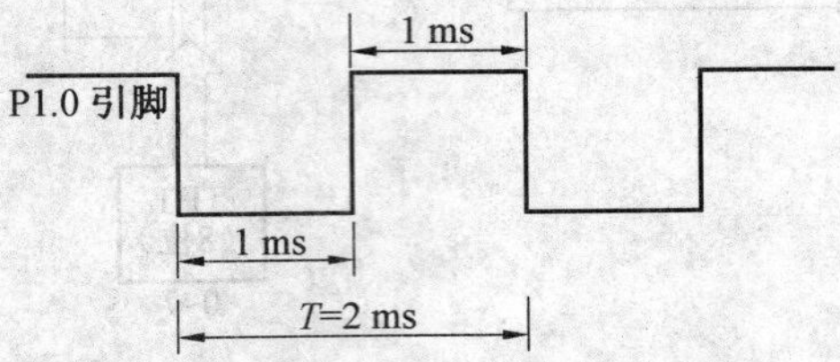

图 5.13 要求在 P1.0 引脚上输出的波形

基本思想:方波的周期用定时器/计数器 T0 来确定,即在 T0 计数,每隔 1 ms 计数溢出 1 次,即 T0 每隔 1 ms 产生一次中断,CPU 响应中断后,在中断服务子程序中对 P1.0 引脚值取反。这样,就可以在 P1.0 引脚上输出一个周期为 2 ms 的方波。为此要做如下几步工作:

(1)计算计数初值 X。

$$机器周期=2\ \mu s=2\times10^{-6}\ s$$

设需要装入 T0 的初值为 X,则有

$$(2^{16}-X)\times2\times10^{-6}=1\times10^{-3}$$

$$(2^{16}-X)=500$$

求得 $$X=65\ 036$$

将 X 转化为二进制数,即 X=FE0CH=1111 1110 0000 1100B。所以,T0 的初值为 TH0=FEH,TL0=0CH。

(2)初始化程序设计。

本例采用定时器/计数器中断方式工作。初始化程序包括定时器/计数器初始化和中断系统初始化,主要是对 IP、IE、TCON、TMOD 等特殊功能寄存器的相应位进行正确设置,并将计数初值送入定时器/计数器中。

(3)程序设计。

中断服务子程序除了完成所要求的产生方波的工作之外,还要注意将计数初值重新装入定时器/计数器,为下一次产生中断做准备。

按上述要求设计的参考程序如下:

```
#include <reg51.h>       //头文件
sbit sound=P1^0;
unsigned int i=500;
unsigned int j=0;
void main(void)
{
  EA=1;
  ET0=1;
```

```
    TMOD=0x01;        //设置T0工作于方式1
    TH0=0xfe;
    TL0=0x0c;
    TR0=1;            //启动定时器T0
    while(1)
  {
    i=460;
    while(j<2000);
    j=0;
    i=360;
    while(j<2000);
    j=0;
  }
  }
  void T0(void) interrupt 1 using 0      //定时器T0中断函数
  {
    TR0=0;            //关闭定时器T1
    sound=~sound;      //P1.0引脚值取反
    TH0=0xfe;
    TL0=0x0c;
    j++;
    TR1=1;
  }
```

【例 5.2】　控制 8 只 LED 每 0.5 s 闪亮一次。

在 AT89S51 单片机的 P1 口上接有 8 只 LED,电路仿真图如图 5.14 所示。下面采用 T0 工作于方式 1 的定时中断,控制 P1 口外接的 8 只 LED 每 0.5 s 闪亮一次。

1. 设置 TMOD 寄存器

T0 工作于方式 1,应使 TMOD 寄存器的 M1M0=01;应设置 $C/\overline{T}=0$,为定时器工作模式;对 T0 的运行控制仅由 TR0 来控制,应使相应的 GATE 位为 0。定时器 T1 不使用,各相关位均设为 0。所以,TMOD 寄存器应初始化为 0x01。

2. 计算定时器 T0 的计数初值

设定时时间为 5 ms(即 5 000 μs),设定时器 T0 的计数初值为 X,假设晶振的频率为 11.059 2 MHz,则定时时间为

$$定时时间=(2^{16}-X)\times 12/晶振频率$$

则

$$5\,000=(2^{16}-X)\times 12/11.059\,2$$

得

$$X=60\,928$$

将 X 转换成十六进制即 X=EE00H,其中 EEH 装入 TH0,00H 装入 TL0。

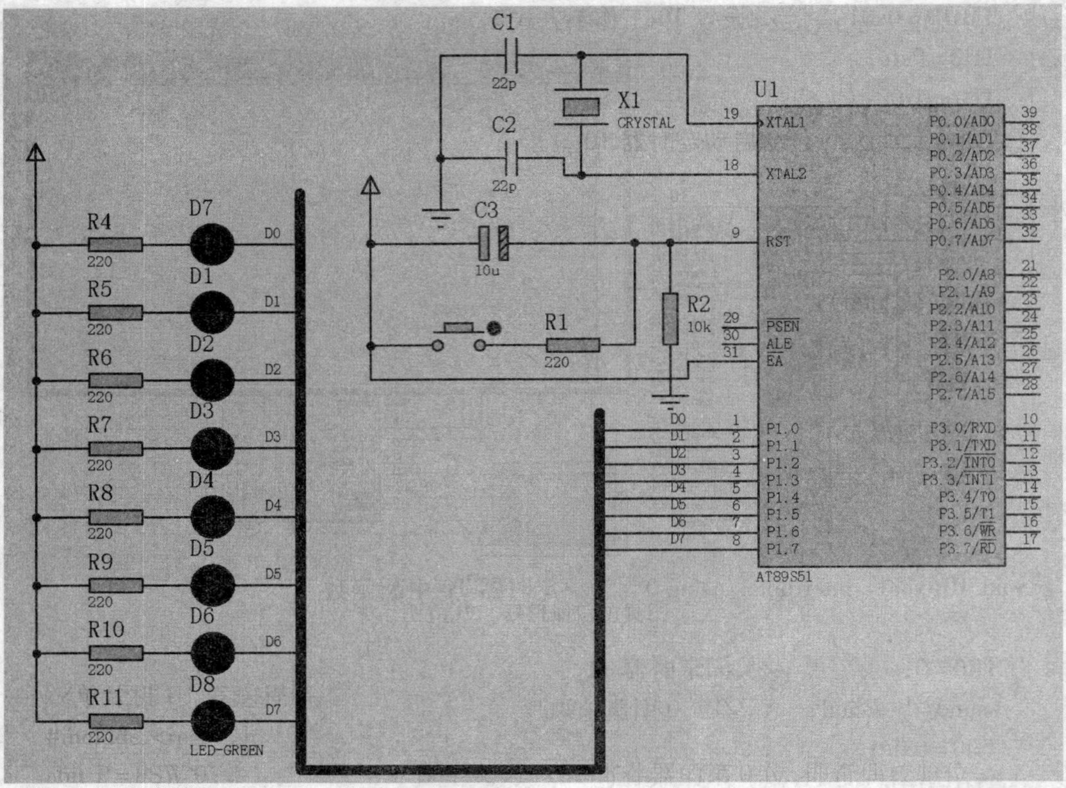

图 5.14　电路仿真图

3. 设置 IE 寄存器

本例由于采用定时器 T0 中断，因此需将 IE 寄存器中的 EA、ET0 位置 1。

4. 启动和停止定时器

将 TCON 寄存器中的 TR0 位置 1，则启动定时器 T0；若 TR0 位为 0，则停止定时器 T0 定时。

参考程序如下：

```
#include <reg51. h>
#include <absacc. h>
char i=100;
void main( )
{
  TMOD=0x01;     //定时器 T0 工作于方式 1
  TH0=0xee;      //P1 口 8 只 LED 点亮
  P1=0x00;
  EA=1;
  ET0=1;
  TR0=1;
```

```
    while(1);
    {
      ;
    }
    }
    void timer0() interrupt 1
    {
    TH0=0xee;
    TL0=0x00;
    i--;
    if(i<=0)
    {
    P1=~P1;
    i=100;
    }
    }
```

5.5.2　定时器模式、工作方式 2 的应用

【例 5.3】　秒定时器的设计。

利用片内定时器/计数器来进行定时,定时时间间隔为 1 s,其电路原理图如图 5.15 所示。单片机 P1.0 引脚控制 LED 闪烁,时间间隔为 1 s。

定时器/计数器的初始化编程,主要是设置定时常数和有关特殊功能寄存器。本例使用定时器模式,即定时中断,实现每 1 s 单片机的 P1.0 引脚输出状态发生一次翻转,LED 每1 s 闪亮一次。

内部计数器用于定时时,是对机器周期计数,可根据单片机的时钟频率算出机器周期,再计算出定时时间从而得出定时时间常数。参考程序如下:

```
#include <reg51.h>
#define uchar unsigned char
#define uint unsigned
#define TICK 10000 int        //10 000×100 μs=1 s
#define T100us 256-100   //100 μs 时间常数(晶振为 12 MHz)
sbit LED=P1^0;
uint C100us;
void main()
{
  LED=0;
  TMOD=0x02;
  TH0=T100us;
  TL0=T100us;
```

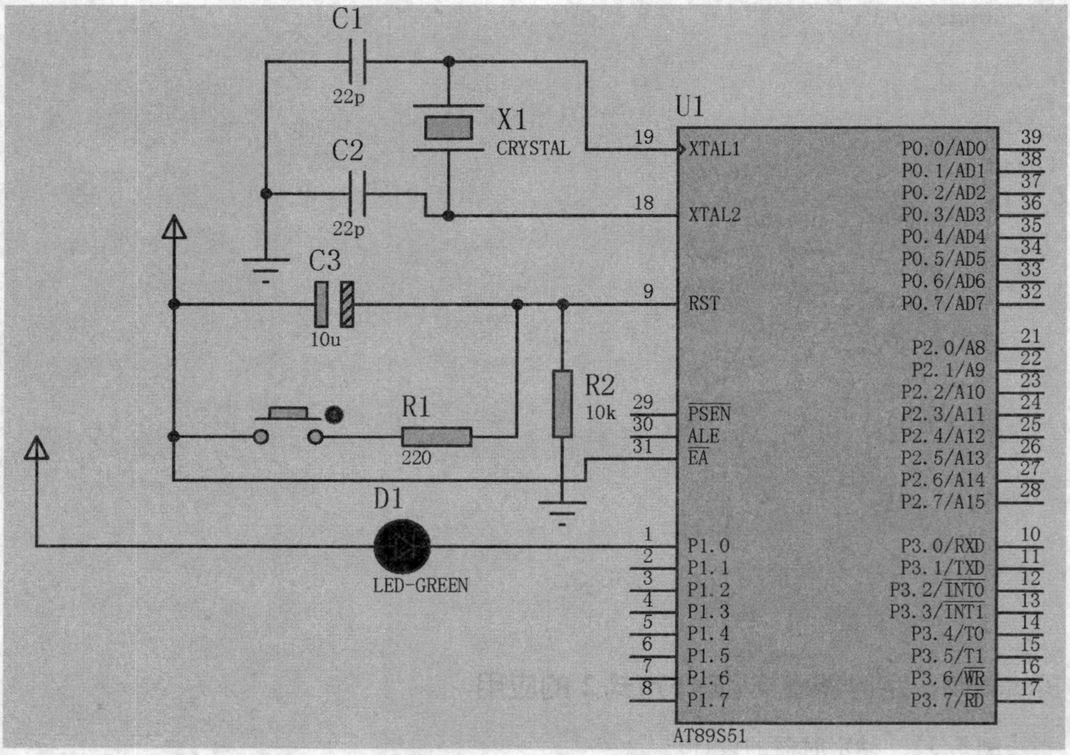

图 5.15　利用片内定时器/计数器定时时间间隔为 1 s 的电路原理仿真图

```
IE=0x92;      //开总中断和定时器 T0 中断
TR0=1;
C100us=TICK;
while(1);
}
void timer0() interrupt 1   //定时器 T0 中断函数
{
C100us--;
if(C100us==0)LED=~LED,C100us=TICK;   //1 s 时间到,取反 LED
}
```

其他定时器的工作方式在这里不再赘述。

5.5.3　门控制位 GATE 的应用——测量脉冲宽度

本例介绍 TMOD 寄存器中的门控位 GATE 的应用。以 T1 为例,利用门控位 GATE 测量加在$\overline{\text{INT1}}$引脚上正脉冲的宽度。

门控位 GATE 可使 T1 的启动计数受$\overline{\text{INT1}}$的控制,当 GATE=1,TR1=1,且只有$\overline{\text{INT1}}$引脚输入高电平时,T1 才被允许计数。利用 GATE 位的这一功能,可测量$\overline{\text{INT1}}$引脚(P3.3)上正脉冲的宽度,其方法如图 5.16 所示。

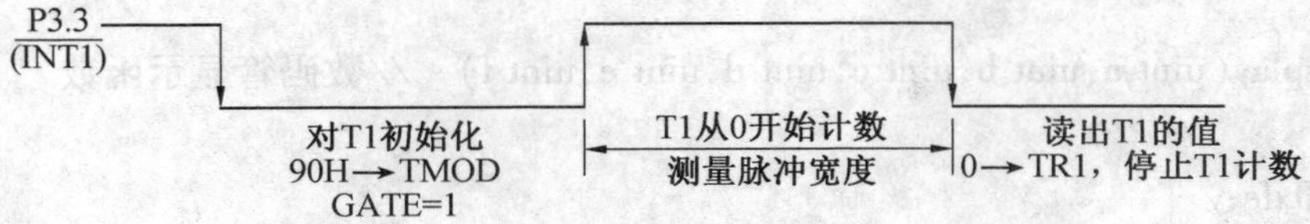

图 5.16　利用 GATE 位测量正脉冲的宽度

测量脉冲宽度的电路原理仿真图如图 5.17 所示。利用门控制位 GATE 来测量$\overline{INT1}$引脚上正脉冲的宽度(该脉冲宽度应该可调),正脉冲宽度在 6 位 LED 数码管显示器上以机器周期数显示出来。正脉冲信号的宽度,要求能通过旋转信号源的旋钮可调。参考程序如下:

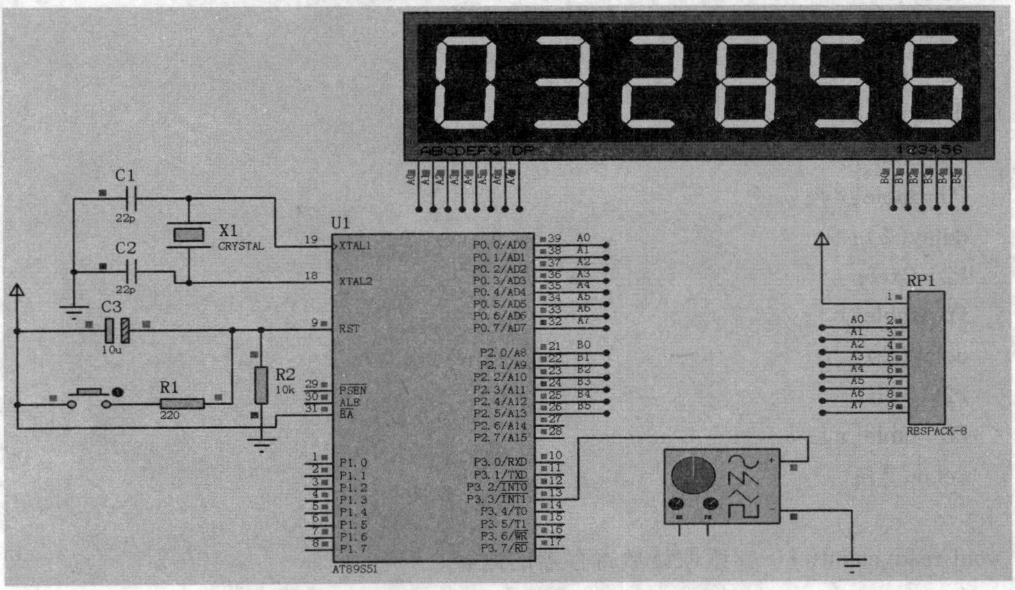

图 5.17　测量脉冲宽度的电路原理仿真图

```
#include <reg51. h>
#define uchar unsigned char
#define uint unsigned int
sbit P3_3 = P3^3;
uchar count_high;
uchar count_low;
uchar shiwan,wan,qian,bai,shi,ge;
uchar flag;
uchar code table[ ] = {0x3f,0x06,0x5b,0x4f,0x66,0x6d,0x7d,0x07,0x7f,0x6f};
uint num;
void delay(uint z)              //延时 1 ms 函数
{
    unsigned int x,y;
    for(x=z;x>0;x--)
    for(y=110;y>0;y--);
```

```
}
void display(uint a,uint b,uint c,uint d,uint e,uint f)   //数码管显示函数
{
  P2=0xfe;
  P0=table[f];
  delay(2);
  P2=0xfd;
  P0=table[e];
  delay(2);
  P2=0xfb;
  P0=table[d];
  delay(2);
  P2=0xf7;
  P0=table[c];
  delay(2);
  P2=0xef;
  P0=table[b];
  delay(2);
  P2=0xdf;
  P0=table[a];
  delay(2);
}
void read_count()  //读取计数寄存器的内容
  {
  do
    {
    count_high=TH1;
    count_low=TL1;
    }while(count_high!=TH1);
    num=count_high*256+count_low;
  }
void main()
{
  while(1)
  {
  flag=0;
  TMOD=0x90;
  TH1=0;
  TL1=0;
```

```
    while(P3_3 = =1);
    TR1 =1;
    while(P3_3 = =0);
    while(P3_3 = =1);
    TR1 =0;
    read_count();
    shiwan = num/100000;
    wan = num%100000/10000;
    qian = num%10000/1000;
    bai = num%1000/100;
    shi = num%100/10;
    ge = num%10;
    while(flag! =100)
    {
    flag++;
    display(ge,shi,bai,qian,wan,shiwan);
    }
    }
}
```

运行程序,把加在$\overline{INT1}$引脚上的正脉冲宽度显示在 LED 数码管显示器上。晶振频率为 12 MHz,如果默认信号源输出频率为 1 kHz 的方波,则 LED 数码管显示器应显示为500。注意:在仿真时,偶尔显示 501 是因为信号源的问题,若将信号源换成频率固定的激励源则不会出现此问题。

思考题及习题

5.1　AT89S51 单片机定时器/计数器有哪几种工作模式? 各有什么特点?

5.2　采用 6 MHz 的晶振,定时 1 s,用定时器模式、工作方式 0 时的初值应为多少?

5.3　AT89S51 单片机定时器/计数器作为定时器或计数器时,其计数脉冲分别由谁提供?

5.4　定时器/计数器用作计数器模式时,对外界计数频率有何限制?

5.5　用 T1 进行外部事件计数,每计数 1 000 个脉冲后,T1 转为定时方式。定时 10 s 后,又转为计数工作方式,如此循环不止。设 f_{osc} =6 MHz,试用方式 1 编程。

5.6　编写程序,要求使用 T0,采用工作方式 2 定时,在 P1.0 引脚输出周期为 400 s、占空比为 10∶1 的矩形脉冲。

5.7　设 f_{osc} =12 MHz,试编写一段程序,功能为:对定时器 T0 初始化,使之工作于方式 2,产生 200 s 定时,并用查询 T0 溢出标志的方法,控制 P1.1 引脚输出周期为 2 s 的方波。

5.8　用定时器/计数器测量一个单脉冲的宽度,采用何种方式可得到最大量程? 若时钟频率为 6 MHz,则允许测量的最大脉冲宽度是多少?

第 6 章

AT89S51 单片机的串行口

串行通信技术是单片机系统开发中常用的技术之一，串行口一般在单片机内部集成。AT89S51 单片机内的串行口为全双工的 UART 口，它能同时发送和接收数据。本章主要介绍串行通信基础、串行口的结构、串行口的工作方式、多机通信、波特率的设置以及串行口的使用。

6.1 串行通信基础

数据通信方式分为两种，分别是串行通信和并行通信，其示意图如图 6.1 所示。

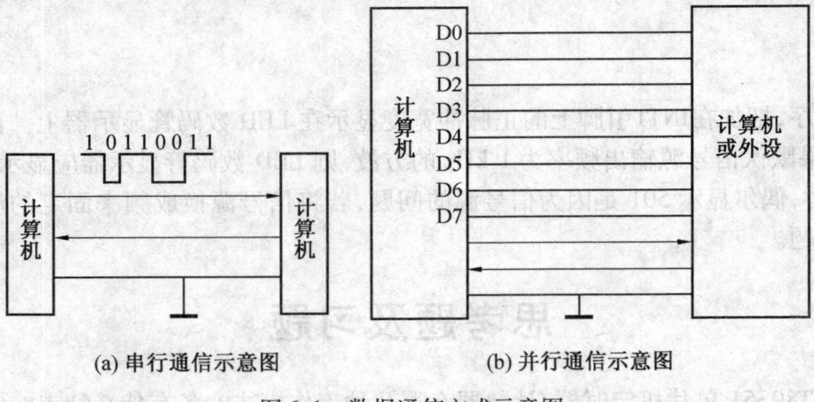

图 6.1　数据通信方式示意图

(1) 串行通信：数据一位一位地发送，有发送线、接收线、地线 3 条线。

特点：硬件连接方便，适合远距离、速度要求不高的场合。

(2) 并行通信：一次传输 8 bit(16 bit、32 bit、64 bit)。如图 6.1 所示的并行通信系统中包括：8 条数据线，一条控制线，一条状态线，地线，共 11 根线。

特点：速度快，适合近距离传输。

对应接口：计算机并口，打印机，可编程并行接口 8255/82C55 等。

其中，串行通信是将数据字节分成一位一位的形式在一条传输线上逐个地传送。它分为异步通信和同步通信两种方式。

6.1.1 异步通信方式

异步通信是指通信的发送与接收设备使用各自的时钟控制数据发送和接收的过程。AT89S51 单片机采用异步通信方式进行数据传输。

异步通信以帧作为传送单位，每一帧数据由起始位、数据位、校验位和停止位组成，其数据传输结构如图 6.2 所示。每帧数据的格式如下：先是一个起始位（0），然后是 5 ~ 8 个数据位，规定低位在前，高位在后，接下来是奇偶校验位（可以省略），最后是停止位（1）。用这种格式表示字符，则字符可以一个接一个地传送，两个字符间可以有空闲位。

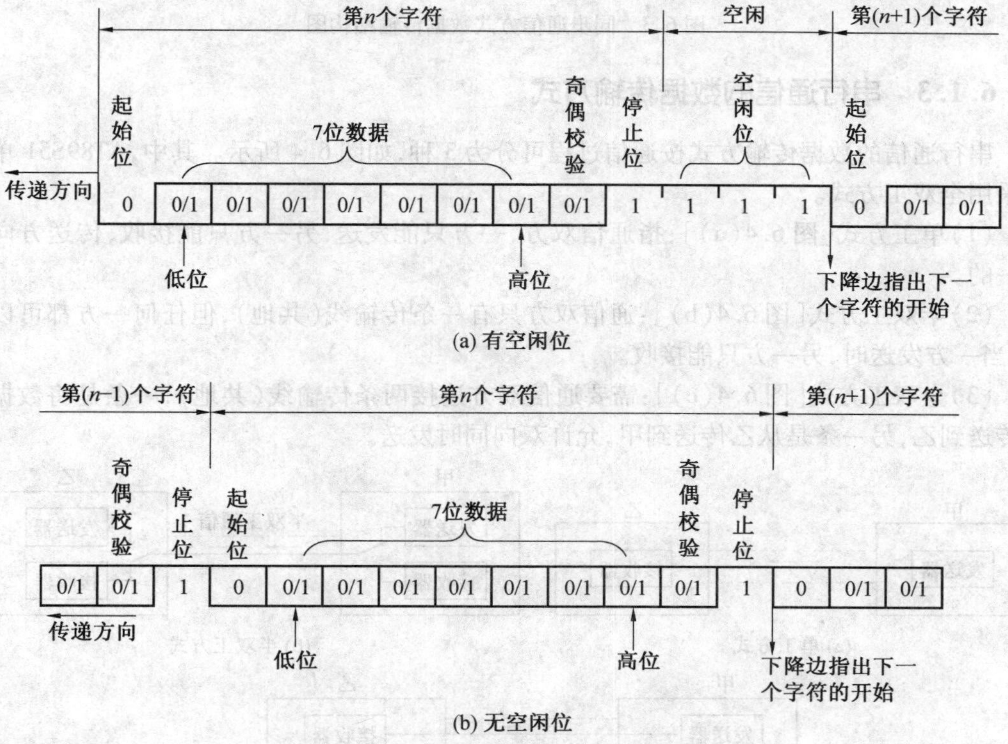

图 6.2　异步通信数据传输结构图

异步通信的特点：不要求接收和发送双方时钟严格一致，实现容易，设备开销较小，但每个字符要附加 2 ~ 3 位用于起止，各帧之间还有间隔，因此传输效率不高。

在异步通信中，CPU 与外部设备之间必须有两项规定，即字符格式和波特率。

字符格式的规定是双方能够对同一种 0 和 1 的字符串理解成同一种意义。原则上字符格式可以由通信的双方自由制定，但从通用、方便的角度出发，一般还是使用一些标准为好，如采用 ASCII 标准。

波特率即数据传送的速率，其定义是每秒钟传送的二进制数的位数。例如，数据传送的速率是 120 字符/s，而每个字符如上述规定包含 10 数位，则波特率为 1 200 波特（bit/s）。

6.1.2　同步通信方式

同步通信方式仅在开始用若干字符作为同步号令，然后连续发送数据，其数据传输结构如图 6.3 所示。由于没有在每一个字符中配置起始、停止位，因此结构紧凑、传输效率高、速度快。

同步通信的特点：同步传输方式比异步传输方式速度快，这是它的优势。但同步通信方式也有其缺点，即它必须要用一个时钟来协调收发器的工作，所以它的设备也较复杂。

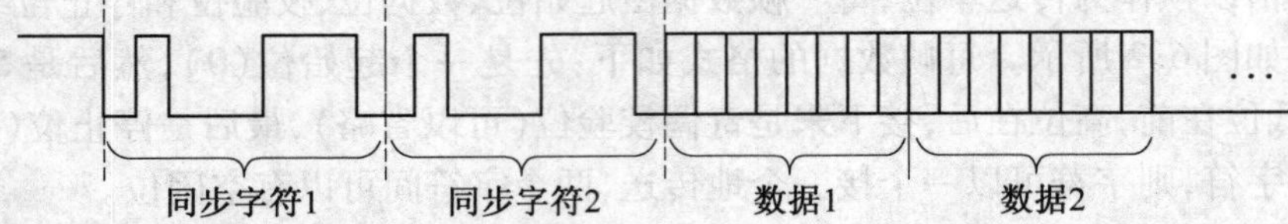

图 6.3　同步通信方式数据传输结构图

6.1.3　串行通信的数据传输方式

串行通信的数据传输方式按通信过程可分为 3 种，如图 6.4 所示。其中，AT89S51 单片机采用全双工方式。

(1)单工方式[图 6.4(a)]：指通信双方，一方只能发送，另一方只能接收，传送方向是单一的。

(2)半双工方式[图 6.4(b)]：通信双方只有一条传输线(共地)，但任何一方都可以发送，当一方发送时，另一方只能接收。

(3)全双工方式[图 6.4(c)]：需要通信双方连接两条传输线(共地)，一条是将数据从甲传送到乙，另一条是从乙传送到甲，允许双向同时发送。

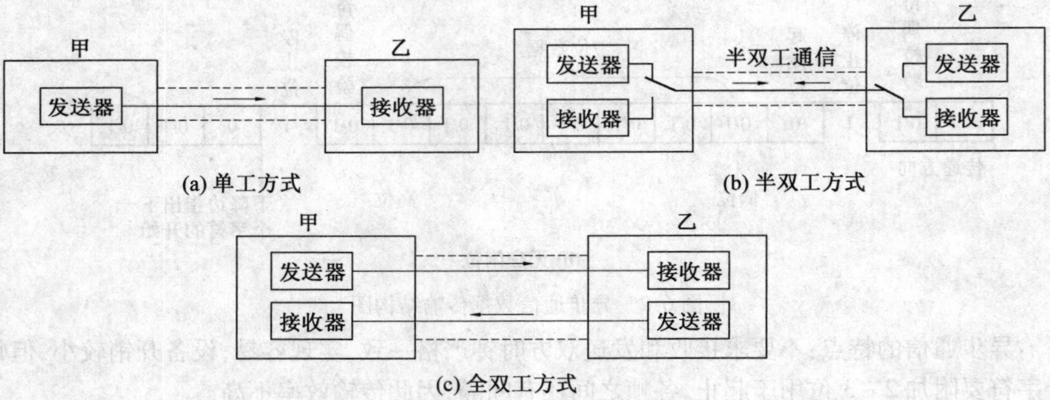

图 6.4　串行通信的数据传输方式

6.2　串行口的结构

AT89S51 单片机有一个可编程的全双工串行通信接口，它可作为 UART 口用，也可作为同步移位寄存器用，其帧格式可有 8 位、10 位或 11 位，并能设置各种波特率，给使用者带来很大的灵活性。

串行口主要由两个独立的串行口数据缓冲寄存器 SBUF(一个发送缓冲寄存器，一个接收缓冲寄存器)、发送控制器、接收控制器、输入移位寄存器及若干控制门电路组成。两个串行数据缓冲器共用一个特殊功能寄存器字节地址(99H)。图 6.5 所示为串行口的内部结构图。

单片机串行口工作方式是通过初始化设置，将两个相应控制字分别写入串行口控制寄存器(SCON)和电源控制寄存器(PCON)，SCON 字节地址为 98H，PCON 字节地址为 87H。

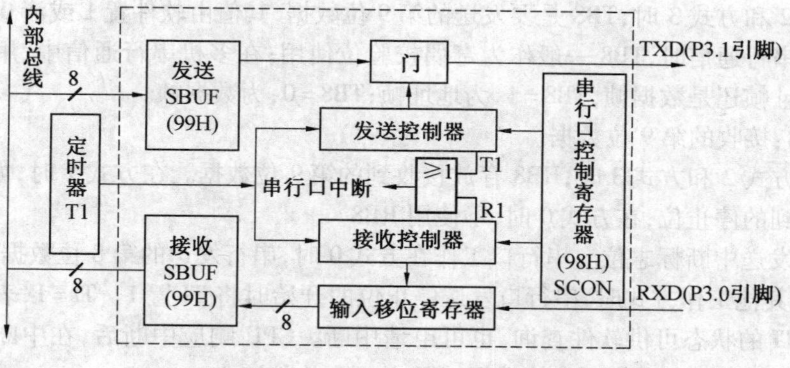

图 6.5　串行口的内部结构图

下面详细介绍这两个特殊功能寄存器各位的功能。

6.2.1　串行口控制寄存器(SCON)

串行口控制寄存器(SCON)用于设置串行口的工作方式、监视串行口的工作状态、控制发送与接收的状态等。它是一个既可以字节寻址又可以位寻址的 8 位特殊功能寄存器。字节地址为 98H,位地址为 98H ~ 9FH,其格式如图 6.6 所示。

	D7	D6	D5	D4	D3	D2	D1	D0	
SCON	SM0	SM1	SM2	REN	TB8	RB8	TI	RI	98H
位地址	9FH	9EH	9DH	9CH	9BH	9AH	99H	98H	

图 6.6　串行口控制寄存器(SCON)的格式

下面是 SCON 中各位的说明。

(1)SM0、SM1:串行口工作方式选择位。

SM0、SM1 两位的状态组合对应 4 种工作方式,见表 6.1。

表 6.1　串行口的 4 种工作方式

SM0	SM1	方式	功能说明
0	0	0	同步移位寄存器方式(用于扩展 I/O 口)
0	1	1	8 位异步收发,波特率可变(由定时器控制)
1	0	2	9 位异步收发,波特率为 $f_{osc}/64$ 或 $f_{osc}/32$
1	1	3	9 位异步收发,波特率可变(由定时器控制)

(2)SM2:多机通信控制位。

在方式 2 和方式 3 时,若 SM2 = 1 且接收到的第 9 位数据(RB8)为 1,才将接收到的前 8 位数据送入接收 SBUF 中,并置位 RI 产生中断请求;否则,将丢弃前 8 位数据。若 SM2 = 0,则不论第 9 位数据(RB8)为 1 还是为 0,都将前 8 位送入接收 SBUF 中,并产生中断请求。

在方式 1 时,如果 SM2 = 1,则只有收到有效的停止位时才会激活 RI。在方式 0 时,SM2 必须为 0。

(3)REN:串行口允许接收控制位。

由软件置 1 或清 0。REN = 0,禁止接收数据;REN = 1,允许接收数据。

(4)TB8:发送的第 9 位数据。

在方式 2 和方式 3 时，TB8 是要发送的第 9 位数据，其值由软件置 1 或清 0。

在双机串行通信时，TB8 一般作为奇偶校验位使用；在多机串行通信中，用来表示主机发送的是地址帧还是数据帧，TB8 = 1，为地址帧；TB8 = 0，为数据帧。

(5) RB8：接收的第 9 位数据。

工作在方式 2 和方式 3 时，RB8 存放接收到的第 9 位数据。在方式 1 时，如果 SM2 = 0，RB8 是接收到的停止位；在方式 0 时，不使用 RB8。

(6) TI：发送中断标志位。串行口工作在方式 0 时，串行发送的第 8 位数据结束时 TI 由硬件置 1，在其他工作方式时，串行口发送停止位的开始时将 TI 置 1。TI = 1，表示一帧数据发送结束。TI 的状态可供软件查询，也可申请中断。CPU 响应中断后，在中断服务程序中向发送 SBUF 写入要发送的下一帧数据。TI 必须由软件清 0。

(7) RI：接收中断标志位。串行口工作在方式 0 时，接收完第 8 位数据时，RI 由硬件置 1。在其他工作方式中，串行接收到停止位时，该位置 1。RI = 1 时，表示一帧数据接收完毕，并申请中断，要求 CPU 从接收 SBUF 中取走数据。该位的状态也可供软件查询。RI 必须由软件清 0。SCON 的所有位都可进行位操作清 0 或置 1。

6.2.2 电源控制寄存器(PCON)

电源控制寄存器(PCON)不能位寻址，字节地址为 87H。它主要是为单片机的电源控制而设置的专用寄存器，其格式如图 6.7 所示。

	D7	D6	D5	D4	D3	D2	D1	D0	
PCON	SMOD	—	—	—	—	—	—	—	87H

图 6.7 电源控制寄存器(PCON)的格式

PCON 中与串行通信有关的只有 D7 位(SMOD)，其他各位的功能已在第 2 章的节电工作方式一节中做过介绍。

SMOD：串行口波特率倍增位。在方式 1 ~ 3 时，若 SMOD = 1，则串行口波特率增加一倍；若 SMOD = 0，波特率不加倍。系统复位时，SMOD = 0。

例如，方式 1 的波特率计算公式为

$$\text{方式 1 的波特率} = \frac{2^{\text{SMOD}}}{32} \times \text{定时器 T1 的溢出率}$$

当 SMOD = 1 时，要比 SMOD = 0 时的波特率加倍。

6.3 串行口的工作方式

根据实际需要，串行口可设置为 4 种工作方式，可有 8 位、10 位和 11 位帧格式。

方式 0：以 8 位数据为一帧，不设起始位和停止位，先发送或接收最低位。其帧格式如图 6.8 所示。

…	D0	D1	D2	D3	D4	D5	D6	D7	…

图 6.8 方式 0 的帧格式

方式 1：以 10 位数据为一帧，设有一个起始位(0)和一个停止位(1)，中间是 8 位数据。

先发送或接收最低位。其帧格式如图 6.9 所示。

…	0	D0	D1	D2	D3	D4	D5	D6	D7	1	…

图 6.9　方式 1 的帧格式

方式 2 和方式 3：以 11 位数据为 1 帧，设有一个起始位(0)，8 个数据位，一个附加位(D8)和一个停止位(1)，其帧格式如图 6.10 所示。

…	0	D0	D1	D2	D3	D4	D5	D6	D7	D8	1	…

图 6.10　方式 2 和方式 3 的帧格式

附加位(D8)由软件置 1 或清 0。发送时在 TB8 中，接收时送入 RB8 中。

串行口的 4 种工作方式由串行口控制寄存器(SCON)中的 SM0、SM1 位定义，编码见表 6.1。

6.3.1　方式 0

串行口的工作方式 0 为同步移位寄存器输入/输出方式。这种方式并不是用于两个单片机之间的异步串行通信，而是用于串行口外接移位寄存器，以扩展并行 I/O 口。

方式 0 以 8 位数据为一帧，没有起始位和停止位，先发送或接收最低位。波特率是固定的，为 $f_{osc}/12$。

1. 方式 0 发送

方式 0 的发送过程是：当 CPU 执行一条将数据写入发送 SBUF 的指令时，产生一个正脉冲，串行口开始把发送 SBUF 中的 8 位数据以 $f_{osc}/12$ 的固定波特率从 RXD 引脚串行输出，低位在先，TXD 引脚输出同步移位脉冲，发送完 8 位数据，中断标志位 TI 置 1。方式 0 发送时序如图 6.11 所示。

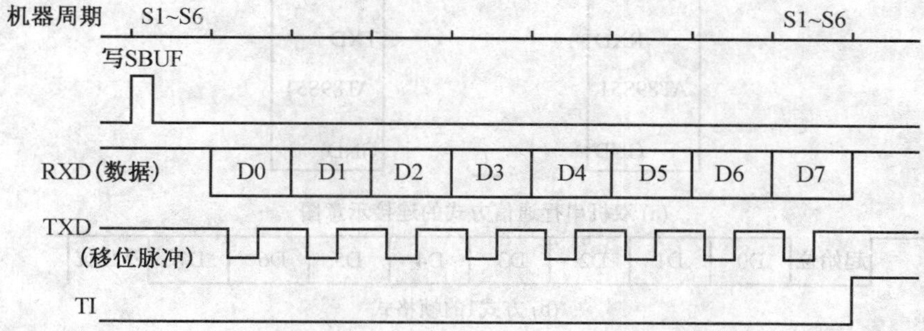

图 6.11　方式 0 发送时序

2. 方式 0 接收

方式 0 接收时，REN 为串行口允许接收控制位，REN=0，禁止接收；REN=1，允许接收。当 CPU 向串行口的 SCON 寄存器写入控制字(设置为方式 0，并使 REN 位置 1，同时 RI 位清 0)时，产生一个正脉冲，串行口开始接收数据。RXD 引脚为数据输入端，TXD 引脚为移位脉冲信号输出端，接收器以 $f_{osc}/12$ 的固定波特率采样 RXD 引脚的数据信息，当接收器接收完 8 位数据时，中断标志位 RI 置 1，表示一帧数据接收完毕，可进行下一帧数据的接收，方式 0 接收时序如图 6.12 所示。

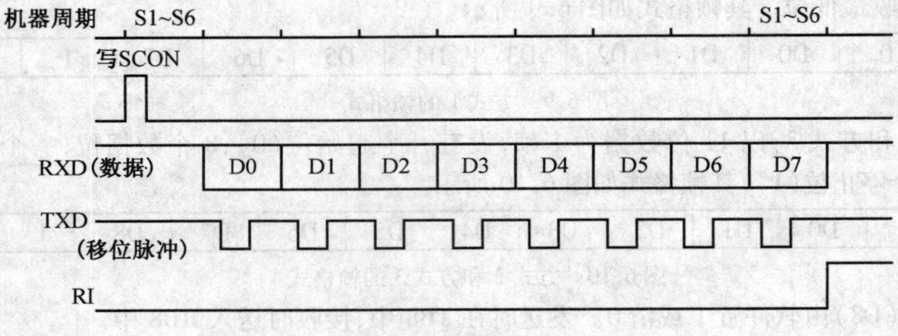

图 6.12　方式 0 接收时序

6.3.2　方式 1

方式 1 为双机串行通信方式，其连接示意图如图 6.13(a)所示。当 SCON 中的 SM0 SM1＝01时，串行口设置为方式 1 的双机串行通信。TXD 引脚和 RXD 引脚分别用于发送和接收数据。

方式 1 收发一帧数据为 10 位，由起始位(0)、8 位数据位和停止位(1)组成，先发送或接收最低位。方式 1 的帧格式如图 6.13(b)所示。

方式 1 时，串行口为波特率可变的 8 位异步通信接口。方式 1 的波特率由下式确定：

$$方式1的波特率=\frac{2^{SMOD}}{32}\times定时器T1的溢出率$$

式中，SMOD 为 PCON 寄存器最高位的值(0 或 1)。

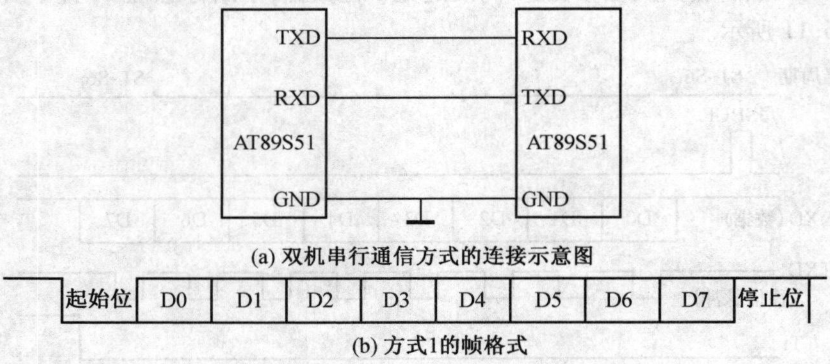

图 6.13　方式 1 时双机通信连接示意图及帧格式

1. 方式 1 发送

串行口以方式 1 输出时，数据位由 TXD 引脚输出，发送一帧数据为 10 位，由起始位(0)、8 位数据位(先低位)和停止位(1)组成，当 CPU 执行一条数据写入发送 SBUF 的指令(SBUF＝＊p)时，就启动发送。方式 1 的发送时序如图 6.14 所示。图 6.14 中，TX 时钟的频率等于发送的波特率。发送开始时，内部发送控制信号 $\overline{CS}$ 变为有效，将起始位向 TXD 引脚(P3.1)输出，此后每经过一个 TX 时钟周期，便产生一个移位脉冲，并由 TXD 引脚输出一个数据位。8 位数据位全部发送完毕后，中断标志位 TI 置 1，然后 $\overline{CS}$ 失效。

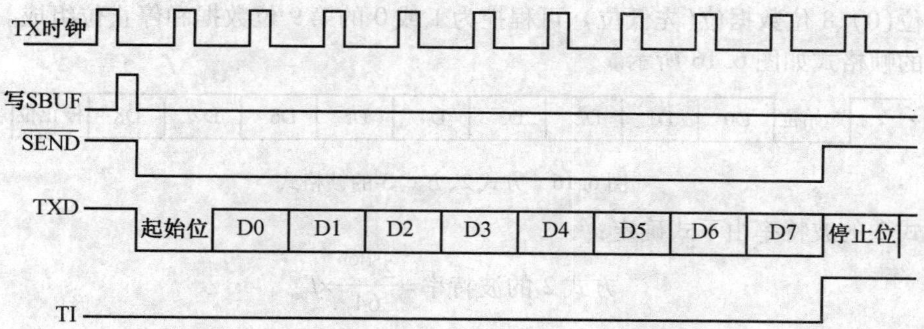

图 6.14　方式 1 的发送时序

2. 方式 1 接收

串行口以方式 1(SM0 SM1=01)接收时(REN=1),数据从 RXD(P3.0)引脚输入。当检测到起始位的负跳变时,开始接收。方式 1 的接收时序如图 6.15 所示。

接收时,定时控制信号有两种,一种是接收移位时钟(RX 时钟),它的频率和传送的波特率相同;另一种是位检测器采样脉冲,它的频率是 RX 时钟频率的 16 倍,也就是在一位数据期间,有 16 个采样脉冲,以波特率的 16 倍速率采样 RXD 引脚状态。

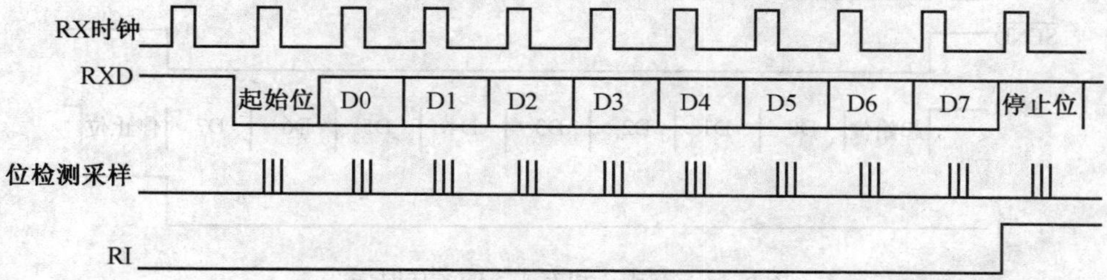

图 6.15　方式 1 的接收时序

当采样到 RXD 引脚有从 1 到 0 的负跳变时就启动检测器,接收的值是 3 次连续采样值(第 7、8、9 个脉冲时采样),取其中两次相同的值,以确认是否是真正的起始位(负跳变)的开始,这样能较好地消除干扰引起的影响,以保证可靠无误地开始接收数据。

当确认起始位有效时,开始接收一帧数据。接收每一位数据时,也都进行 3 次连续采样(第 7、8、9 个脉冲时采样),接收的值是 3 次连续采样中至少两次相同的值,以保证接收到的数据位的准确性。当一帧数据接收完毕后,必须同时满足以下两个条件,这次接收才真正有效。

(1) RI=0,即上一帧数据接收完成时,RI=1 发出的中断请求已被响应,接收 SBUF 中的数据已被取走,说明接收 SBUF 已空。

(2) SM2=0 或接收到的停止位为 1,如果上述条件满足,则 8 位数据进入接收 SBUF,停止位进入 RB8,是中断标志位 RI 置 1;若不同时满足这两个条件,收到的数据不能装入 SBUF,这意味着该帧数据将丢失,RI 不会被置 1。

6.3.3　方式 2

串行口工作于方式 2 和方式 3 时,被定义为 9 位异步通信接口。每帧数据均为 11 位,由起始位(0)、8 位数据位(先低位)、可程控为 1 或 0 的第 9 位数据和停止位组成。方式 2、方式 3 的帧格式如图 6.16 所示。

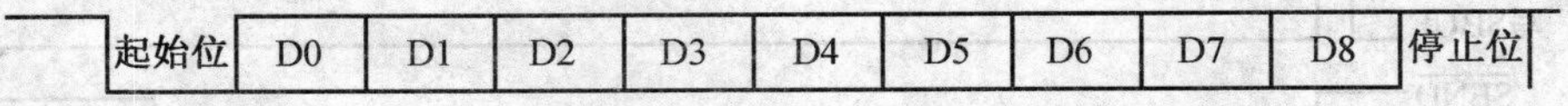

图 6.16　方式 2、方式 3 的帧格式

方式 2 的波特率由下式确定：

$$方式2的波特率=\frac{2^{SMOD}}{64}\times f_{osc}$$

1. 方式 2 发送

发送前，先根据通信协议由软件设置 TB8(如双机通信时的奇偶校验位或多机通信时的地址/数据的标志位)，然后将要发送的数据写入 SBUF，即可启动发送过程。串行口能自动把 TB8 取出，并装入到第 9 位数据位的位置，再逐一发送出去。发送完毕，则使 TI 位置 1。

串行口方式 2 和方式 3 的发送时序如图 6.17 所示。

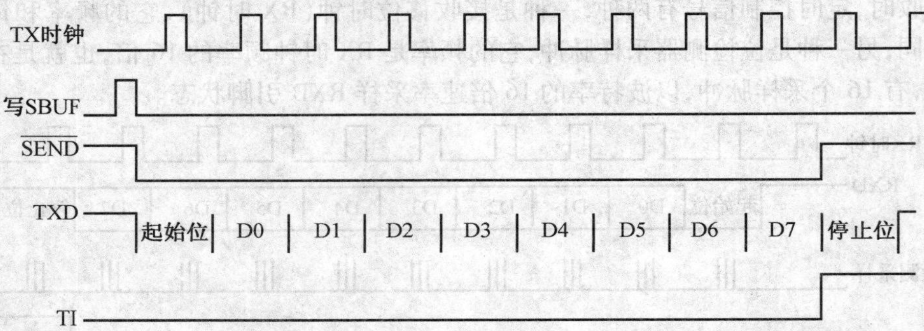

图 6.17　方式 2 和方式 3 的发送时序

2. 方式 2 接收

当串行口的 SCON 寄存器中的 SM0 SM1=10，且 REN=1 时，允许串行口以方式 2 接收数据，数据由 RXD 引脚输入，接收 11 位信息。当位检测逻辑采样到 RXD 引脚有从 1 到 0 的负跳变，并判断起始位有效后，便开始接收一帧数据。在接收完第 9 位数据后，需满足以下两个条件，才能将接收到的数据送入接收 SBUF。

(1)RI=0，意味着接收 SBUF 为空。

(2)SM2=0 或接收到的第 9 位数据位 RB8 为 1。

当满足上述两个条件时，接收到的数据送入接收 SBUF，第 9 位数据送入 RB8，且 RI 置 1。若不满足这两个条件，接收的信息将被丢弃。

串行口方式 2 和方式 3 的接收时序如图 6.18 所示。

6.3.4　方式 3

当 SM0 SM1=11 时，串行口工作于方式 3。方式 3 为波特率可变的 9 位异步通信方式，除了波特率外，方式 3 和方式 2 完全相同。

方式 3 的波特率由下式确定：

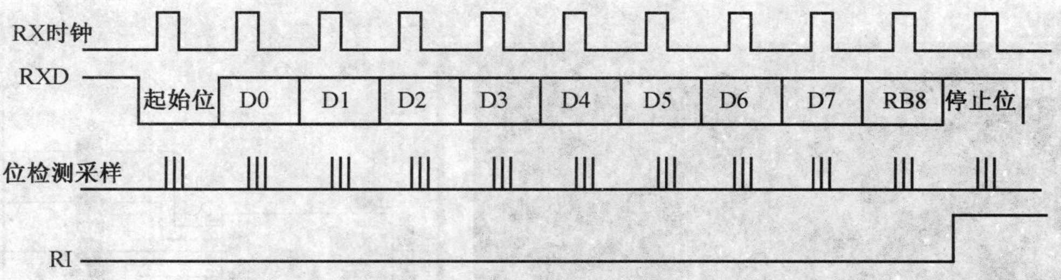

图 6.18　方式 2 和方式 3 的接收时序

$$方式3的波特率=\frac{2^{SMOD}}{64}\times 定时器T1的溢出率$$

下面通过串行口的工作方式 3 来说明串行口的应用。

【例 6.1】　如图 6.19 所示，两片单片机进行方式 3(或方式 2)串行通信。单片机 U1 把控制 8 个流水灯点亮的数据发送给单片机 U2 并点亮其 P1 口的 8 只 LED。方式 3 比方式 1 多了一个可编程位 TB8，该位一般作为奇偶校验位。单片机 U2 接收到的 8 位二进制数据有可能出错，需进行奇偶校验，其方法是将单片机 U2 的 RB8 与 PSW 的奇偶校验位 P 进行比较，如果相同，接收数据；否则，拒绝接收。

本例使用了一个虚拟终端来观察单片机 U1 串行口发出的数据。运行程序，单击鼠标右键，在弹出的菜单中选择“Virtual Terminal”虚拟终端，显示出串行口发出的数据流，如图 6.19 所示。参考程序如下：

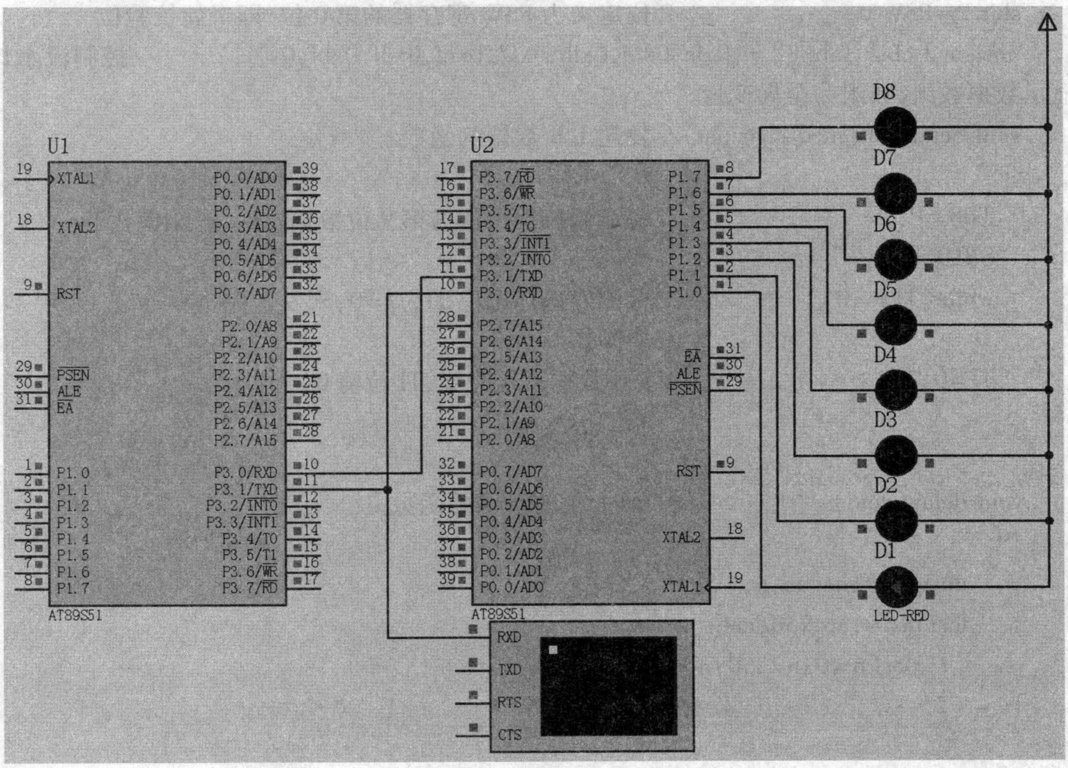

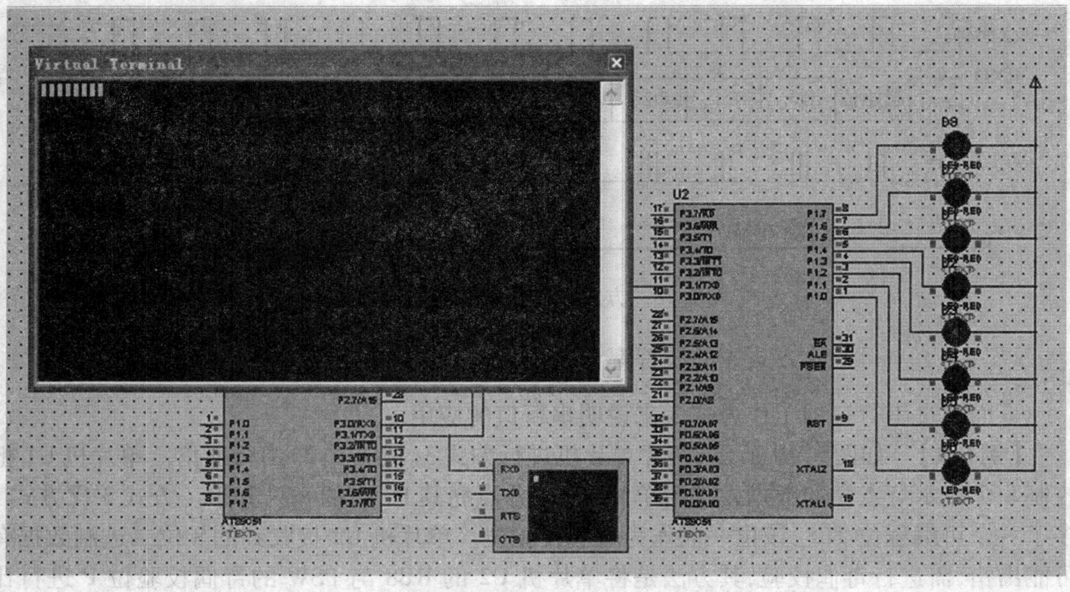

图 6.19　双机通信仿真图

```
//单片机 U1 发送程序
#include <reg51. h>
sbit P=PSW^0;                //P 位定义为 PSW 寄存器的第 0 位,即奇偶校验位
unsigned char Tab[8]={0xfe,0xfd,0xfb,0xf7,0xef,0xdf,0xbf,0x7f};      //控制流水灯
显示数据数组,数组为全局变量
void Send(unsigned char dat)//发送 1 B 数据的函数
{
  TB8=P;                     //将奇偶校验位作为第 9 位数据发送,采用偶校验
  SBUF=dat;
  while(TI==0);              //检测发送标志位 TI,TI=0,未发送完
  ;                          //空操作
  TI=0;                      //1 B 数据发送完毕,TI 位清 0

}
void delay(void)             //延时约 200 ms 的函数
{
    unsigned char m,n;
    for(m=0;m<250;m++)
        for(n=0;n<250;n++);
}
```

```
void main(void)              //主函数
{
  unsigned char i;
  TMOD=0x20;                 //设置 T1 工作于方式 2
  SCON=0xc0;                 //设置串行口为方式 3
  PCON=0x00;                 //SMOD=0
  TH1=0xfd;                  //给 T1 赋初值,波特率值设置为 9 600
  TL1=0xfd;
  TR1=1;                     //启动 T1
  while(1)
  {
    for(i=0;i<8;i++)
    {
    Send(Tab[i]);
        delay();             //大约 200 ms 发送一次数据
    }
  }
}

//单片机 U2 接收程序
#include <reg51.h>
sbit P=PSW^0;                //P 位为 PSW 寄存器的第 0 位,即奇偶校验位
unsigned char Receive(void)  //接收 1 B 数据的函数
 {
    unsigned char dat;
    while(RI==0);            //检测接收中断标志位 RI,RI=0,未接收完,则循环等待
    ;
    RI=0;                    //已接收一帧数据,将 RI 位清 0
    A=SBUF;                  //将接收缓冲器的数据存于 A
    if(RB8==P)               //只有奇偶检验成功才能往下执行,接收数据
    {
        dat=A;               //将接收缓冲器的数据存于 dat
        return dat;          //将接收的数据返回
    }
}

void main(void)              //主函数
{
  TMOD=0x20;                 //设置 T1 工作于方式 2
```

```
    SCON=0xd0;                //设置串行口为工作方式3,允许接收
    PCON=0x00;                //SMOD=0
    TH1=0xfd;                 //给 T1 赋初值,波特率值设置为 9 600
    TL1=0xfd;
    TR1=1;                    //接通 T1
    REN=1;                    //允许接收
    while(1)
      {
        P1=Receive();         //将接收到的数据送 P1 口显示
      }
}
```

6.4 多机通信

AT89S51 单片机具有多机通信功能,利用这一特点容易组成多机系统,经常采用的是如图 6.20 所示的主从式多机通信系统。该多机通信系统中有一个主机(AT89S51 单片机或其他具有串行接口的微计算机)和 3 个(也可以为多个)AT89S51 单片机组成的从机系统。主机的 RXD 引脚与所有从机的 TXD 引脚相连,主机的 TXD 引脚与所有从机的 RXD 引脚相连。从机的地址分别为 01H、02H 和 03H。

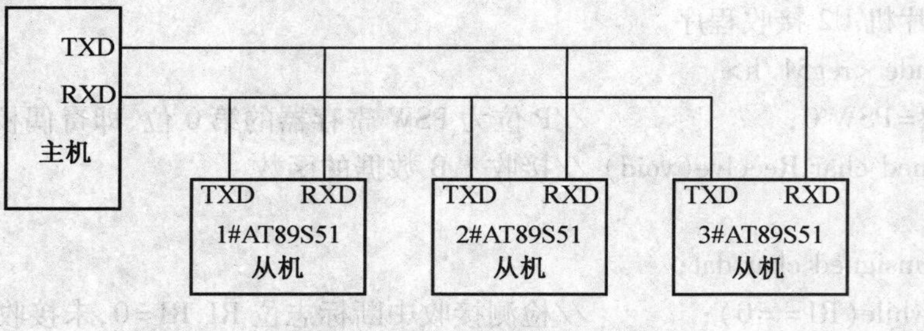

图 6.20 主从式多机通信系统示意图

所谓主从式是指在多个单片机组成的系统中,只有一个主机,其余全是从机。主机发送的信息可以被所有从机接收,任何一个从机发送的信息只能由主机接收。从机和从机之间不能进行相互的直接通信,其通信只能经主机才能实现。

下面介绍多机通信的工作原理。要保证主机与所选择的从机实现可靠通信,必须保证串行口具有识别功能。串行口控制寄存器(SCON)中的 SM2 位就是为满足这一条件而设置的多机通信控制位。其工作原理是在串行口以方式 2(或方式 3)接收时,若 SM2=1,则表示进行多机通信,这时可能出现以下两种情况:

(1)从机接收主机发来的第 9 位数据 RB8=1 时,前 8 位数据才装入 SBUF,并置中断标志位 RI=1,向 CPU 发出中断请求。在中断服务程序中,从机把接收 SBUF 中的数据存入数据缓冲区中。

(2)从机接收主机发来的第 9 位数据 RB8=0 时,则不产生中断标志 RI=1,不引起中断,从机不接收主机发来的数据。

若 SM2＝0，则接收的第 9 位数据不论是 0 还是 1，从机都将产生中断标志 RI＝1，接收的数据装入 SBUF 中。

应用 AT89S51 单片机串行口的这一特性，可实现 AT89S51 单片机的多机通信。多机通信的工作过程如下：

(1) 各从机初始化程序允许从机的串行口中断，将串行口编程为方式 2 或方式 3 接收，即 9 位异步通信方式，且 SM2 和 REN 位置 1，使从机只处于多机通信且接收地址帧的状态。

(2) 在主机和某个从机通信之前，先将从机地址（即准备接收数据的从机）发送给各个从机，接着才传送数据（或命令），主机发出的地址帧信息的第 9 位为 1，数据（或命令）帧的第 9 位为 0。当主机向各从机发送地址帧时，各从机的串行口接收到的第 9 位信息 RB8 为 1，且由于各从机的 SM2 位为 1，则中断标志位 RI 置 1，各从机响应中断。在中断服务子程序中，各从机判断主机送来的地址是否和本机地址相符合，若为本机地址，则该从机 SM2 位清 0，准备接收主机的数据或命令；若地址不相符，则 SM2 保持为 1 的状态。

(3) 接着主机发送数据（或命令）帧，数据帧的第 9 位为 0。此时各从机接收的 RB8 为 0，只有与前面地址相符合的从机系统（即 SM2 位已清 0 的从机）才能激活中断标志位 RI，从而进入中断服务子程序，在中断服务子程序中接收主机发来的数据（或命令）；与主机发来的地址不相符的从机，由于 SM2 保持为 1，又 RB8 位为 0，因此不能激活中断标志位 RI，也就不能接收主机发来的数据帧，从而保证了主机与从机间通信的正确性。此时主机与建立联系的从机已经设置为单机通信模式，即在整个通信中，通信的双方都要保持发送数据的第 9 位（即 TB8 位）为 0，防止其他的从机误接收数据。

(4) 结束数据通信并为下一次的多机通信做好准备。在多机通信系统中，每个从机都被赋予唯一的一个地址。例如，图 6.20 中 3 个从机的地址可设为 01H、02H、03H，还要预留一个到两个“广播地址”，它是所有从机共有的地址（如将“广播地址”设为 00H）。当主机与从机的数据通信结束后，一定要将从机再设置为多机通信模式，以便进行下一次的多机通信。这时要求与主机正在进行数据传输的从机必须随时注意，一旦接收的第 9 位（RB8）数据为 1，说明主机传送的不再是数据，而是地址，这个地址就有可能是“广播地址”。当收到“广播地址”后，便将从机的通信模式再设置成多机模式，为下一次的多机通信做好准备。

6.5　波特率的设置

在串行通信中，为了保证接收方能正确识别数据，收发双方必须事先约定串行通信的波特率。AT89S51 单片机的串行口可设定为 4 种工作方式，在不同的串行口工作方式下，其串行通信的波特率是不同的。其中方式 0 和方式 2 的波特率是固定的；方式 1 和方式 3 的波特率则是由 T1 的溢出率（T1 每秒溢出的次数）来确定。

注意：在串行通信中，收、发双方发送或接收的波特率必须一致。

6.5.1　波特率的定义

波特率是对数据传送速率的定义，其在 CPU 与外界的通信中十分重要。在串行通信中，数据是按位进行传输的，波特率用来表示每秒所传送的二进制位数。设发送一位所需要的时间为 T，则波特率为 $1/T$。若数据传送的速率是 120 字符/s，且每一个字符包含 10 位信息(一位起始位,8 位数据位和一位停止位),则传送的波特率为:120 字符/s×10 位/字符=1 200 位/s=1 200 bit/s。

对于定时器/计数器的不同工作方式,得到的波特率的范围是不一样的,这是由定时器/计数器 $T1$ 在不同工作方式下计数位数的不同所决定的。

6.5.2 定时器 T1 波特率的计算方法

波特率和串行口的工作方式有关,下面分别介绍不同工作模式下的波特率。

(1)串行口工作在方式 0 时,波特率固定为时钟频率$\overline{CS}$的 1/12,且不受 SMOD 位值的影响。若$\overline{CS}$=12 MHz,波特率为$f_{osc}/12$,即 1 Mbit/s。

(2)串行口工作在方式 2 时,波特率仅与 SMOD 位的值有关。其关系式为

$$方式2的波特率=\frac{2^{SMOD}}{64}\times f_{osc}$$

若f_{osc}=12 MHz:SMOD=0,波特率=187.5 kbit/s;SMOD=1,波特率=375 kbit/s。

(3)串行口工作在方式 1 或方式 3 时,常用定时器 T1 作为波特率发生器,其关系式为

$$波特率=\frac{2^{SMOD}}{32}\times 定时器T1的溢出率 \tag{6.1}$$

由式(6.1)可知,定时器 T1 的溢出率和 SMOD 的值共同决定波特率。

在实际设定波特率时,T1 常设置为方式 2 定时(自动装初值),即 TL1 作为 8 位计数器,TH1 存放备用初值。这种方式不仅使操作方便,也可避免因软件重装初值带来的定时误差。设定时器 T1 在方式 2 时的初值为 X,则有

$$定时器T1的溢出率=\frac{计数速率}{256-X}=\frac{f_{osc}/12}{256-X} \tag{6.2}$$

将式(6.2)代入式(6.1),则有

$$波特率=\frac{2^{SMOD}}{32}\times\frac{f_{osc}}{12(256-X)} \tag{6.3}$$

由式(6.3)可知,这种方式下波特率随f_{osc}、SMOD 值和初值 X 变化而变化。

在实际使用时,经常根据已知波特率和时钟频率f_{osc}来计算定时器 T1 的初值 X。为避免繁杂的初值计算,常用的波特率和初值 X 间的关系见表 6.2。

表 6.2 常用的波特率和初值 X 间的关系

串行口工作方式	波特率/(bit·s^{-1})	f_{osc}/MHz	SMOD	定时器 T1		
				C/$\overline{T}$	工作方式	初值
方式0	0.5 M	6	×	×	×	×
	1 M	12	×	×	×	×
方式2	187.5 k	6	1	×	×	×
	375 k	12	1	×	×	×

续表 6.2

串行口工作方式	波特率 /(bit·s^{-1})	f_{osc} /MHz	SMOD	定时器 T1		
				C/$\overline{T}$	工作方式	初值
方式 1 或方式 3	62.5 k	12	1	0	2	FFH
	19.2 k	11.059 2	1	0	2	FDH
	9 600	11.059 2	0	0	2	FDH
	4 800	11.059 2	0	0	2	FAH
	2 400	11.059 2	0	0	2	F4H
	1 200	11.059 2	0	0	2	E8H
	19.2 k	6	1	0	2	FEH
	9 600	6	1	0	2	FCH
	4 800	6	0	0	2	FCH
	2 400	6	0	0	2	F9H
	1 200	6	0	0	2	F2H

对表 6.2 有以下两点需要注意：

(1)时钟频率(f_{osc})为 12 MHz 或 6 MHz 时，表中初值 X 和相应的波特率之间有一定误差。例如，FDH 对应的理论值是 10 416(f_{osc}为 6 MHz)，与 9 600 相差 816，消除误差可以通过调整 f_{osc}实现。

(2)如果串行通信选用很低的波特率，如波特率选为 55，可将定时器 T1 设置为方式 1 定时。但在这种情况下，T1 溢出时，需在中断服务程序中重新装入初值。中断响应时间和执行指令时间会使波特率产生一定的误差，可用改变初值的方法加以调整。

【例 6.2】 设串行口工作在方式 1，定时器 T1 工作于方式 2，波特率 = 2 400 bit/s，f_{osc} = 6 MHz，SMOD = 0，求计数初值 X。

将已知条件代入式(6.3)中，有

$$波特率值 = \frac{2^{SMOD}}{32} \times \frac{f_{osc}}{12(256-X)} = 2\,400$$

从中解得 X = 249 = F9H。只要把 F9H 装入 TH1 和 TL1，则 T1 发出的波特率为 2 400 bit/s。

串行口工作之前，应对其进行初始化，主要是设置产生波特率的定时器 T1、串行口控制和中断控制。具体步骤如下：

(1)确定 T1 的工作方式(给 TMOD 寄存器赋值)。

(2)计算 T1 的初值，装载 TH1、TL1。

(3)启动 T1(给 TCON 中的 TR1 位赋值)。

(4)确定串行口控制(给 SCON 寄存器赋值)。

(5)串行口在中断方式工作时，要进行中断设置(给 IE、IP 寄存器赋值)。

下面的程序完成了数据的传送功能，有初始化程序的具体步骤，读者可以参考和借鉴。

```
#include <AT89S51.h>
#define uchar unsigned char
#define uint unsigned int
uchar idata trdata[] = {'8','9','S','5','1',0x0d,0x0a,0x00};
```

```
uchar idata trdata1[]={'R','I','C','H','M','C','U',0x0d,0x0a,0x00};
main()
{uchar i;
uint j;
SCON=0x40;                    //串行口工作于方式 1
PCON=0;                       //SMOD=0
REN=1;                        //允许接收
TMOD=0x20;                    //定时器 T1 为定时方式 2
TH1=0xfd;                     //fosc=11.059 2 MHz,波特率值为 9 600
TL1=0xfd;
TR1=1;                        //启动定时器
  while(1)
{i=0;while(trdata[i]! =0x00)
  {  SBUF=trdata[i];
       while(TI==0);
       TI=0;
       i++;
  }
  for(j=0;j<50000;j++);
  i=0;
   while(trdata1[i]! =0x00)
  {SBUF=trdata1[i];
     while(TI==0);
     TI=0;
     i++;
    }
     for(j=0;j<50000;j++);
}
}
```

6.6 串行口的使用

在单片机的通信应用系统中,广泛采用异步串行通信方式。利用 AT89S51 单片机的串行口可以完成计算机之间的串行通信,包括两片单片机之间、多片单片机以及单片机与个人计算机(Personal Computer,PC)之间的串行通信。本节主要介绍 AT89S51 单片机的双机串行通信的硬件接口设计和软件设计。

6.6.1 双机串行通信的硬件连接

双机通信可以使用单片机的全双工串行口完成通信任务。AT89S51 单片机串行口的输入、输出均为 TTL 电平。这种以 TTL 电平串行传输数据的方式抗干扰性差，传输距离短，传输速率低。因此，在远距离、干扰大或者和计算机进行串口通信的场合，需要考虑选用的串行口标准问题。对于串行口，目前用得比较多的是 RS-232C 标准、RS-422A 标准以及 RS-485 标准等。

根据 AT89S51 单片机的双机通信距离和抗干扰性的要求，可选择 TTL 电平传输，或选择 RS-232C、RS-422A、RS-485 串行口进行串行数据传输。

为此，经常需要采用专有的接口转换芯片来实现接口电平以及通信协议的转换。对于前面介绍的几种串行口通信标准，可以采用如下的接口芯片来实现：

(1) RS-232C 接口标准，MAX232、MC1489/MC1488、SN75189/SN75188 等。

(2) RS-422A 接口标准，平衡驱动器 MC3487 和差动接收器 MC3486、SN75174/SN75175 等。

(3) RS-485 接口标准，MAX487、SN75176 等。

1. TTL 电平通信接口

如果两片 AT89S51 单片机相距在 1.5 m 之内，它们的串行口可直接相连。将两片单片机的发送端 TXD 与接收端 RXD 交错相连，地线相连，即可完成硬件的连接，从而可以直接用 TTL 电平传输方法来实现双机通信。

2. RS-232C 双机通信接口

如果双机通信距离在 1.5 ~ 15 m 之间，可利用 RS-232C 标准接口实现点对点的双机通信，接口电路如图 6.21 所示。

RS-232C 的缺点：

(1) 接口的信号电平值较高，易损坏接口电路的芯片。

(2) 与 TTL 电平不兼容，与 TTL 电平接口连接需进行电平转换。

(3) 传输距离短，使用时传输距离一般不超过 15 m，线路条件好时也不超过几十米。

(4) 传输速率较低，最高传送速率为 20 kbit/s。

(5) 由于收发信号采用共地传输，容易产生共模干扰，因此抗干扰能力较差。

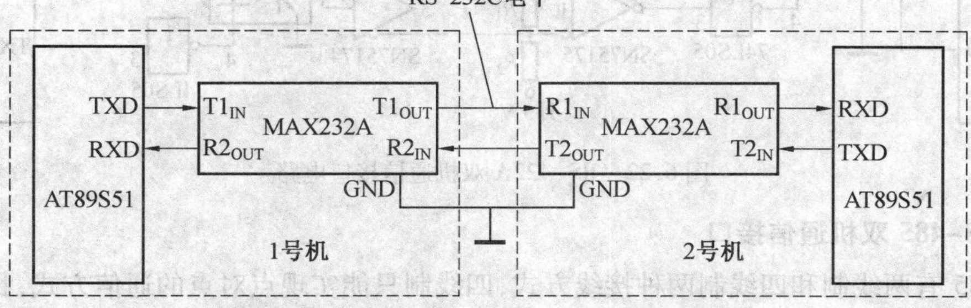

图 6.21　RS-232C 双机通信接口电路

为了减少使用双电源的麻烦，现在市场上出现了使用单电源供电的电平转换芯片，这种芯片体积更小，连接更简便，而且抗干扰能力更强，常见的有 MAXIM 公司生产的 MAX232。它仅需要+5 V 电源，由内置的电子泵电压转换器将+5 V 转换成-10 ~ 10 V。该芯片与 TTL/CMOS 电平兼容，片内有两个发送器和两个接收器，使用比较方便。

3. RS-422A 双机通信接口

RS-422A 采用的是差动平衡驱动和接收电路。由于差动放大器具有很强的抗共模干扰能力,因此两个不同的地线间的电位差形成的共模干扰受到很大的抑制,RS-422A 通信接口的抗干扰能力比 RS-232C 有质的提高。此外,RS-422A 在传输速率、通信距离、接口性能等方面较 RS-232C 都有很大提高,它能在长距离、高速率下传输数据。它的最大传输率为 10 Mbit/s,在此速率下,电缆允许长度为 12 m,如果采用较低传输速率,最大传输距离可达 1 219 m。

RS-422A 每个方向用于数据传输的是两条平衡导线,这相当于两个单端驱动器。输入同一个信号时,其中一个驱动器的输出永远是另一个驱动器的反相信号。于是两条线上传输的信号电平,当一个表示逻辑 1 时,另一条一定为逻辑 0。若传输过程中,信号中混入了干扰和噪声(以共模形式出现),由于差分接收器的作用,就能识别有用信号并正确接收传输的信息,使干扰和噪声相互抵消。

为了增加通信距离,可以在通信线路上采用光电隔离的方法,RS-422A 双机通信接口电路如图 6.22 所示。

在图 6.22 中,每个通道的接收端都接有 3 个电阻 R_1、R_2 和 R_3,其中 R_1 为传输线的匹配电阻,取值范围为 50 Ω ~ 1 kΩ,其他两个电阻是为了解决第一个数据的误码而设置的匹配电阻。为了起到隔离、抗干扰的作用,图 6.22 中必须使用两组独立的电源。

图 6.22 中的 SN75174、SN75175 是 TTL 电平到 RS-422A 电平与 RS-422A 电平到 TTL 电平的电平转换芯片。

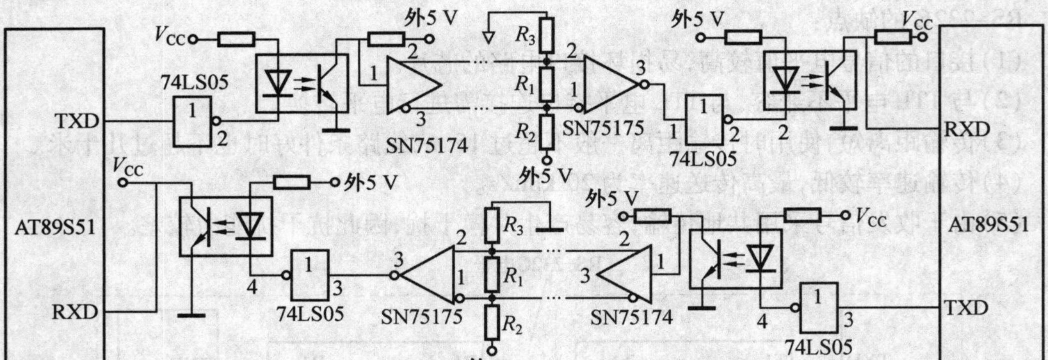

图 6.22　RS-422A 双机通信接口电路

4. RS-485 双机通信接口

RS485 有两线制和四线制两种接线方式,四线制只能实现点对点的通信方式,长距离通信时很不经济,现很少采用,现在多采用的是两线制接线方式,这种接线方式为总线式拓扑结构,在同一总线上最多可以挂接 32 个节点,允许最多并联 32 台驱动器和 32 台接收器。故在工业现场,通常采用双绞线传输的 RS-485 串行通信接口,它很容易实现多机通信。RS-485为半双工通信方式,采用一对平衡差分信号线。RS-485 对于多站互连是十分方便的,很容易实现多机通信。图 6.23 所示为 RS-485 双机通信接口电路。RS-485 与 RS-422A 一样,最大传输距离约为 1 219 m,最大传输速率为 10 Mbit/s。通信线路要采用平衡双绞线。平衡双绞线的长度与传输速率成反比,在 100 kbit/s 速率以下,可使用规定的最长电缆。只有在很短的距离下才能获得最大的传输速率。一般 100 m 长双绞线最大传输速率仅为 1 Mbit/s。

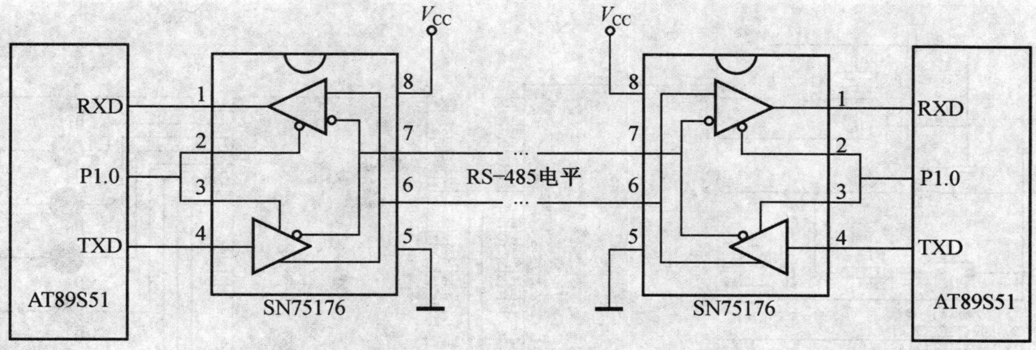

图 6.23　RS-485 双机通信接口电路

在图 6.23 中,RS-485 以双向、半双工的方式来实现双机通信。在 AT89S51 单片机系统发送或接收数据前,应先将 SN75176 的发送门或接收门打开,当 P1.0=1 时,发送门打开,接收门关闭;当 P1.0=0 时,接收门打开,发送门关闭。

图 6.23 中的 SN75176 芯片内集成了一个差分驱动器和一个差分接收器,且兼有 TTL 电平到 RS-485 电平、RS-485 电平到 TTL 电平的转换功能。此外常用的 RS-485 接口芯片还有 MAX485。

6.6.2　串行通信设计需要考虑的问题

单片机的串行通信接口设计时,需要考虑如下问题:

(1)首先确定通信双方的数据传输速率。

(2)根据数据传输速率确定采用的串行通信接口标准。

(3)在通信接口标准允许的范围内确定通信的波特率。为减小波特率的误差,通常选用 11.059 2 MHz 的晶振频率。

(4)根据任务需要,确定在通信过程中,收发双方所使用的通信协议。

(5)通信线的选择是需要考虑的一个很重要的因素。通信线一般选用双绞线较好,并根据传输的距离选择线芯的直径。如果空间的干扰较多,还要选择带有屏蔽层的双绞线。

(6)在通信协议确定后,再进行通信软件的编程,详见下面的介绍。

6.6.3　双机串行通信软件编程

串行口的工作方式 0 是移位寄存器工作方式,主要用于扩展并行 I/O 用,并不用于串行通信,方式 0 的相关应用将在第 8 章中介绍。串行口的工作方式 1 ~ 3 是用于串行通信的,因为方式 2 和方式 3 在例 6.1 中已经介绍,所以,下面介绍串行口工作于方式 1 的双机串行通信软件编程。

【例 6.3】　如图 6.24 所示,为串行口工作于方式 1 的单工串行通信仿真图,单片机 U1 和 U2 的 RXD 和 TXD 引脚相互交叉相连,单片机 U1 的 P1 口接 8 个开关,单片机 U2 的 P1 口接 8 只 LED。单片机 U1 设置为只能发送不能接收的单工方式。要求单片机 U1 读入 P1

口的 8 个开关状态后，通过串行口发送到单片机 U2，单片机 U2 将接收到的单片机 U1 的 8 个开关状态送入 P1 口，由 P1 口 8 个 LED 来显示 8 个开关的状态。双方晶振均采用 11.059 2 MHz。

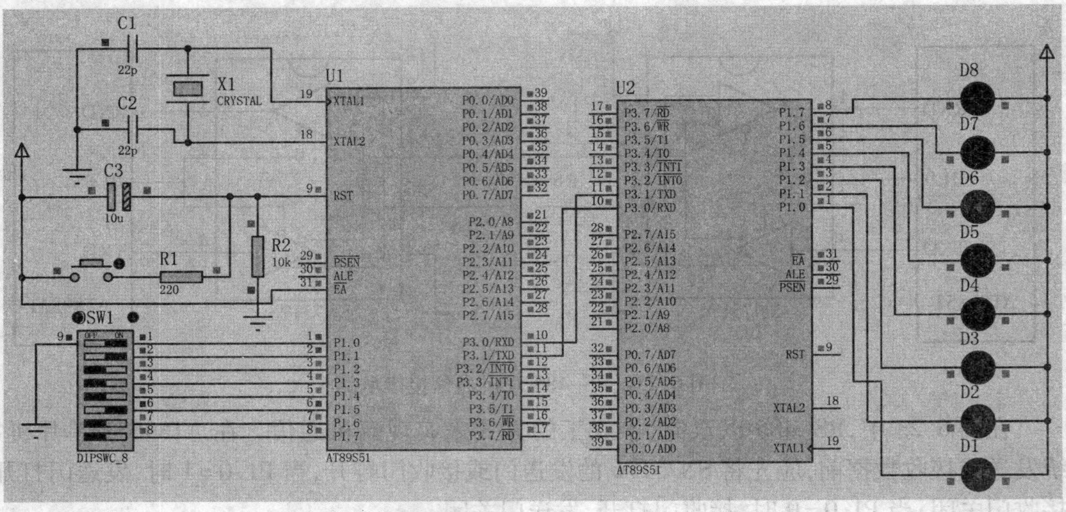

图 6.24　串行口工作于方式 1 的单工串行通信仿真图

参考程序如下：

单片机 U1 发送程序：

```
#include <reg51.h>
#define uchar unsigned char
#define uint unsigned int
void main( )
{
uchar temp=0;
TMOD=0x20;          //设置 T1 工作于方式 2
TH1=0xfd;           //波特率值设置为 9 600
TL1=0xfd;
SCON=0x40;          //串行口初始化以方式 1 传送，不接收
PCON=0x00;          //SMOD=0
TR1=1;              //启动 T1
P1=0xff;
while(1)
{
temp=P1;            //读入 P1 口的开关状态
SBUF=temp;          //数据送串行口发送
while(TI==0);       //如果 TI=0，未发送完，循环等待
TI=0;               //已发送完，将 TI 位清 0
}
```

```
}
```

单片机 U2 接收程序：

```
#include <reg51.h>
#define uchar unsigned char
#define uint unsigned int
void main( )
{
uchar temp=0;
TMOD=0x20;        //设置 T1 工作于方式 2
TH1=0xfd;         //波特率值设置为 9 600
TL1=0xfd;
SCON=0x50;        //串行口初始化为方式 1 传送，令 REN=1，接收
PCON=0x00;
TR1=1;
while(1)
{
while(RI==0);     //若 RI 为 0，未接收到数据
RI=0;             //接收到数据，把 RI 位清 0
temp=SBUF;
P1=temp;          //接收到的数据送 P1 口控制 8 只 LED 的亮灭
}
}
```

一般来说，定时器工作于方式 2 用来确定波特率是比较理想的，它不需要用中断服务程序设置初值，且算出的波特率比较准确。在用户使用的波特率不是很低的情况下，建议使用定时器 T1 工作于方式 2 的方法来确定波特率。

6.6.4　PC 机与单片机的点对点串行通信接口设计

单片机的串行口除可用作与其他单片机通信外，还能作为与 PC 机通信的通道，这是单片机串行口极具特色的一个功能，使得单片机在通信和测控领域得到了广泛应用。例如，在测控领域中，经常使用单片机在操作现场进行数据采集，但是由于单片机的数据存储容量和数据处理能力都较低，因此，一般情况下，将单片机通过串行口与 PC 机的串行口相连，把采集到的数据传送到 PC 机上，再在 PC 机上进行数据处理。

如果双机通信距离在 30 m 之内，可利用 RS-232C 标准接口实现点对点的双机通信。PC 机配置的都是 RS-232 标准串行接口，为 9 针 D 型连接器（插座），其插头引脚定义如图 6.25 所示。表 6.3 为 PC 机的 RS-232C 标准串行接口信号。单片机采用的是 TTL 电平，由于两者的电平不匹配，因此必须对单片机输出的 TTL 电平转换为 RS-232 电平。

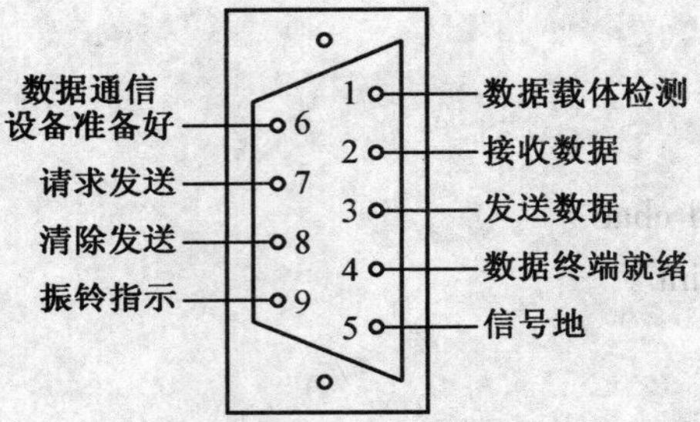

图 6.25　9 针 D 型插头引脚定义

表 6.3　PC 机的 RS-232C 标准串行接口信号

引脚号	符号	方向	功能
1	DCD	输入	数据载体检测
2	TXD	输出	发送数据
3	RXD	输入	接收数据
4	DTR	输出	数据终端就绪
5	GND	—	信号地
6	DSR	输入	数据通信设备准备好
7	RTS	输出	请求发送
8	CTS	输入	清除发送
9	RI	输入	振铃指示

图 6.26 中所使用的电平转换芯片为 MAX232，并用虚拟终端替代 PC 机中的 RS-232 串行接口。接口的连接只用了 3 条线，即 RS-232 插座中的 2 脚、3 脚与 5 脚，即 TXD、RXD 和 GND。

【例 6.4】 图 6.26 所示为单片机与 PC 机的串行通信接口电路仿真图，将 PC 键盘输入的数据发送给单片机 U1，单片机 U1 收到数据后以 ASCII 码形式从 P1 口显示，同时回送给 PC。因为 MAX232 不具备仿真能力，所以仿真图如图 6.27 所示。参考程序如下：

```
#include <reg51.h>
#define uchar unsigned char
void trs( ) interrupt 4 using 1
{
uchar Dat1;
EA=0;
if(TI==0)
{
RI=0;Dat1=SBUF;      //清除中断标志，接收数据
P1=Dat1;SBUF=Dat1;      //数据从 P1 口显示，同时送给 PC
}
else TI=0;
EA=1;
}
```

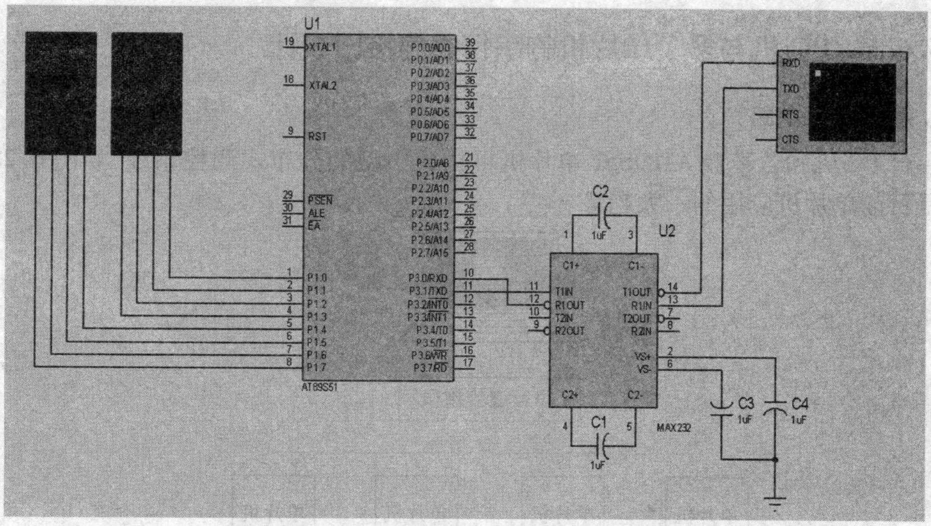

图 6.26　单片机与 PC 机的串行通信接口电路仿真图

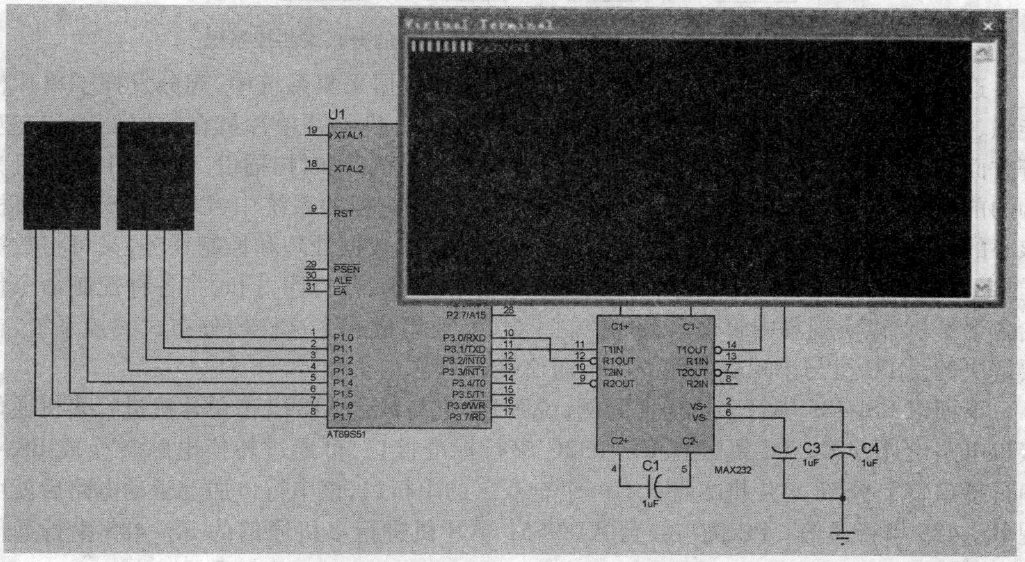

图 6.27　单片机与 PC 机的串行通信仿真图

```
void main( )
{
SCON = 0x50;                    //设置串行口的工作方式
TMOD = 0x20;                    //将 T1 设为工作方式 2
TH1 = TL1 = 0xf3; PCON = 0x80; //时钟频率为 12 MHz,波特率值设置为 4 800
TR1 = 1;
ES = 1;
EA = 1;
while(1);        //等待串行口中断
}
```

6.6.5 PC 机与多个单片机的串行通信接口设计

1. 硬件接口电路

一台 PC 机和若干台 AT89S51 单片机可构成小型的分布式测控系统，如图 6.28 所示。这也是目前单片机应用的一大趋势。

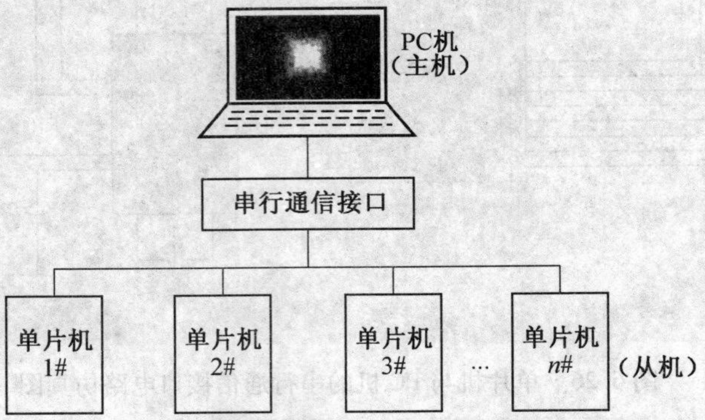

图 6.28 PC 机与多台单片机构成小型的分布式测控系统

这种分布式测控系统在许多实时的工业控制和数据采集系统中，充分发挥了单片机功能强、抗干扰性好、面向控制等优点，同时又可利用 PC 机弥补单片机在数据处理和交互性等方面的不足。在应用系统中，一般是以 PC 机作为主机，定时扫描以 AT89S51 单片机为核心的前沿单片机，以便采集数据或发送控制信息。在这样的系统中，以 AT89S51 单片机为核心的智能式测量和控制仪表（从机）既能独立地完成数据处理和控制任务，又可将数据传送给 PC 机（主机）。PC 机将这些数据进行处理，或显示，或打印，同时将各种控制命令传送给各个子机，以实现集中管理和最优控制。显然，要组成一个这样的分布式测控系统，首先要解决的是 PC 机与单片机之间的串行通信接口问题。

下面以 RS-485 串行多机通信为例，说明 PC 机与数台 AT89S51 单片机进行多机通信的接口电路设计方案。PC 机配有 RS-232C 串行标准接口，可通过转换电路转换成 RS-485 串行接口，AT89S51 单片机本身具有一个全双工的串行口，该串行口加上驱动电路后就可实现 RS-485 串行通信。PC 机与数台 AT89S51 单片机进行多机通信的 RS-485 串行通信接口电路如图 6.29 所示。

在图 6.29 中，AT89S51 单片机的串行口通过 75176 芯片驱动后就可转换成 RS-485 标准接口，根据 RS-485 标准接口的电气特性，从机数量不多于 32 个。PC 机与 AT89S51 单片机之间的通信采用主从方式，PC 机为主机，AT89S51 单片机为从机，由 PC 机确定与哪个 AT89S51 单片机进行通信。

2. 软件设计思想

为了充分发挥高级语言（如 C，BASIC）编程简单、调试容易、制图作表能力强的优点和汇编语言执行速度快的特点，PC 机软件可采用 C、BASIC 等语言编写的主程序调用汇编子程序的方法，即 PC 机的主程序由 C 语言编写，通信子程序由 PC 机汇编语言编制。这涉及 C 语言与汇编语言混合编程技术。高级、低级语言混合编程技术的详细内容请参阅有关参考书目。

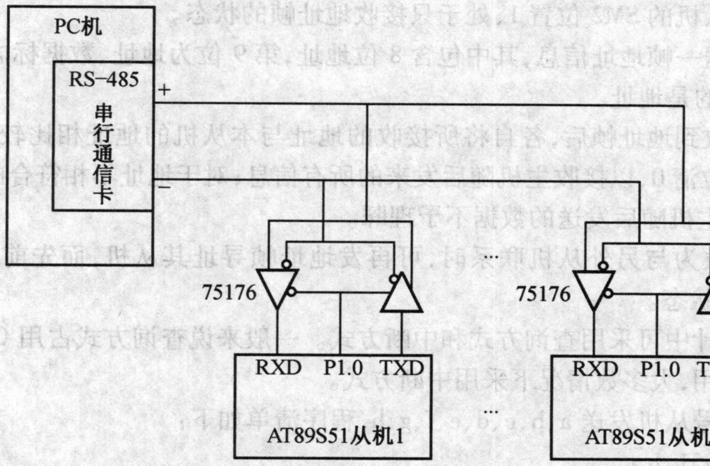

图 6.29 PC 机与数台 AT89S51 单片机进行多机通信的 RS-485 串行通信接口电路

6.6.6 多个单片机之间的串行通信接口设计

当一台主机与多台从机之间距离较近时,可直接用 TTL 电平进行多机通信,其通信接口电路如图 6.30 所示。

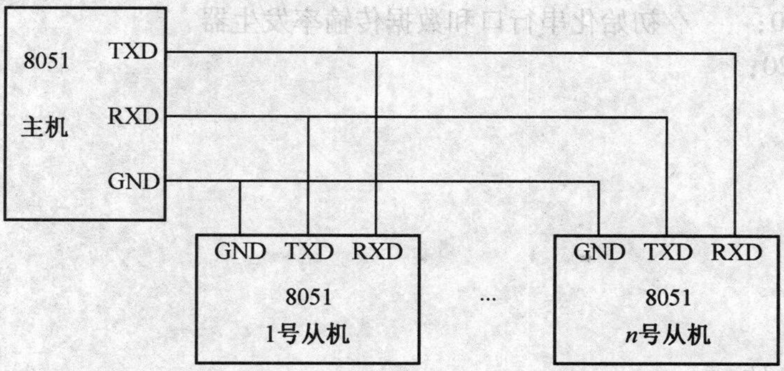

图 6.30 直接用 TTL 电平进行多机通信的通信接口电路

这种通信方式连接简单,但是因为通信用的是 TTL 电平,因此有效通信距离较短,通常只有 1 m 左右。由于 AT89S51 单片机 P3 口只能带 4 个 LS 型 TTL 负载,因此从机数量也只能限制在 4 个以内。如果必须增加从机数量,则应增设驱动口。此外,采用这种多机通信方式,主机可以与各从机进行全双工通信,但是各从机之间只能通过主机交换信息。多机通信中,要保证主机与从机实现可靠地通信,必须使通信接口具有识别能力,而串行口控制寄存器 SCON 中的 SM2 就是为满足这一要求而设置的。在串行口以方式 2(或方式 3)工作时,发送和接收的每一帧数据都是 11 位,其中第 9 个数据位是可编程位,通过对 SCON 的 TB8 赋值(1 或 0)区别发送的是地址帧还是数据帧(规定地址帧的第 9 位为 1,数据帧的第 9 位为 0)。若从机的控制位 SM2=1,则当接收的是地址帧时,数据装入 SBUF,并将 RI 位置 1;若接收的是数据帧,则不置位 RI,信息将被抛弃;若 SM2=0,则无论是地址帧还是数据帧都产生 RI=1 的中断标志,数据装入 SBUF。

多机通信过程安排如下:

(1)使所有从机的 SM2 位置 1,处于只接收地址帧的状态。

(2)主机发送一帧地址信息,其中包含 8 位地址,第 9 位为地址、数据标志位,当第 9 位置 1 时表示发送的是地址。

(3)从机接收到地址帧后,各自将所接收的地址与本从机的地址相比较。对地址相符的从机,将 SM2 位清 0,以接收主机随后发来的所有信息;对于地址不相符合的从机,仍保持 SM2=1 状态,对主机随后发送的数据不予理睬。

(4)当主机改为与另外从机联系时,可再发地址帧寻址其从机,而先前被寻址过的从机,恢复 SM2=1 状态。

通信软件设计中可采用查询方式和中断方式。一般来说查询方式占用 CPU 时间,在功能较少的场合采用,大多数情况下采用中断方式。

若主机向 3 号从机发送 a、b、c、d、e、f、g、h,程序清单如下:

```
#include <reg51.h>
#define buf 8
unsigned char buffer[8]=['a','b','c','d','e','f','g','h'];
unsigned char p;
main()
{
SCON=0xc0;       //初始化串行口和数据传输率发生器
TMOD=0x20;
TH1=0xfd;
TR1=1;
ET1=0;
ES=1;
EA=1;
P=0;
//发送地址帧
TB8=1;
SBUF=3;          //与 3 号从机联系
while(p<=buf);   //等待全部数据帧发送完毕
}

void send(void) interrupt 4 using 3
{
TI=0;   //清发送中断标志
if(pointer<buf)
{
TB8=0;              //设置数据帧标志
SBUF=buffer[p];     //启动传输
}
```

```
p++;
}
```

3 号从机接收数据程序如下：

```
#include <reg51.h>
#define buf 8
unsigned char buffer[buf];          //定义接收缓冲区
unsigned char p;                    //定义当前位置指针
main()
{
SCON=0xf0;
TMOD=0x20;
TH1=0xfd;
TR1=1;
ET1=0;
ES=1;
EA=1;
P=0;

TB8=1;
SBUF=3;
while(p<=buf);
}
//接收中断服务程序
void receive(void) interrupt 4 using 3
{
RI=0;
if(RB8==1)
{
if(SBUF==3)      //如果为本地址帧
SM2=0;           //则将 SM2 位清 0,以接收数据帧
return;
}
buffer[p++]=SBUF;
if(p>=buf)
SM2=1;      //如果接收完,则将 SM2 位置 1,准备下一次通信
}
```

思考题及习题

6.1　什么是串行异步通信？它有哪些作用？

6.2　AT89S51 单片机的串行口由哪些功能部件组成？各有什么作用？

6.3　AT89S51 单片机的串行口有几种工作方式和帧格式？各种工作方式的波特率如何确定？

6.4　若异步通信接口按方式 3 传送，已知其每分钟传送 3 600 个字符，其波特率是多少？

6.5　若晶振为 11.059 2 MHz，串行口工作于方式 1，波特率为 4 800 bit/s。写出用 T1 作为波特率发生器的方式字和计数初值。

6.6　试设计一个 AT89S51 单片机的双机通信系统，串行口工作于方式 1，波特率为 2 400 bit/s，编程将单片机 U1 片内 RAM 中 40H ~ 4FH 的数据块通过串行口传送到单片机 U2 片内 RAM 的 40H ~ 4FH 单元中。

第 7 章 AT89S51 单片机外部存储器的扩展

AT89S51 单片机片内集成 4 KB 程序存储器和 128 B 的数据存储器，对于复杂的系统设计往往不够用。为此，需要扩展外部的程序存储器和数据存储器。本章主要介绍 AT89S51 单片机两个外部存储器空间的地址分配的方法（线选法和译码法），最后介绍扩展外部程序存储器和外部数据存储器的具体设计。

7.1 AT89S51 单片机系统扩展结构

单片机内部资源不够的时候就需要利用扩展来完善系统，单片机外部扩展资源包括 RAM/ROM、键盘、显示器、I/O 扩展、中断扩展、A/D、D/A、串行通信等。AT89S51 单片机采用总线结构，使扩展易于实现，AT89S51 单片机系统扩展结构如图 7.1 所示。

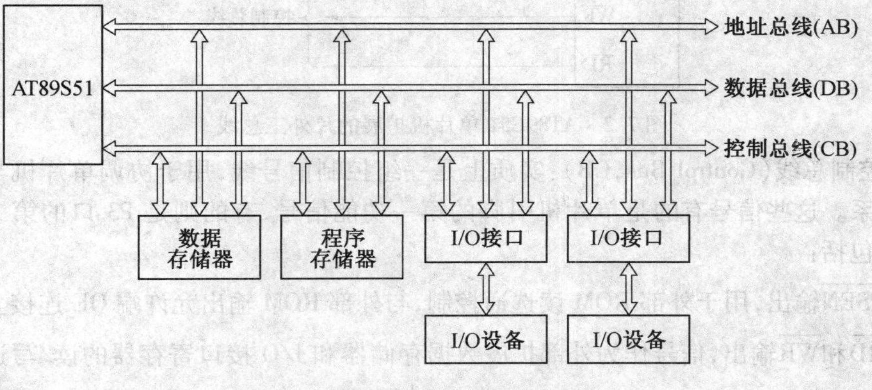

图 7.1 AT89S51 单片机系统扩展结构

由图 7.1 可以看出，系统扩展主要包括存储器扩展和 I/O 接口部件扩展。AT89S51 单片机的外部存储器扩展既包括程序存储器扩展又包括数据存储器扩展。AT89S51 单片机采用程序存储器空间和数据存储器空间截然分开的哈佛结构。扩展后，系统形成了两个并行的外部存储器空间。

存储器与单片机的连接采用的是三总线的方式，即地址总线、数据总线和控制总线，如图 7.1 所示。

（1）地址总线（Address Bus，AB）：用于传送单片机送出的地址信号，以便进行存储单元和 I/O 接口芯片的选择。地址总线的位数决定着可访问的存储器或 I/O 口的容量。

AT89S51 单片机有 16 条地址线,能寻址 64 KB 空间。

AT89S51 单片机的 16 位地址线分为两部分,如图 7.2 所示。高 8 位地址线由 P2 口提供;低 8 位地址线由 P0 口提供。

由于 P0 口是低 8 位地址和 8 位数据的复用线,因此必须外接锁存器,用于将先发送出去的低 8 位地址锁存起来,然后才能传送数据。

需要注意的是:P0、P2 口在系统扩展中用作地址线后就不能作为一般 I/O 口使用了。

(2)数据总线(Data Bus,DB):用于在单片机与存储器之间或单片机与 I/O 接口之间传送数据。数据总线是双向的,可以进行两个方向的数据传送。

AT89S51 单片机数据总线为 8 位,由 P0 口提供。在数据总线上可以连接多个外围芯片,但在某一时刻只能有一个有效的数据传送通道。

AT89S51 单片机对外部扩展的存储器单元或 I/O 接口寄存器进行访问时,先发出低 8 位地址,送入地址锁存器进行锁存,锁存器输出作为系统的低 8 位地址(A7 ~ A0)。随后,P0 口又作为数据总线口(D7 ~ D0),如图 7.2 所示。

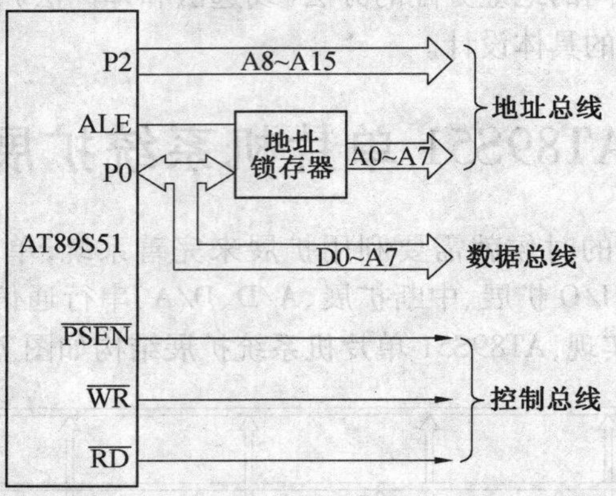

图 7.2　AT89C51 单片机扩展的片外三总线

(3)控制总线(Control Bus,CB):实质上是一组控制信号线,用于协调单片机与外围芯片间的联系。这些信号有的是单片机引脚的第一功能信号,有的则是 P3 口的第二功能信号。其中包括:

(1)$\overline{\text{PSEN}}$输出,用于外部 ROM 读选通控制,与外部 ROM 输出允许端 OE 连接。

(2)$\overline{\text{RD}}$和$\overline{\text{WR}}$输出,信号作为外部扩展数据存储器和 I/O 接口寄存器的读/写选通控制信号。

(3)ALE 输出,用于锁存 P0 口输出的低 8 位地址信号,与地址锁存器控制端连接。

(4)$\overline{\text{EA}}$输入,用于选择读内/外 ROM。EA = 1,读内部 ROM;EA = 0,读外部 ROM。

一般情况下,有并且使用内部 ROM 时,EA 接 V_{CC};无内部 ROM 或仅使用外部 ROM 时,EA 接地。

可以看出,尽管 AT89S51 单片机有 4 个并行的 I/O 口,共 32 条口线,但由于系统扩展的需要,真正给用户作为数字 I/O 使用的,就剩下 P1 口和 P3 口的部分口线了。

7.2　存储器编址技术和外部地址锁存器

本节主要介绍如何利用地址总线进行存储器空间的地址分配，并介绍用于输出低 8 位地址的常用的地址锁存器。

7.2.1　存储器地址空间分配

存储器扩展要考虑 4 个基本问题。

(1)扩展容量:16 根地址线最大可扩展到 64 KB 空间。

(2)扩展要解决的问题:地址线、扩展芯片在 64 KB 范围所占的地址范围。

(3)存储器扩展的编址:存储器芯片的选择、片内单元的编址。

(4)选择芯片的方法:片选技术(地址空间分配方法)。

在实际的单片机应用系统设计中，往往既需要扩展程序存储器，又需要扩展数据存储器(I/O 接口芯片中的寄存器也作为数据存储器的一部分)，如何把片外的两个 64 KB 地址空间分配给各个程序存储器、数据存储器芯片，并且使程序存储器和数据存储器的各芯片之间，一个存储器单元只对应一个地址，避免单片机发出一个地址时同时访问两个单元而发生数据冲突。这就是存储器的地址空间的分配问题。

AT89S51 单片机发出的地址码用于选择某个存储器单元，在外扩的多片存储器芯片中，AT89S51 单片机要完成这种功能，必须进行两种选择:一是必须选中该存储器芯片(或 I/O 接口芯片)，称为“片选”，只有被选中的存储器芯片才能被 AT89C51 单片机读出或写入数据。为了片选的需要，每个存储器芯片都有片选信号引脚。二是在片选的基础上，根据单片机发出的地址码来对选中的芯片的某一单元进行访问，称为单元选择，每个存储器芯片也都有多个地址线引脚，以便对其进行单元的选择。需要注意的是，片选和单元选择都是单片机通过地址线一次发出的地址信号来完成选择的。

通常把单片机系统的地址线笼统地分为低位地址线和高位地址线，片选都是使用高位地址线。实际上，在 16 条地址线中，高、低位地址线的数目并不是固定的，只是习惯上把用于存储器单元选择的地址线称为低位地址线，其余的称为高位地址线。

下面介绍常用的存储器的片选技术:线性选择法(简称“线选法”)和地址译码法(简称“译码法”)。

1. 线选法

线选法用低位地址线对片内的存储单元进行寻址，所需的地址线由片内地址线决定，将余下的高位地址线分别接至芯片的片选端，以区分各芯片的地址范围。例如，要扩展 8 KB 容量的外部 RAM，地址线和片选线分别为 13 条和 3 条。

地址线:$\log_2(8K) = \log_2(2^{13}) = 13$ 条(A12 ~ A0)

片选线:余下的 A15 ~ A13 分别接至芯片的片选端。A15 ~ A13 轮流出现低电平，可保证一次只选一片。

线选法的优点是:电路简单，不需要另外增加地址译码器硬件电路，体积小，成本低。

线选法的缺点是:

(1)各芯片间地址不连续。而习惯上使用连续地址，如 24 KB 的地址范围为 0000H ~

5FFFH。

(2)有相当数量的地址不能使用,否则将造成片选混乱。

2. 译码法

译码法是通过译码器对系统的高位地址进行译码,以译码输出作为存储芯片的片选信号。这种方法可有效地利用存储空间,是最常用的存储器编址方法。常用的译码器芯片有74LS138(3 线-8 线译码器)、74LS139(双 2 线-4 线译码器)和 74LS154(4 线-16 线译码器)。若全部高位地址线都参加译码,称为全译码;若仅部分高位地址线参加译码,称为部分译码。部分译码存在着部分存储器地址空间相重叠的情况。

下面介绍两种常用的译码器芯片。

(1)74LS138 是一种 3 线-8 线译码器,有 3 个数据输入端,经译码产生 8 种状态。其引脚如图 7.3 所示,真值表见表 7.1。由表 7.1 可知,当一个选通端(G1)为高电平,另两个选通端($\overline{G2A}$)和($\overline{G2B}$)为低电平时,可将地址端(C、B、A)的二进制编码在Y0至Y7对应的输出端以低电平方式译出。例如,CBA=110 时,则Y6端输出低电平信号。输出为低电平的引脚就可作为某一存储器芯片的片选端的控制信号。

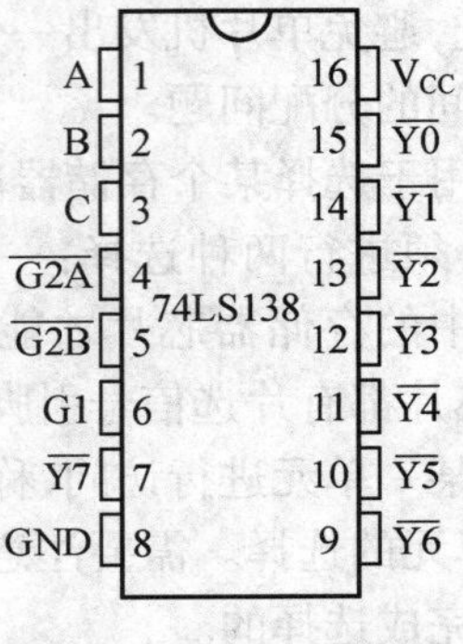

图 7.3 74LS138 引脚图

表 7.1 74LS138 真值表

输入端						输出端							
G1	$\overline{G2A}$	$\overline{G2B}$	C	B	A	$\overline{Y7}$	$\overline{Y6}$	$\overline{Y5}$	$\overline{Y4}$	$\overline{Y3}$	$\overline{Y2}$	$\overline{Y1}$	$\overline{Y0}$
1	0	0	0	0	0	1	1	1	1	1	1	1	0
1	0	0	0	0	1	1	1	1	1	1	1	0	1
1	0	0	0	1	0	1	1	1	1	1	0	1	1
1	0	0	0	1	1	1	1	1	1	0	1	1	1
1	0	0	1	0	0	1	1	1	0	1	1	1	1
1	0	0	1	0	1	1	1	0	1	1	1	1	1
1	0	0	1	1	0	1	0	1	1	1	1	1	1
1	0	0	1	1	1	0	1	1	1	1	1	1	1
其他状态			×	×	×	1	1	1	1	1	1	1	1

注:1 表示高电平;0 表示低电平;×表示任意

(2)74LS139 是一种双 2 线-4 线译码器。两个译码器完全独立,分别有各自的数据输入端、译码状态输出端以及数据输入允许端,其引脚如图 7.4 所示,真值表见表 7.2。

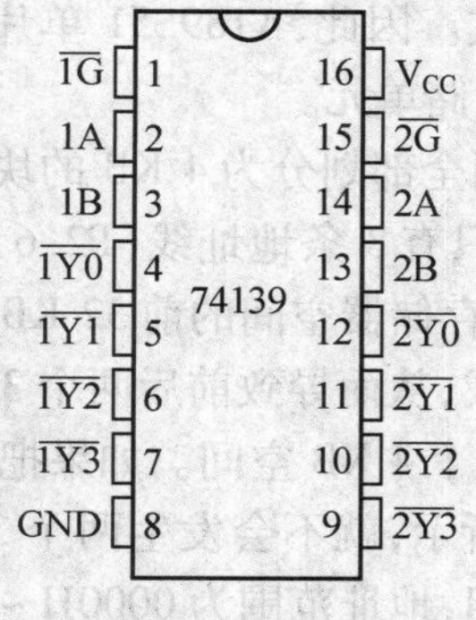

图 7.4　74LS139 引脚图

表 7.2　74LS139 真值表

输入端			输出端			
允许	选择					
$\overline{G}$	B	A	$\overline{Y3}$	$\overline{Y2}$	$\overline{Y1}$	$\overline{Y0}$
0	0	0	1	1	1	0
0	0	1	1	1	0	1
0	1	0	1	0	1	1
0	1	1	0	1	1	1
1	×	×	1	1	1	1

下面以 74LS138 为例介绍如何进行地址分配。例如,要扩展 8 片 8 KB 的 RAM(6264),如何通过 74LS138 把 64 KB 空间分配给各个芯片呢?由表 7.1 可知,把 G1 接+5 V 电源,$\overline{G2A}$、$\overline{G2B}$接地,P2.7、P2.6、P2.5(高 3 位地址线)分别接到 74LS138 的 C、B、A 端,由于对高 3 位地址译码,这样译码器有 8 个输出$\overline{Y0}$ ~ $\overline{Y7}$,分别接到 8 片 6264 芯片的各个片选端,实现 8 选 1 的片选。而低 13 位地址(P2.4 ~ P2.0,P0.7 ~ P0.0)完成对选中的 6264 芯片中的各个存储单元的单元选择。这样就把 64 KB 的存储器空间分成 8 个 8 KB 的空间了。64 KB 地址空间的分配如图 7.5 所示。

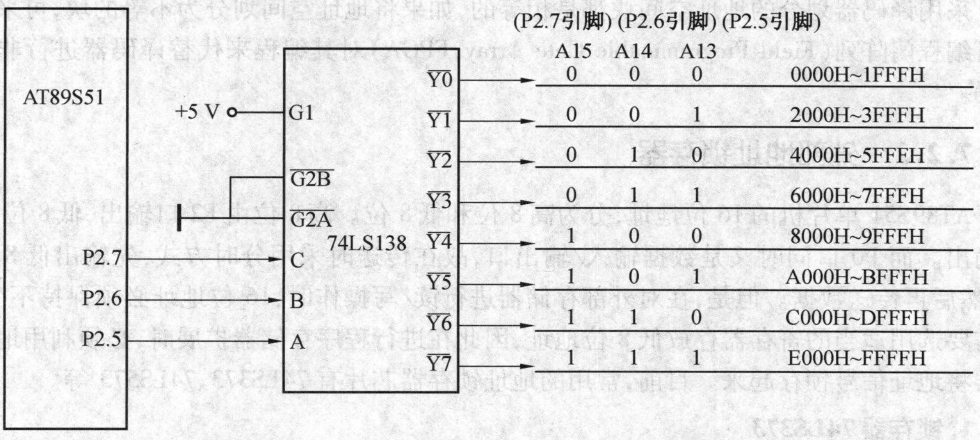

图 7.5　64 KB 地址空间的分配

这里采用的是全地址译码方式。因此，AT89S51 单片机发出 16 位地址码时，每次只能选中某一芯片以及该芯片的一个存储单元。

如何用 74LS138 把 64 KB 空间全部划分为 4 KB 的块？由于 4 KB 空间需要 12 条地址线进行单元选择，而译码器的输入只有 3 条地址线（P2.6 ~ P2.4），P2.7 没有参加译码，P2.7 发出的 0 或 1 决定了选择 64 KB 存储器空间的前 32 KB 空间还是后 32 KB 空间，由于 P2.7 没有参加译码，就不是全译码方式，从而导致前后两个 32 KB 空间重叠。那么，这32 KB空间利用 74LS138 译码器可划分为 8 个 4 KB 空间。如果把 P2.7 通过一个非门与 74LS138 译码器的 G1 端连接起来，如图 7.6 所示，就不会发生两个 32 KB 空间重叠的问题。这时，选中的是 64 KB 空间的前 32 KB 空间，地址范围为 0000H ~ 7FFFH。

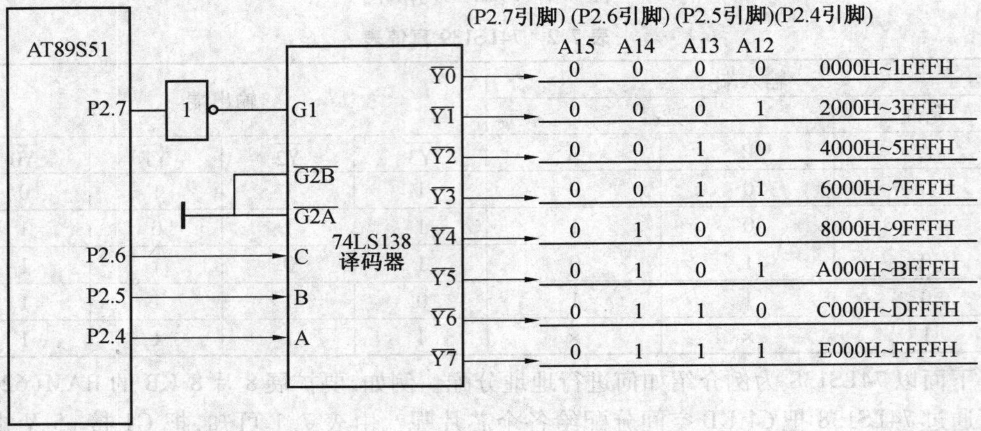

图 7.6　存储器空间被划分成每块 4 KB

如果去掉图 7.6 中的非门，地址范围为 8000H ~ FFFFH。把译码器的输出连到各个 4 KB存储器的片选端，这样就把 32 KB 的空间划分为 8 个 4 KB 空间。P2.3 ~ P2.0，P0.7 ~ P0.0 实现对单元的选择，P2.6 ~ P2.4 通过 74LS138 译码器的译码实现对各存储器芯片的片选。

采用译码器划分的地址空间块都是相等的，如果将地址空间划分为不等的块，可采用现场可编程门阵列（Field Programmable Gate Array，FPGA）对其编程来代替译码器进行非线性译码。

7.2.2　外部地址锁存器

AT89S51 单片机的 16 位地址，分为高 8 位和低 8 位。高 8 位由 P2 口输出，低 8 位由 P0 口输出。而 P0 口同时又是数据输入/输出口，故在传送时采用分时方式，先输出低 8 位地址，然后再传送数据。但是，在对外部存储器进行读/写操作时，16 位地址必须保持不变，这就需要选用适当的寄存器存放低 8 位地址，因此在进行程序存储器扩展时，必须利用地址锁存器将地址信号锁存起来。目前，常用的地址锁存器芯片有 74LS373、74LS573 等。

1. 锁存器 74LS373

74LS373 是常用的地址锁存器芯片，它实质上是一个带三态缓冲输出的 8D 触发器，在单片机系统中为了扩展外部存储器，通常需要一块 74LS373 芯片，其引脚如图 7.7 所示，其内部结构如图 7.8 所示。

74LS373 的引脚说明如下：

(1) D0 ~ D7 为 8 个输入端。

(2) Q0 ~ Q7 为 8 个输出端。

(3) G 是数据锁存控制端。当 G = 1 时，锁存器输出端同输入端；当 G 由 1 变为 0 时，数据输入锁存器中。

(4) $\overline{OE}$为输出允许端。当$\overline{OE}$ = 0 时，三态门打开；当$\overline{OE}$ = 1 时，三态门关闭，输出呈高阻状态。

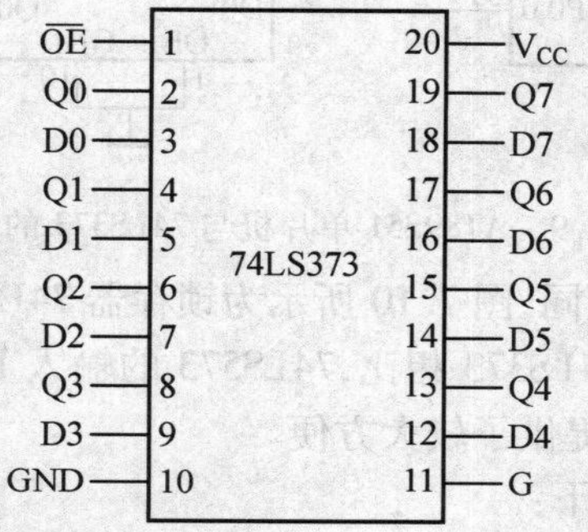

图 7.7　锁存器 74LS373 的引脚

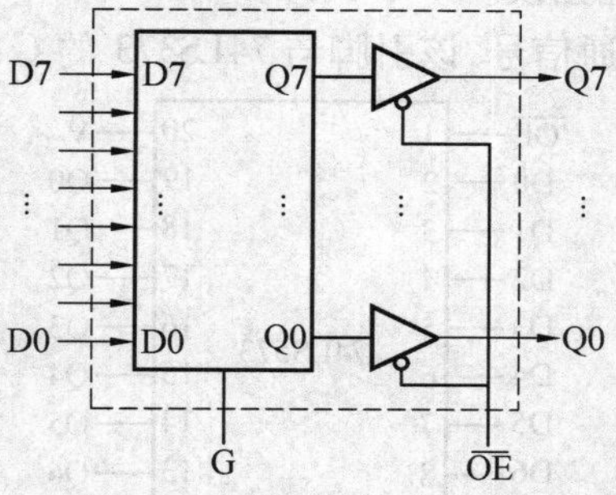

图 7.8　74LS373 的内部结构

AT89S51 单片机与 74LS373 的连接如图 7.9 所示。其中输入端 D0 ~ D7 接至单片机的 P0 口，输出端提供的是低 8 位地址，G 端接至单片机的地址锁存允许信号 ALE。输出允许端 OE 接地，表示输出三态门一直打开。

74LS373 的功能表见表 7.3。

表 7.3　74LS373 功能表

$\overline{OE}$	G	D	Q
0	1	1	1
0	1	0	0
0	0	×	不变
1	×	×	高阻态

2. 锁存器 74LS573

74LS573 也是一种带有三态门的 8D 锁存器，功能及内部结构与 74LS373 完全一样，只

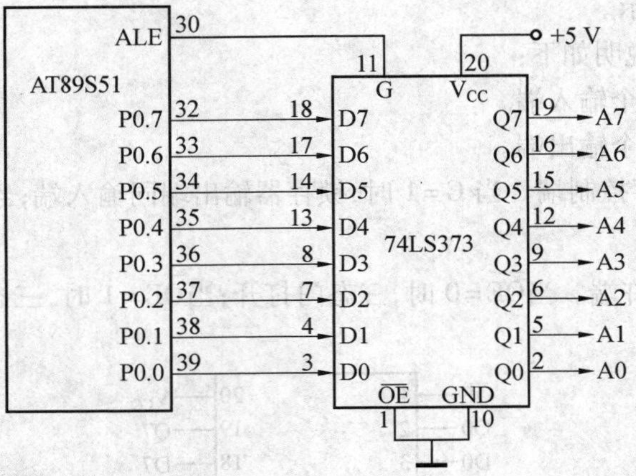

图 7.9　AT89S51 单片机与 74LS373 的链接

是其引脚的排列与 74LS373 不同，图 7.10 所示为锁存器 74LS573 的引脚图。

由图 7.10 可以看出，与 74LS373 相比，74LS573 的输入 D 端和输出 Q 端依次排列在芯片两侧，这为绘制印制电路板提供了较大方便。

74LS573 的各引脚说明如下：

(1) D7 ~ D0 为 8 位数据输入线。

(2) Q7 ~ Q0 为 8 位数据输出线。

(3) G 为数据输入锁存选通信号，该引脚与 74LS373 的 G 端功能相同。

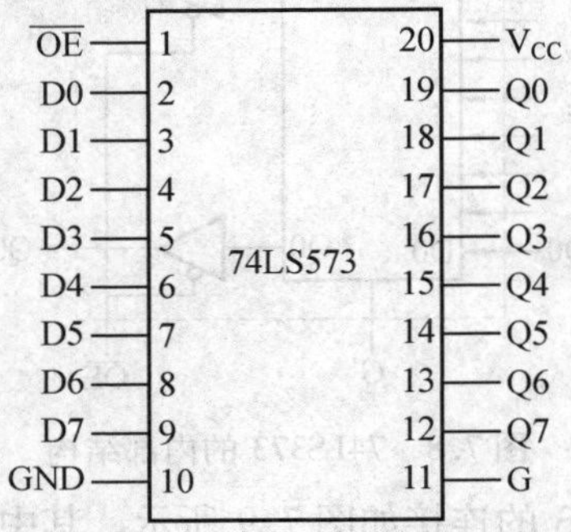

图 7.10　锁存器 74LS573 的引脚

(4) $\overline{OE}$为数据输出允许信号，低电平有效。当该信号为低电平时，三态门打开，锁存器中数据输出到数据输出线上；当该信号为高电平时，输出线为高阻态。

7.3　程序存储器的扩展

程序存储器通常是只读存储器，用于保存应用程序代码，同时还可以用于保存程序执行时用到的数据，如保存查表信息。

单片机内部的程序寄存器一般为 1 ~ 64 KB，通常是 ROM，因为单片机应用系统大多数是专用系统，一旦研制成功，其软件也就定性，程序固化到 ROM 中，用 ROM 作为程序存储器，掉电以后程序不会丢失从而提高系统的可靠性；AT89S51 单片机的程序存储器容量为

4 KB,当应用系统程序较大,存储器容量不足时,需要多片存储器扩展其容量。

向 ROM 中写入信息称为 ROM 编程。根据编程的方式不同,可分为以下几种。

(1)掩模 ROM。掩模 ROM 是在制造过程中编程。由于编程是以掩模工艺实现的,因此称为掩模 ROM。这种芯片存储结构简单,集成度高,但由于掩模工艺成本较高,因此只适合于大批量生产。

(2)可编程只读存储器(PROM)。PROM 芯片出厂时并没有任何程序信息,由用户用独立的编程器写入。但 PROM 只能写入一次,写入内容后,就不能再修改。

(3)EPROM。EPROM 是用电信号编程,用紫外线擦除的只读存储器芯片。在芯片外壳的中间位置有一个圆形窗口,通过该窗口照射紫外线就可擦除原有的信息。使用编程器可将调试完毕的程序写入。

(4)电可擦除可编程只读存储器(EEPROM)。EEPROM 是一种用电信号编程,也用电信号擦除的 ROM 芯片。对 EEPROM 的读/写操作与 RAM 存储器几乎没有什么差别,只是写入的速度慢一些,但掉电后仍能保存信息。

(5)Flash ROM。Flash ROM 又称闪速存储器(简称闪存),Flash ROM 是一种长寿命的非易失性(在断电情况下仍能保持所存储的数据信息)存储器,数据删除不是以单个的字节为单位而是以固定的区块为单位(注意:NOR Flash 为字节存储),区块大小一般为 256 KB ~ 20 MB。闪存是 EEPROM 的变种,不同的是,EEPROM 能在字节水平上进行删除和重写而不是整个芯片擦写,而闪存的大部分芯片需要块擦除。由于其断电时仍能保存数据,闪存通常被用来保存设置信息,如在计算机的基本程序(BIOS)、个人数字助理(PDA)、数码相机中保存资料等。因此目前闪存大有取代 EEPROM 的趋势。

目前许多公司生产的以 8051 为内核的单片机,在芯片内部大多集成了数量不等的 Flash ROM。例如,美国 Atmel 公司生产的与 51 单片机兼容的产品 AT89C2051/AT89C51/AT89S51/AT89C52/AT89S52/AT89C55,片内分别用不同容量的 Flash ROM 来作为片内程序存储器使用。对于这类单片机,在片内的 Flash ROM 满足要求的情况下,扩展外部程序存储器的工作就可省去。

7.3.1　EPROM 芯片

EPROM 可作为 AT89S51 单片机的外部程序存储器,这些芯片上均有一个玻璃窗口,在紫外光下照射 10 min 左右,存储器中的各位信息均变为 1,此时,可以通过编程器(编程电压 V_{PP} 为 12 ~ 24 V,随不同的芯片型号而定)将工作程序固化到这些芯片中。EPROM 在写入资料后,还要以不透光的贴纸或胶布把窗口封住,以免受到周围的紫外线照射而使资料受损。

下面介绍常用的 EPROM 芯片。典型的 EPROM 芯片是 Intel 公司的 27 系列产品,例如,2764(8 KB)、27128(16 KB)、27256(32 KB)、27512(64 KB)。型号名称 27 后面的数字表示其存储容量。如果换算成字节容量,只需将该数字除以 8 即可。例如,27128 中 27 后面的数字为 128,128/8 = 16 KB。

随着大规模集成电路技术的发展,大容量存储器芯片的产量剧增,售价不断下降,其性价比明显提高,而且由于有些厂家已停止生产小容量的芯片,使市场上某些小容量芯片的价格反而比大容量芯片还贵。因此,在扩展程序存储器时,应尽量采用大容量芯片。

1. 常用的 EPROM 芯片的引脚

27 系列 EPROM 芯片的引脚如图 7.11 所示。

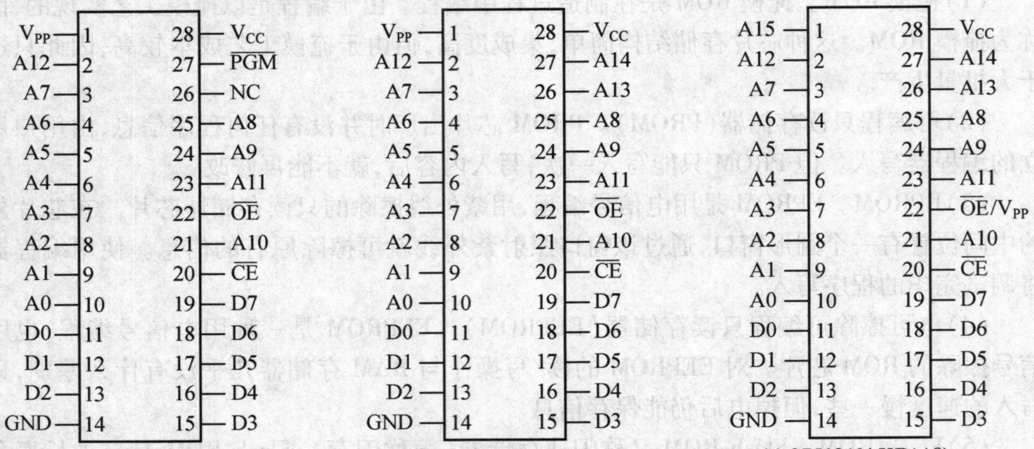

(a) 2764(8 KB×8)　(b) 27256(32 KB×8)　(c) 27512(64 KB×8)

图 7.11　27 系列 EPROM 芯片的引脚

图 7.11 中芯片的引脚功能如下：

(1) A0 ~ A15 为地址线引脚。它的数目由芯片的存储容量决定，用于进行单元选择。

(2) D7 ~ D0 为数据线引脚。

(3) $\overline{CE}$为片选控制端。

(4) $\overline{OE}$为输出允许控制端。

(5) $\overline{PGM}$为编程时编程脉冲的输入端。

(6) V_{PP}为编程时编程电压(+12 V 或+25 V)输入端。

(7) V_{CC}为芯片的工作电压，+5 V。

(8) GND 为数字地。

(9) NC 为无用端。

表 7.4 为 27 系列 EPROM 芯片的参数。

表 7.4　27 系列 EPROM 芯片的参数

型号	V_{CC}/V	V_{PP}/V	I_m/mA	I_s/mA	T_{BM}/ns	容量/KB
TMS2732A	5	21	132	32	200 ~ 450	4
TMS2764	5	21	100	35	200 ~ 450	8
Intel2764A	5	12.5	60	20	200	8
Intel27C64	5	12.5	10	0.1	200	8
Intel27128A	5	12.5	100	40	150 ~ 200	16
SCM27C128	5	12.5	30	0.1	200	16
Intel27256	5	12.5	100	40	220	32
MBM27C256	5	12.5	8	0.1	250 ~ 300	32
Intel27512	5	12.5	125	40	250	64

注：V_{CC}是芯片供电电压，V_{PP}是编程电压，I_m为最大静态电流，I_s为维持电流，T_{RM}为最大读出时间。

2. EPROM 芯片的工作方式

EPROM 一般有 5 种工作方式，由$\overline{CE}$、$\overline{OE}$、$\overline{PGM}$各信号的状态组合来确定。5 种工作方式见表 7.5。

表 7.5　EPROM 的 5 种工作方式

方式	$\overline{CE}/\overline{PGM}$	$\overline{OE}$	V_{PP}	D7 ~ D0
读出	低	低	+5 V	程序读出
未选中	高	×	+5 V	高阻
编程	正脉冲	高	+25 V(或+12 V)	程序写入
程序校验	低	低	+25 V(或+12 V)	程序读出
编程禁止	低	高	+25 V(或+12 V)	高阻

(1)读出方式。一般情况下，EPROM 工作在读出方式。该方式的条件是使$\overline{CE}$、$\overline{OE}$均为低电平，V_{PP}为+5 V，被寻址单元内容经数据线读出。

(2)未选中方式。当片选控制线$\overline{CE}$为高电平时，芯片进入未选中方式，这时数据输出为高阻抗状态，不占用数据总线。

(3)编程方式。在 V_{PP}端加上规定好的高压(一般为+25 V)，$\overline{CE}$和$\overline{OE}$端加上合适的电平(不同的芯片要求不同)，就能将数据线上的数据写入到指定的地址单元。此时，编程地址和编程数据分别由系统的 A15 ~ A0 和 D7 ~ D0 提供。

(4)编程校验方式。在 V_{PP}端保持相应的编程电压(高压)，再按读出方式操作，读出编程固化好的内容，以校验写入的内容是否正确。

(5)编程禁止方式。编程禁止方式输出呈高阻状态，不写入程序。

7.3.2　程序存储器的操作时序

1. 访问程序存储器的控制信号

AT89S51 单片机访问片外扩展的程序存储器时，所用的控制信号有 3 种。

(1)ALE，用于低 8 位地址锁存控制。

(2)$\overline{PSEN}$，片外程序存储器读选通控制信号，它接片外扩展 EPROM 的$\overline{OE}$引脚。

(3)$\overline{EA}$，片内、片外程序存储器访问的控制信号。当$\overline{EA}$=1 时，在单片机发出的地址小于片内程序存储器最大地址时，访问片内程序存储器；当$\overline{EA}$=0 时，只访问片外程序存储器。

如果指令是从片外 EPROM 中读取的，除了 ALE 用于低 8 位地址锁存外，控制信号还有$\overline{PSEN}$，$\overline{PSEN}$接片外扩展 EPROM 的$\overline{OE}$引脚。此外，还要用到 P0 口和 P2 口，P0 口分时用作低 8 位地址总线和数据总线，P2 口用作高 8 位地址线。

2. 操作时序

AT89S51 单片机对片外 ROM 的操作时序分两种，即执行无片外 RAM 的时序和执行有片外 RAM 的时序，如图 7.12 所示。

(1)应用系统中无片外 RAM。硬件系统中无片外 RAM(或 I/O)时，其操作时序如图 7.12(a)所示。P0 口作为地址/数据复用的双向总线，用于输入指令或输出程序存储器的低

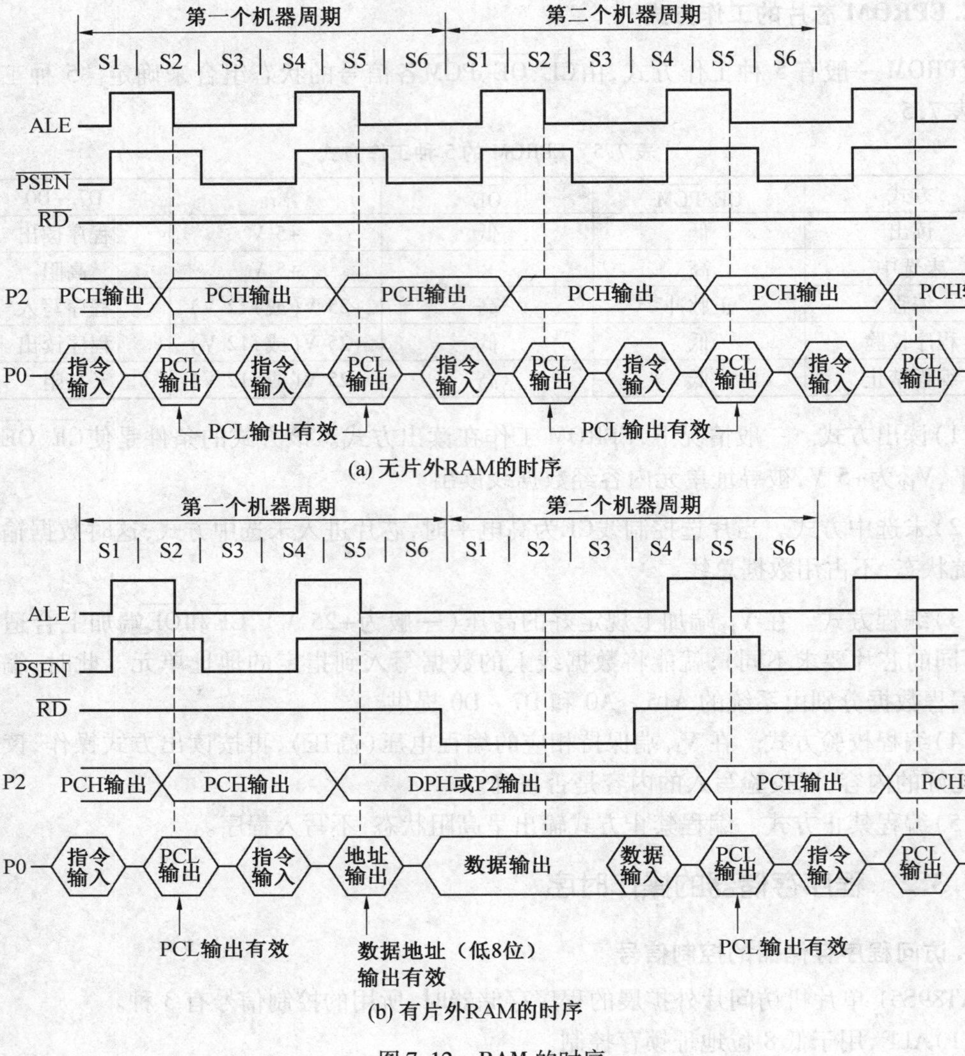

图 7.12　RAM 的时序

8 位地址 PCL。P2 口专门用于输出程序存储器的高 8 位地址 PCH。P2 口具有输出锁存功能。由于 P0 口分时复用,因此首先要用 ALE 将 P0 口输出的低 8 位地址 PCL 锁存在锁存器中,然后 P0 口才作为数据口用。在每个机器周期中,允许地址锁存两次有效,ALE 在下降沿时,将 P0 口上的低 8 位地址 PCL 锁存在锁存器中。同时,$\overline{\text{PSEN}}$也是每个机器周期中两次有效,用于选通片外程序存储器,将指令读入片内。

系统无片外 RAM(或 I/O)时,此 ALE 有效信号以振荡器频率的 1/6 出现在引脚上,它可以用作外部时钟或定时脉冲信号。

(2)应用系统中接有片外 RAM。在执行访问片外 RAM(或 I/O)的指令时,程序存储器的操作时序有所变化。其主要原因在于,执行访问片外 RAM 指令时,16 位地址应转而指向数据存储器,操作时序如图 7.12(b)所示。在指令输入以前,P2 口输出的地址 PCH、PCL 指向程序存储器;在指令输入并判定是访问片外 RAM 的指令后,ALE 在该机器周期 S5 状态锁存的是 P0 口发出的片外 RAM（或 I/O）低 8 位地址。若执行的是访问片外 RAM 指令且变量是 16 位，则此地址就是 DPL（数据指针低 8 位）；同时，在 P2 口上出现的是 DPH（数据指针的高 8 位）。若用 8 位寄存器 Ri 来寻址，则 Ri 的内容为低 8 位地址，而 P2 口线上将是 P2 口锁存器的内容。在同一机器周期中将不再出现 $\overline{PSEN}$ 有效取指信号，下一个机器周期中 ALE 的有效锁存信号也不再出现；而当 $\overline{RD}$/$\overline{WR}$ 有效时，P0 口将读/写数据存储器中的数据。

由图 7.12（b）可以看出：

（1）将 ALE 用作定时脉冲输出时，执行一次访问片外 RAM 指令就会丢失一个 ALE 脉冲。

（2）只有在执行访问片外 RAM 指令时的第二个机器周期中，才对数据存储器（或 I/O）进行读/写，地址总线才由数据存储器使用。

7.3.3　AT89S51 与 EPROM 的接口电路设计

不同的单片机内部集成了不同容量的 Flash ROM，所以用户可根据实际需要来决定是否扩展外部 EPROM。但是，扩展外部存储器的方法必须掌握。

1. 单片 EPROM 存储器的扩展

存储器扩展的关键问题是地址总线、数据总线和控制总线这 3 类总线的连接。外扩的 EPROM 在正常使用中只能读出，不能写入，故 EPROM 芯片没有写入控制引脚，只有读出控制引脚，记为 $\overline{OE}$，该引脚与 AT89S51 单片机的 $\overline{PSEN}$ 相连，地址线、数据线分别与 AT89S51 单片机的地址线、数据线相连，片选端的控制可采用线选法或译码法。

下面仅介绍 2764、27128 芯片与 AT89S51 单片机的接口电路。至于更大容量的 27256、27512 芯片与 AT89S51 单片机的连接，差别只是 AT89S51 与其连接的地址线数目不同。由于 2764 与 27128 引脚的差别仅在 26 脚（2764 的 26 脚是空脚，27128 的 26 脚是地址线 A13）上，因此在设计外扩存储器电路时，应选用 27128 芯片设计电路。在实际应用时，可将 27128 换成 2764，系统仍能正常运行。反之，则不然。图 7.13 所示为 AT89S51 单片机与 27128 芯片的接口电路，图 7.14 为 AT89S51 单片机与 4 片 2764 芯片的接口电路。

图 7.13 中，AT89S51 单片机与地址无关的电路部分均未画出。由于只扩展了一片 EPROM，因此片选端 $\overline{EA}$ 直接接地，也可接到某一高位地址线（A15 或 A14）上进行线选，当然也可接到某一地址译码器的输出端。

【例 7.1】　如图 7.14 所示，实现将 1～10 的数据写入 EPROM2764 的相应存储单元，之后读取相应单元的数据并求和，并将结果送 P1 口显示。参考程序如下：

```
#include <reg51.h>
#include <absacc.h>
#define uchar unsigned char
#define ram XBYTE[0x0000]
void main(void)
{
uchar xdata * pt;
```

```
uchar i,sumtemp,sum;
pt=&ram;
for(i=0;i<10;i++)
{
 *(pt+i)=i+1;
}
sum=0;
for(i=0;i<10;i++)
{
sumtemp= *(pt+i);
sum=sumtemp+sum;
}
P1=sum;
}
```

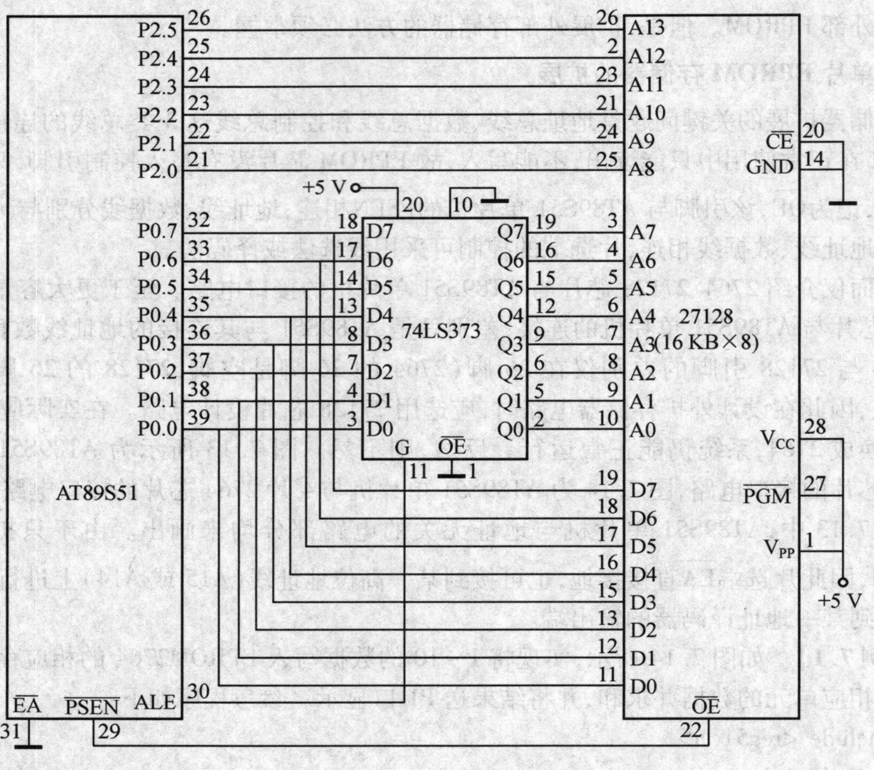

图 7.13　AT89S51 单片机与 27128 芯片的接口电路

2. 多片 EPROM 的扩展电路

多片存储器扩展的关键问题仍然是地址总线、数据总线和控制总线这 3 类总线的连接。为了区分 CPU 是访问哪一片 EPROM，可以利用译码器进行片选。与单片 EPROM 扩展电路相比，多片 EPROM 的扩展除片选线$\overline{CE}$外，其他均与单片扩展电路相同。图 7.15 中给出了

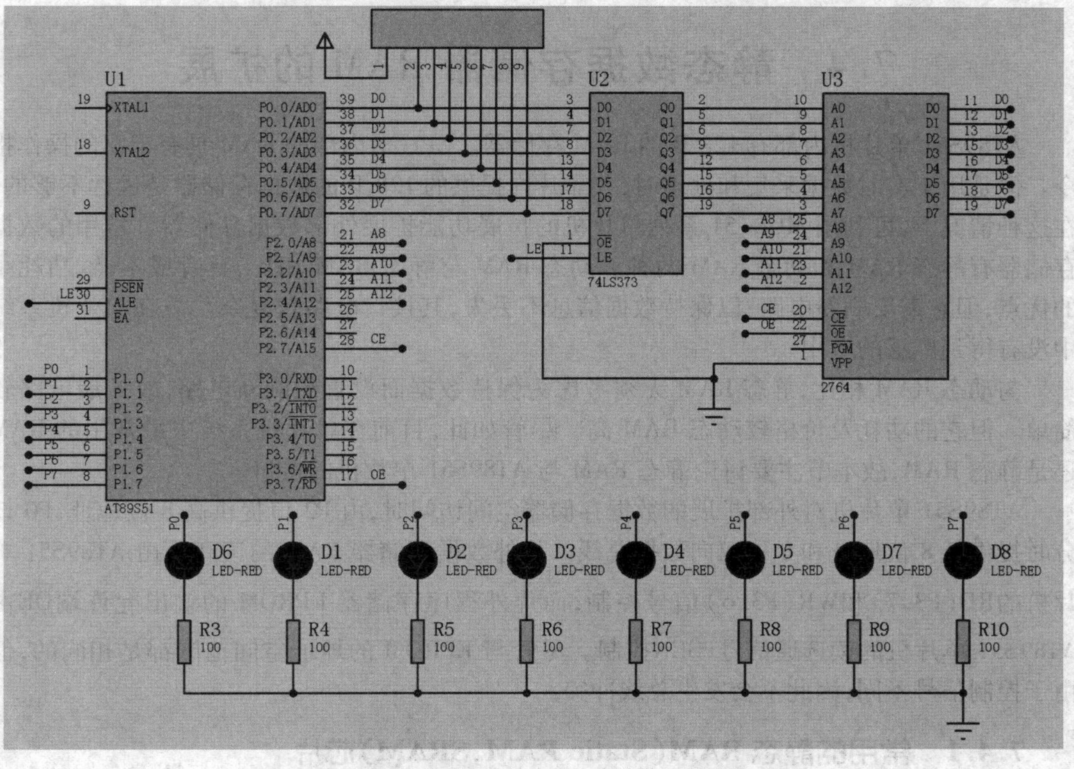

图 7.14　AT89S51 单片机与 2764 的接口电路仿真图

利用 27128 芯片扩展 64 KB 的 EPROM 程序存储器的方法。片选信号由译码选通法产生。4 片 27128 芯片各自所占的地址空间，请读者自己分析。

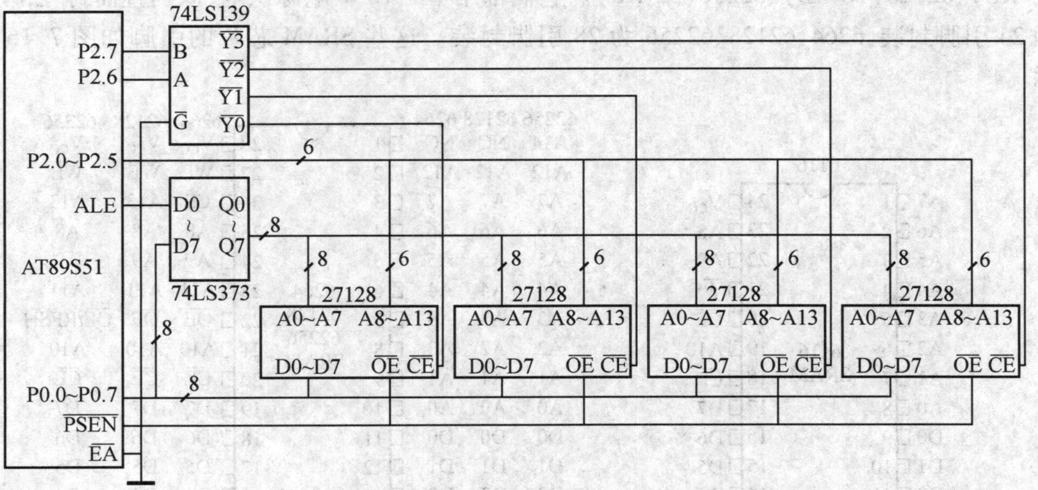

图 7.15　AT89S51 单片机与 4 片 27128 芯片的接口电路

7.4 静态数据存储器 RAM 的扩展

AT89S51 单片机内部有 128 B 的 RAM 存储器。CPU 对内部的 RAM 具有丰富的操作指令。但是用于实时数据采集和处理时,仅靠片内提供的 128 B 的数据存储器是远远不够的。在这种情况下,可利用 MCS-51 系列单片机的扩展功能扩展外部数据存储器。常用的数据存储器有静态 RAM 和动态 RAM 两种。动态 RAM 与静态 RAM 相比,具有成本低、功耗小的优点,但它需要刷新电路,以保持数据信息不丢失,其接口电路较复杂。故在单片机系统中没有得到广泛的应用。

与动态 RAM 相比,静态 RAM 无须考虑为保持数据而设置的刷新电路,故扩展电路较简单。但它的功耗及价格较动态 RAM 高。尽管如此,目前在单片机系统中最常用的 RAM 还是静态 RAM,故本节主要讨论静态 RAM 与 AT89S51 单片机的接口。

AT89S51 单片机对外部扩展的数据存储器空间访问时,由 P2 口提供高 8 位地址,P0 口分时提供低 8 位地址和 8 位双向数据总线。片外数据存储器 RAM 的读和写由 AT89S51 单片机的$\overline{RD}$(P3.7)和$\overline{WR}$(P3.6)信号控制,而片外程序存储器 EPROM 的输出允许端$\overline{OE}$由 AT89S51 单片机的读选通信号$\overline{PSEN}$控制。尽管与 EPROM 的地址空间范围都是相同的,但由于控制信号不同,因此不会发生总线冲突。

7.4.1 常用的静态 RAM(Static RAM,SRAM)芯片

在单片机应用系统中,SRAM 是最常见的,由于这种存储器的设计无须考虑刷新问题,因此它与微处理器的接口很简单。常用的 SRAM 芯片的典型型号有 6116(2 KB)、6264(8 KB)、62128(16 KB)、62256(32 KB)。它们都用单一+5 V 电源供电,双列直插封装,6116 为 24 引脚封装,6264、62128、62256 为 28 引脚封装。这些 SRAM 芯片的引脚如图 7.16 所示。

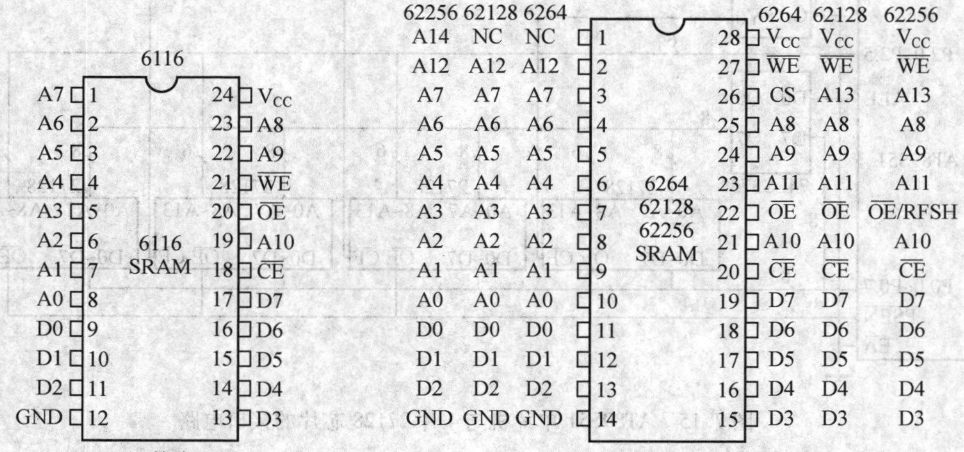

(a) 6116管脚配置　　(b) 6264/62128/62256管脚配置

图 7.16　常用 SRAM 芯片的引脚图

图 7.16 中的各 SRAM 引脚功能如下：

(1)A0 ~ A14 为地址输入线。

(2)D0 ~ D7 为双向三态数据线。

(3)$\overline{CE}$为片选信号，低电平有效。对于 6264 芯片，当 26 脚(CS)为高电平且$\overline{CE}$为低电平时才选中该片 SRAM。

(4)$\overline{OE}$为读选通信号，低电平有效。

(5)$\overline{WE}$为写允许信号，低电平有效。

(6)V_{CC}为工作电源，+5 V。

(7)GND 为地。

SRAM 有读出、写入、维持 3 种工作方式，这些工作方式的控制见表 7.6。

表 7.6　6116/6264/62256 芯片 3 种工作方式的控制

方式	$\overline{CE}$	$\overline{OE}$	$\overline{WE}$	D0 ~ D7
读	0	0	1	数据输出
写	0	1	0	数据输入
* 维持	1	×	×	高阻态

注：* 表示对于 CMOS 的数据也不会丢失的静态 RAM，$\overline{CE}$为高电平，电路处于降耗状态。此时，V_{CC}电压可降至 3 V 左右，内部所存储的数据不会丢失

7.4.2　外扩数据存储器的读/写操作时序

AT89S51 单片机对片外 RAM 的读和写两种操作时序的基本过程是相同的。

1. 读片外 RAM 操作时序

AT89S51 单片机若外扩一片 RAM，应将其$\overline{WR}$引脚与 RAM 芯片的$\overline{WE}$引脚连接，$\overline{RD}$引脚与芯片$\overline{OE}$引脚连接。ALE 信号的作用是锁存低 8 位地址。AT89S51 单片机读片外 RAM 的操作时序如图 7.17 所示。

在第一个机器周期的 S1 状态，ALE 信号由低电平变为高电平(见①处)，读 RAM 周期开始。在 S2 状态，CPU 把低 8 位地址送到 P0 口上，把高 8 位地址送至 P2 口。ALE 的下降沿(见②处)用来把低 8 位地址信息锁存到外部锁存器 74LS373 内，而高 8 位地址信息一直锁存在 P2 口锁存器中(见③处)。

在 S3 状态，P0 口变成高阻悬浮状态(见④处)。在 S4 状态，执行从外部存储器读指令后使$\overline{RD}$信号变为有效(见⑤处)，$\overline{RD}$信号使被寻址的片外 RAM 片刻后把数据送至 P0 口(见⑥处)，当$\overline{RD}$回到高电平后(见⑦处)，P0 口变为高阻悬浮状态(见⑧处)。至此，读片外 RAM 周期结束。

2. 写片外 RAM 操作时序

向片外 RAM 写(存)数据，是 AT89S51 单片机执行向片外写指令后产生的动作。这条指令执行后，AT89S51 单片机的$\overline{WR}$信号为有效低电平，此信号使 RAM 的$\overline{WE}$端被选通。写片外 RAM 的操作时序如图 7.18 所示。开始的过程与读过程类似，但写的过程是 CPU 主动

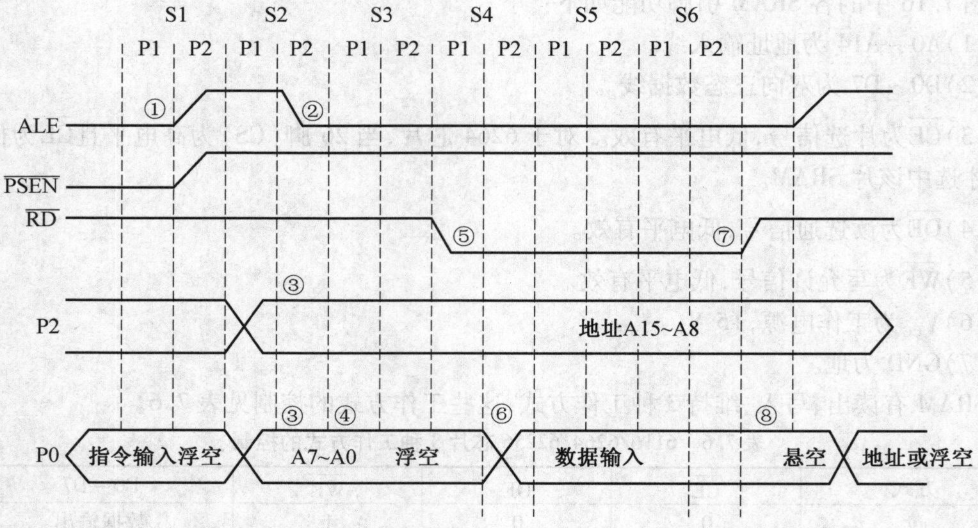

图 7.17　AT89S51 单片机读片外 RAM 的操作时序图

把数据送至 P0 口，故在时序上，CPU 先向 P0 口总线上送完 8 位地址后，在 S3 状态就将数据送到 P0 口（见③处）。此间，P0 口总线上不会出现高阻悬浮现象。在 S4 状态，写控制信号 $\overline{WR}$有效（见⑤处），选通片外 RAM，稍过片刻，P0 口上的数据就写到 RAM 内了，然后写控制信号$\overline{WR}$变为无效（见⑥处）。

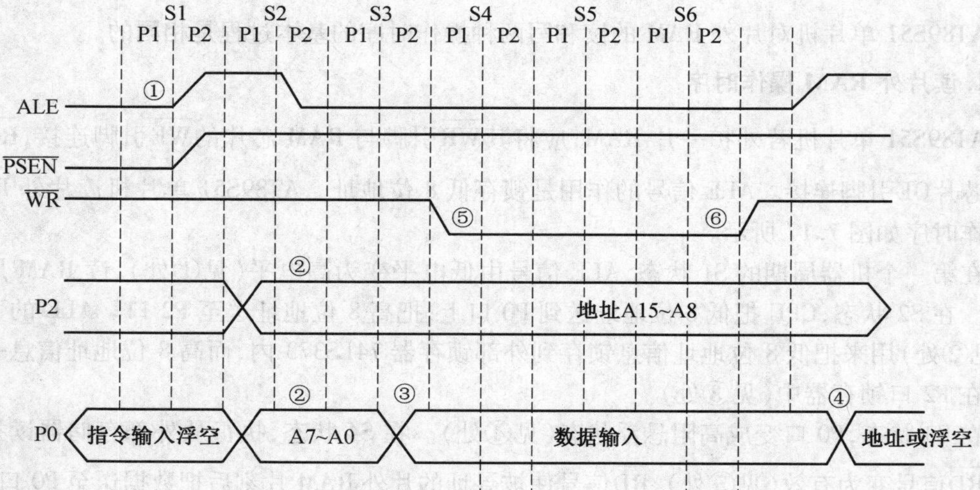

图 7.18　AT89S51 单片机写片外 RAM 的操作时序图

7.4.3　单片机与 RAM 的接口电路

数据存储器扩展与程序存储器扩展的连接方法基本相同。由 P2 口提供高 8 位地址,P0 口分时提供低 8 位地址和作为 8 位双向数据总线。不同的只是控制信号不一样。在程序存储器扩展中,单片机使用$\overline{PSEN}$作为读选通信号,对片外 RAM 的读和写由 AT89S51 单片机的$\overline{RD}$(P3.7)和$\overline{WR}$(P3.6)信号控制,片选端$\overline{CE}$由地址译码器的译码输出控制。因此,设计单片机与 RAM 的接口时,主要解决地址分配、数据线和控制信号线的连接问题。

图 7.19 所示为用线选法扩展 AT89S51 单片机外部数据存储器的电路图。图中,数据存储器选用 6264,该芯片地址线为 A0 ~ A12,故 AT89S51 单片机剩余地址线为 3 条。用线选法可扩展 3 片 6264,它们对应的存储器空间见表 7.7。用译码法扩展外部数据存储器的电路如图 7.20 所示。图中,数据存储器选用 62128,该芯片地址线为 A0 ~ A13,这样,AT89S51 单片机剩余地址线为两条,若采用 2 线–4 线译码器可扩展 4 片 62128。各 62128 芯片地址分配见表 7.8。

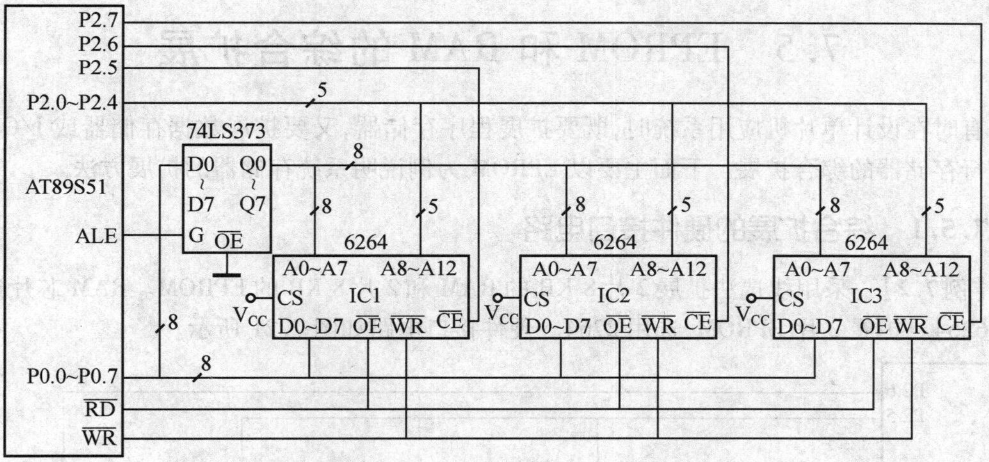

图 7.19　用线选法扩展 AT89S51 单片机外部数据存储器的电路图

表 7.7　3 片 6264 芯片对应的存储空间表

P2.7	P2.6	P2.5	选中芯片	地址范围	存储容量/KB
1	1	0	IC1	C000H ~ DFFFH	8
1	0	1	IC2	A000H ~ BFFFH	8
0	1	1	IC3	6000H ~ 7FFFH	8

表 7.8　各 62128 芯片地址分配

2 线–4 线译码器输入 P2.7	P2.6	2 线–4 线译码器有效输出	选中芯片	地址范围	存储容量/KB
0	0	$\overline{Y0}$	IC1	0000H ~ 3FFFH	16
0	1	$\overline{Y1}$	IC2	4000H ~ 7FFFH	16
1	0	$\overline{Y2}$	IC3	8000H ~ BFFFH	16
1	1	$\overline{Y3}$	IC4	C000H ~ FFFFH	16

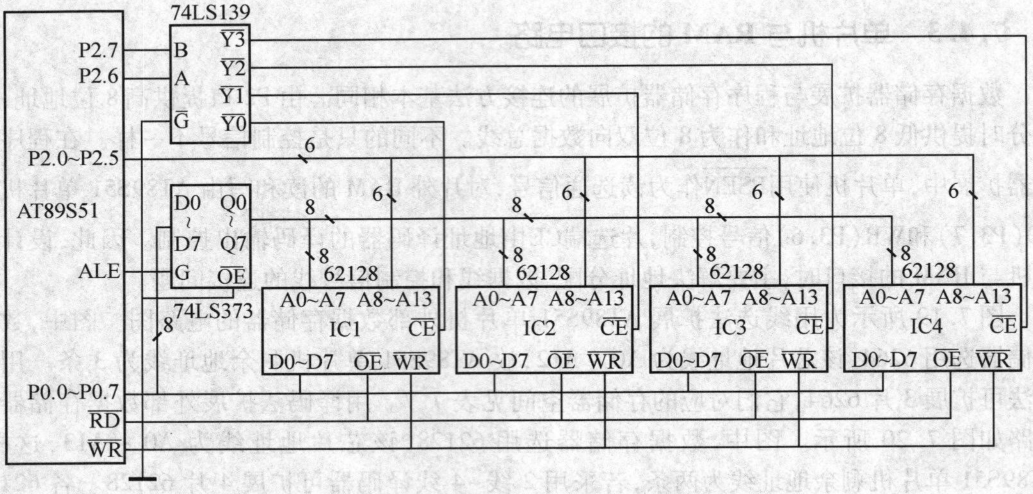

图 7.20　用译码法扩展外部数据存储器的电路图

7.5　EPROM 和 RAM 的综合扩展

有时在设计单片机应用系统时，既要扩展程序存储器，又要扩展数据存储器或 I/O 口，即进行存储器的综合扩展。下面主要以 EPROM 为例说明系统存储器的扩展方法。

7.5.1　综合扩展的硬件接口电路

【例 7.2】　采用线选法扩展 2 片 8 KB 的 RAM 和 2 片 8 KB 的 EPROM。RAM 芯片选用 2 片 6264。扩展 2 片 EPROM，选用 2764。硬件接口电路如图 7.21 所示。

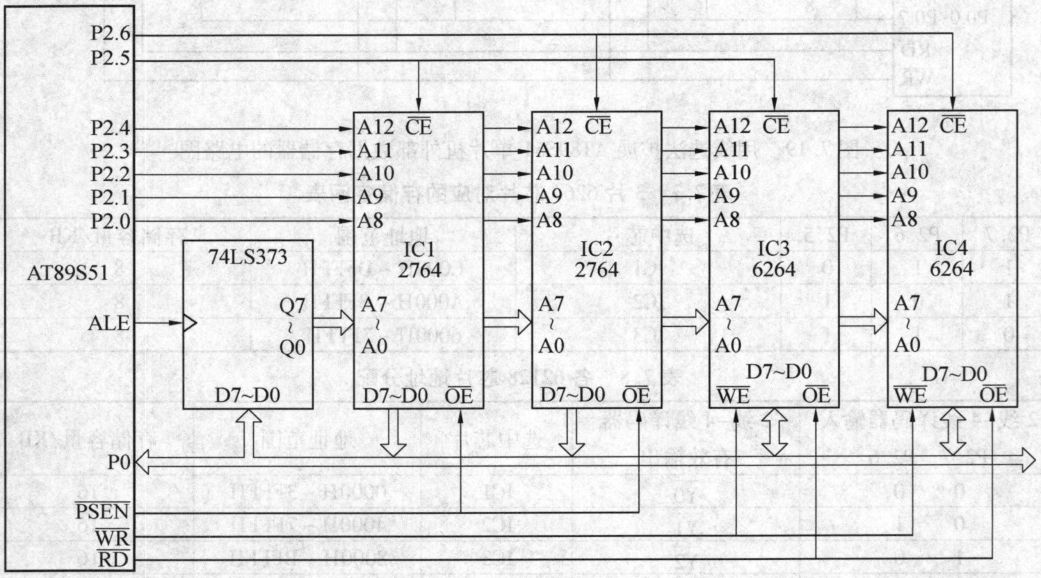

图 7.21　采用线选法综合扩展的硬件接口电路

(1)控制信号及片选信号。地址线 P2.5 直接接到 IC1(2764)和 IC3(6264)的片选端 $\overline{CE}$，P2.6 直接接到 IC2(2764)和 IC4(6264)的片选端 $\overline{CE}$ 上。当 P2.6=0、P2.5=1 时，IC2 和 IC4 的片选端($\overline{CE}$)为低电平，IC1 和 IC3 的 $\overline{CE}$ 端全为高电平；当 P2.6=1、P2.5=0 时，IC1 和 IC3 的 $\overline{CE}$ 端都是低电平，IC2 和 IC4 的 $\overline{CE}$ 端全为高电平。每次同时选中两个芯片，具体对哪个芯片进行读/写操作还要通过 $\overline{PSEN}$、$\overline{WR}$、$\overline{RD}$ 端来控制。当 $\overline{PSEN}$ 端为低电平时，到片外程序存储区 EPROM 中读程序；当 $\overline{RD}$ 或 $\overline{WR}$ 端为低电平时，则对片外 RAM 读数据或写数据。$\overline{PSEN}$、$\overline{WR}$、$\overline{RD}$ 这 3 个信号是在执行指令时产生的，任意时刻只能执行一条指令，只能有一个信号有效，不可能同时有效，所以不会发生数据冲突。

(2)各芯片地址空间分配。硬件电路一旦确定，各芯片的地址范围实际上就已经确定，编程时只要给出所选择芯片的地址，就能对该芯片进行访问。以下结合图 7.21，介绍 IC1、IC2、IC3、IC4 芯片地址范围的确定方法。程序和数据存储器地址均用 16 位，P0 口确定低 8 位，P2 口确定高 8 位。如果 P2.6=0、P2.5=1，选中 IC2、IC4。地址线 A15 ~ A0 与 P2、P0 口的对应关系见表 7.9。

表 7.9　地址线 A15 ~ A0 与 P2、P0 口的对应关系

P2.7	P2.6	P2.5	P2.4	P2.3	P2.2	P2.1	P2.0	P0.7	P0.6	P0.5	P0.4	P0.3	P0.2	P0.1	P0.0
1	0	1	×	×	×	×	×	×	×	×	×	×	×	×	×

显然除 P2.6、P2.5 固定外，其他"×"位均可变。设无用位 P2.7=1，当"×"各位全为 0 时，则为最小地址 A000H；当"×"均为 1 时，则为最大地址 BFFFH。所以 IC2、IC4 占用的地址空间为 A000H ~ BFFFH 共 8 KB。同理 IC1、IC3 的地址范围为 C000H ~ DFFFH。4 片存储器各自所占的地址空间见表 7.10。

表 7.10　4 片存储器各自所占的地址空间

芯片	地址范围
IC4	A000H ~ BFFFH
IC3	C000H ~ DFFFH
IC2	A000H ~ BFFFH
IC1	C000H ~ DFFFH

IC2 与 IC4 占用相同的地址空间，由于二者中一个为程序存储器，一个为数据存储器，3 条控制线 $\overline{PSEN}$、$\overline{WR}$、$\overline{RD}$ 只能有一个有效。因此，即使地址空间重叠，也不会发生数据冲突。IC1 与 IC3 也同样如此。

上面介绍的是采用线选法进行地址空间分配的示例，下面介绍采用译码法进行地址空间分配的例子。

【例 7.3】　采用译码法扩展 2 片 8 KB 的 EPROM 和 2 片 8 KB 的 RAM。

EPROM 选用 2764，RAM 选用 6264，共扩展 4 片芯片，其综合扩展接口电路如图 7.22 所示。图中，74LS139 的 4 个输出端($\overline{Y0}$ ~ $\overline{Y3}$)分别连接 4 个芯片 IC1、IC2、IC3、IC4 的片选端($\overline{CE}$)。74LS139 的真值表见表 7.2。74LS139 在对输入端译码时，$\overline{Y0}$ ~ $\overline{Y3}$ 每次只能有一位

输出为 0,其他 3 位全为 1,输出为 0 的一端所连接的芯片被选中。

译码法地址分配,首先要根据译码芯片真值表确定译码芯片的输入状态,由此再判断其输出端选中的芯片的地址。

如图 7.22 所示,74LS139 的输入端 A、B、$\overline{G}$ 分别接 P2 口的 P2.5、P2.6、P2.7 端,$\overline{G}$ 为使能端,低电平有效。根据表 7.2 中 74LS139 的真值表可见,当 $\overline{G}$=0、A=0、B=0 时,输出端只有 $\overline{Y0}$ 为 0,$\overline{Y1}$ ~ $\overline{Y3}$ 全为 1,选中 IC1。这样,P2.7、P2.6、P2.5 全为 0,P2.4 ~ P2.0 与 P0.7 ~ P0.0 这 13 条地址线的任意状态都能选中 IC1 的某一单元。当 13 条地址线全为 0 时,为最小地址(0000H);当 13 条地址线全为 1 时,为最大地址(1FFFH),所以 IC1 芯片的地址范围为 0000H ~ 1FFFH。同理可确定电路中各个存储器的地址范围,见表 7.11。

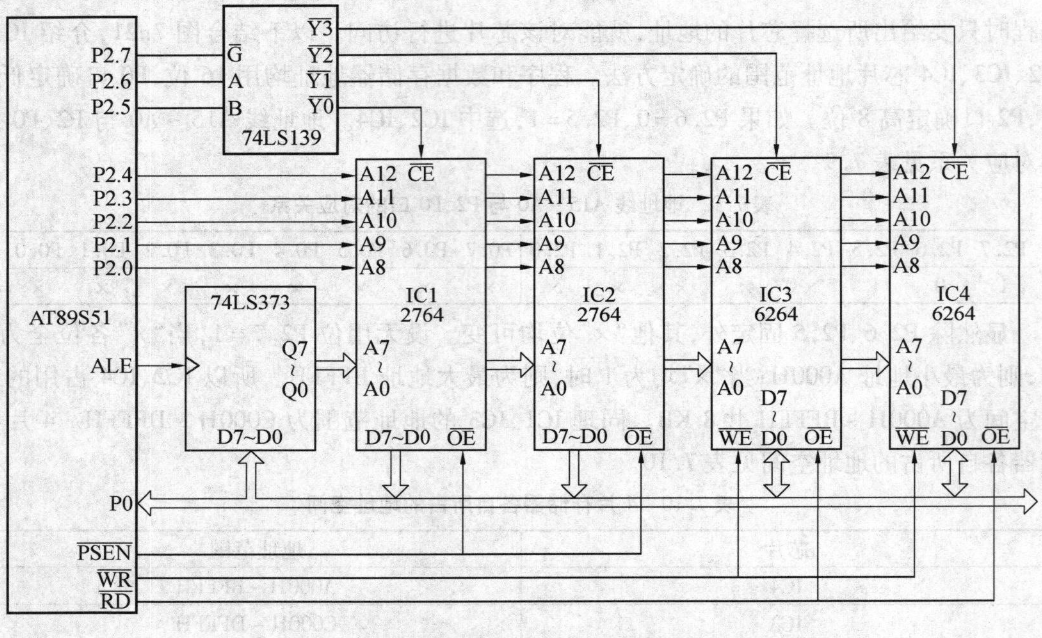

图 7.22　采用译码法的综合扩展接口电路图

表 7.11　4 片存储器芯片地址空间分配

芯片	地址范围
IC4	6000H ~ 7FFFH
IC3	4000H ~ 5FFFH
IC2	2000H ~ 3FFFH
IC1	0000H ~ 1FFFH

由表 7.11 可见,译码法进行地址分配,各芯片的地址空间是连续的。

7.5.2　扩展存储器电路的工作原理及软件设计

在熟练掌握扩展存储器的地址分配方法以及 CPU 和锁存器的引脚功能以后,选择合适的芯片就可以扩展外部存储器。以下结合图 7.22 所示的译码电路,说明片外读指令和从片外读/写数据的过程。

1. 单片机片外程序区读指令过程

当接通电源且单片机上电复位后，程序计数器 PC = 0000H，CPU 就从 0000H 地址开始取指令，执行程序。在取指令期间，PC 低 8 位地址送往 P0 口，经锁存器锁存作为低 8 位地址 A0 ~ A7 输出。PC 高 8 位地址送往 P2 口，直接由 P2.0 ~ P2.4 锁存到 A8 ~ A12 地址线上，P2.5 ~ P2.7 输入给 74LS139 进行译码输出片选。这样，根据 P2 口、P0 口状态则选中了第一个程序存储器芯片 IC1(2764)的第一个单元地址 0000H。然后，当 $\overline{PSEN}$ 变为低电平时，把 0000H 中的指令代码经 P0 口读入内部 RAM 中进行译码，从而决定进行何种操作。取出一个指令字节后 PC 自动加 1，然后取第二个字节，依次类推。当 PC = 1FFFH 时，从 IC1 最后一个单元取指令，然后 PC = 2000H，CPU 向 P2 口、P0 口送出 2000H 地址时，则选中第二个程序存储器 IC2，IC2 的地址范围为 2000H ~ 3FFFH，读指令过程同 IC1，这里不再赘述。

2. 单片机片外数据区读/写数据过程

当程序运行中执行“ *p= *q;”指令时，表示将片外数据存储区起始地址为 0000H 的 128 B 数据读出并写入到片外数据存储区以 2000H 为起始地址的存储单元中，程序如下：

```
#include <reg51.h>
#include <absacc.h>
main()
{
unsigned char xdata *q=0x0000;
unsigned char xdata *p=0x2000;
int i;
for(i=0;i<128;i++)
{
 *p= *q;
p++;
q++;
}
}
```

数据传送的结果用 Keil 软件进行仿真调试，片外数据存储器数据变化情况如图 7.23 所示。

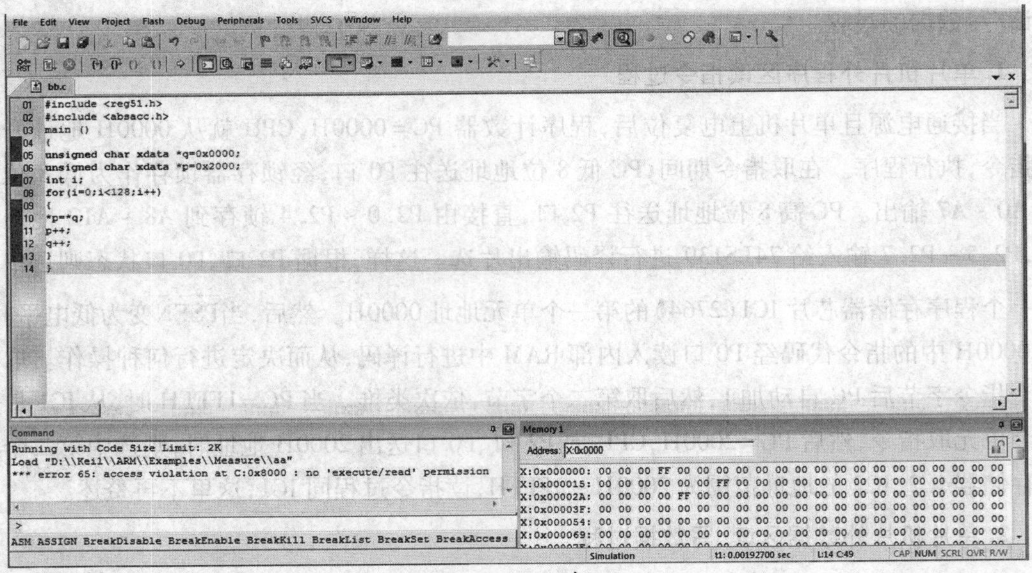

(a) 0x000000起

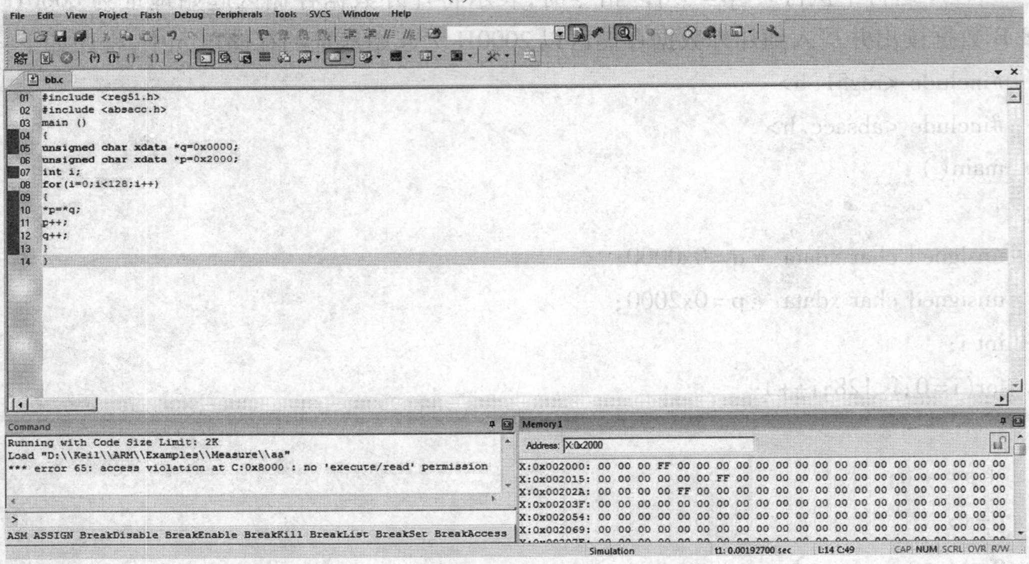

(b) 0x002000起

图 7.23　片外数据存储器数据变化情况

7.6　EEPROM 的扩展

EEPROM 是电可擦可编程只读存储器，其突出优点是能够在线擦除和改写，无须像 EPROM 那样必须用紫外线照射才能擦除。较新的 E^2PROM 产品在写入时能自动完成擦除，且不再需要专用的编程电源，可以直接使用单片机系统的 5 V 电源。因此，适用于以单片机为核心的智能仪器仪表、工业监控、家用电器等应用系统中。EEPROM 既具有 ROM 的非易失性的优点，又能像 RAM 一样随机地进行读/写，每个单元可重复进行一万次改写，保留信息的时间长达 20 年,不存在 EPROM 在日光下信息缓慢丢失的问题。此外,EEPROM 既可以扩展为片外 EPROM,也可以扩展为片外 RAM,这使单片机系统的设计,特别是调试实验更为方便、灵活。在调试程序时,用 EEPROM 代替仿真 RAM,既可方便地修改程序,又能保存调试好的程序。当然,与 RAM 芯片相比,EEPROM 的写操作速度是很慢的。另外,它的擦除/写入是有寿命限制的,虽然有一万次之多,但也不宜用在数据频繁更新的场合。因此,应注意平均地使用各单元,不然有些单元可能会提前结束寿命。

在与单片机的连接上,EEPROM 有并行和串行之分,并行 EEPROM 的速度比串行快,容量大。例如,并行的 EEPROM2864 的容量为 8 KB×8 位,很多情况下需要与单片机的接口连线少,这时可选用串行 I^2C 接口的 EEPROM。目前比较流行的是 24 系列的 EEPROM,主要由 Atmel、Microchip 等几家公司提供。串行 I^2C 接口扩展将在第 11 章中介绍。本节只介绍 AT89S51 单片机与并行 EEPROM 芯片的接口设计与编程。

7.6.1　并行 EEPROM 芯片简介

常见的并行 EEPROM 芯片有 2816/2816A、2817/2817A、2864A 等。这些芯片的引脚如图 7.24 所示,其主要性能见表 7.12(表中芯片均为 Intel 公司产品)。

表 7.12　EEPROM 的主要性能

参数	器件型号				
	2816	2816A	2817	2817A	2864A
取数时间/ns	250	200/250	250	200/250	250
读操作电压/V	5	5	5	5	5
写/擦操作电压/V	21	5	21	5	5
字节擦除时间/ms	10	9～15	10	10	10
写入时间/ms	10	9～15	10	10	10
容量/KB	2	2	2	2	8
封装	DIP 24	DIP 24	DIP 28	DIP 28	DIP 28

在芯片的引脚设计上,2 KB 的 EEPROM(2816)与相同容量的 EPROM(2716)和静态 RAM(6116)是兼容的,8 KB 的 EEPROM(2864A)与同容量的 EPROM(2764A)和静态 RAM(6264)也是兼容的。所以,这里把 EEPROM 归并到数据存储器类,当然也可以将其归并到 ROM 类。上述这些特点给硬件线路的设计和调试带来了不少方便。2816、2817 和 2864A 的取数时间均为 250 ns。

7.6.2　EEPROM 的工作方式

2864A 有 4 种工作方式,下面对 EEPROM(2864A)的工作方式进行详细说明。

1. 维持方式

当 $\overline{CE}$ 为高电平时,2864A 进入低功耗维持方式。此时,输出线呈高阻态,芯片的电流从 140 mA 降至维持电流 60 mA。

2. 读方式

当 $\overline{CE}$ 和 $\overline{OE}$ 均为低电平而 $\overline{WE}$ 为高电平时,内部的数据缓冲器被打开,数据送上总线,此

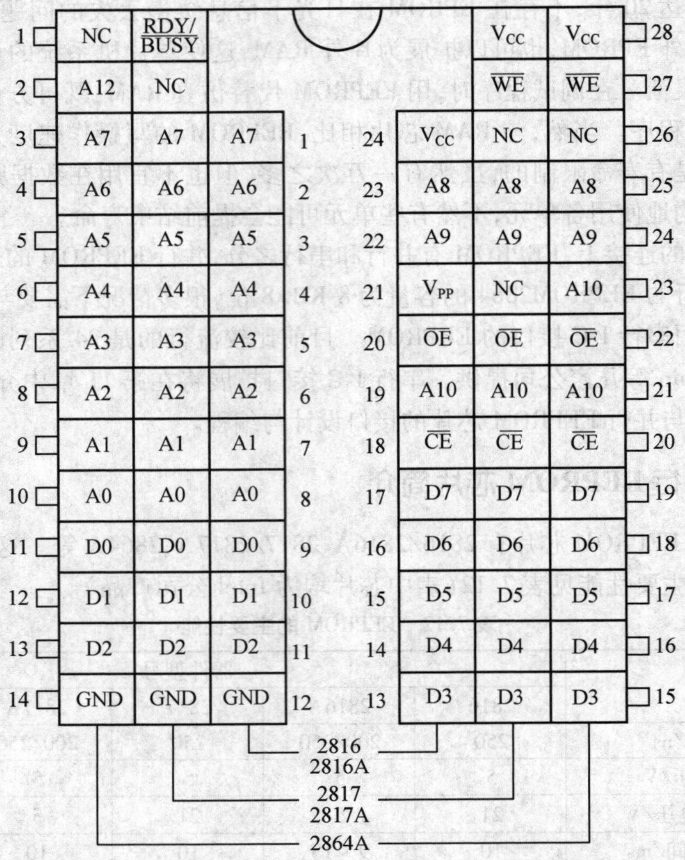

图 7.24　常见的并行 EEPROM 引脚

时可进行读操作。

3. 写方式

2864A 提供了两种数据写入方式：页写入和字节写入。

(1) 页写入。

为了提高写入速度，2864A 片内设置了 16 字节的“页缓冲器”，并将整个存储器阵列划分成 512 页，每页 16 个字节。页的区分可由地址线的高 9 位（A12 ~ A4）来确定，地址线的低 4 位（A3 ~ A0）用以选择页缓冲器中的 16 个地址单元之一。

对 2864A 的写操作可分成两步来实现：第一步，在软件控制下把数据写入页缓冲器，这步称为页装载，与一般的静态 RAM 写操作是一样的；第二步，在最后一个字节（即第 16 个字节）写入到页缓冲器后 20 ns 自动开始，把页缓冲器的内容写到 EEPROM 阵列中对应地址的单元中，这一步称为页存储。

写方式时，$\overline{CE}$为低电平，在$\overline{WE}$下降沿，地址码 A12 ~ A0 被片内锁存器锁存，在$\overline{WE}$上升沿时数据被锁存。片内还有一个字节装载限时定时器，只要时间未到，数据可以随机地写入页缓冲器。在连续向页缓冲器写入数据的过程中，不用担心限时定时器会溢出，因为每当$\overline{WE}$下降沿时，限时定时器自动被复位并重新启动计时。限时定时器要求写入一个字节数据的操作时间（T_{BLW}），且满足 3 μs<T_{BLW}<20 μs，这是正确完成对 2864A 页面写入操作的关键。当一页装载完毕，不再有$\overline{WE}$信号时，限时定时器将溢出，于是页存储操作随即自动开始。首先，把选中页的内容擦除；然后，写入的数据由页缓冲器传递到 EEPROM 阵列中。

（2）字节写入。

字节写入的过程与页写入过程类似，不同的是仅写入一个字节，限时定时器就溢出。

4. 数据查询方式

数据查询是指用软件来检测写操作中的页存储周期是否完成。在页存储期间，如对 2864A 执行读操作，那么读出的是最后写入的字节，若芯片的转储工作未完成，则读出数据的最高位是原来写入字节最高位的反码。据此，单片机可判断芯片的编程是否结束。如果读出的数据与写入的数据相同，表示芯片已完成编程，单片机可继续向 2864A 装载下一页数据。上面介绍的 EEPROM 都是针对 Intel 公司的产品，其他公司的产品不一定相同，如市场上常见的 SEEQ 公司的 2864 只有字节写入方式，没有页写入方式，也没有数据查询功能。这时，可采取延时的方法解决可靠写入 EEPROM 数据的问题。

7.6.3　AT89S51 单片机扩展 EEPROM（2864A）的设计

图 7.25 所示为 2864A 与 AT89S51 单片机的接口电路。高地址线 P2.7 与 2864A 的$\overline{CE}$端连接，P2.7＝0 才能选中 2864A。这种线选法决定了 2864A 对应多组地址空间，即 0000H～1FFFH，2000H～3FFFH，4000H～5FFFH，6000H～7FFFH。当系统中有其他 ROM 和 RAM 存储器时，要统一考虑编址问题。

由于 2864A 构成的 8 KB 存储器可作为数据存储器使用，因此掉电后数据不丢失。

参考程序如下：

```
#include <reg51.h>
#include <absacc.h>
#define uchar unsigned char
#define uint unsigned int
void Delay(uint t)
{
uint i,j,k;
for(i=2;i>0;i--)
for(j=46;j>0;j--)
for(k=t;k>0;k--);
}
void main()
{
uint i;
uchar temp;
for(i=0;i<64;i++)//向 2864A 芯片的 0x0000 地址开始写入 1～64
{
```

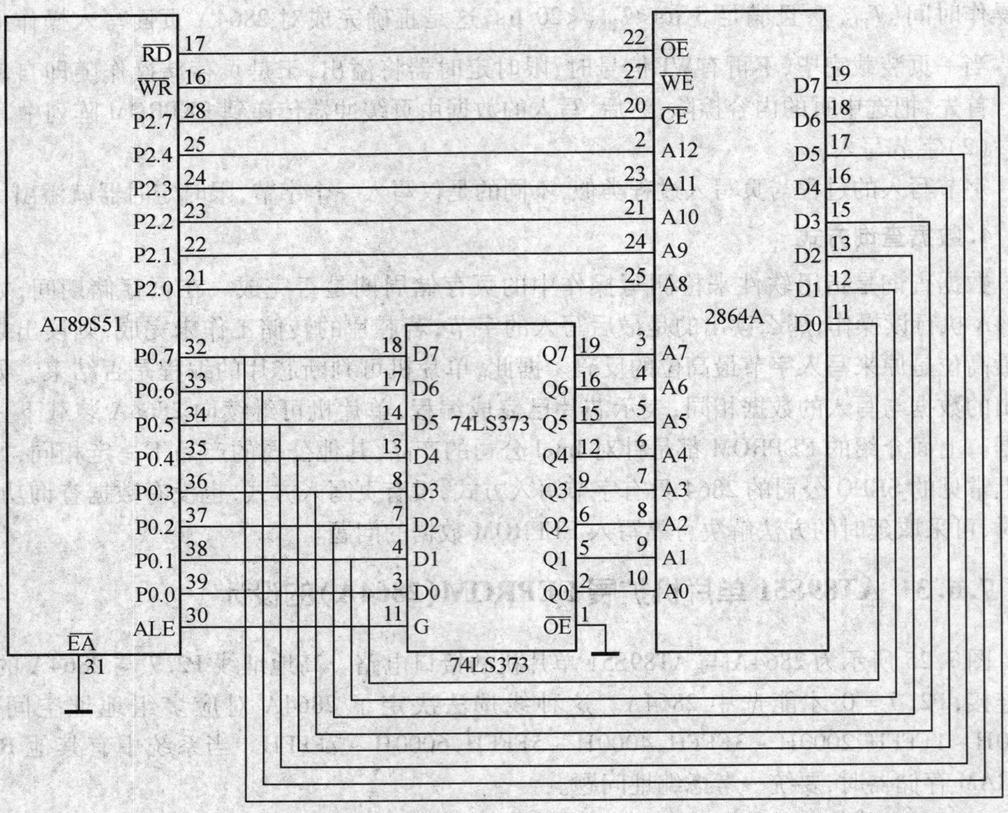

图 7.25　2864A 与 AT89S51 单片机的接口电路

```
XBYTE[i]=i+1;
temp=XBYTE[i];
Delay(200);
}
for(i=0;i<64;i++)//将 2864A 芯片中的 1~64 反向复制到地址 0x0080 开始处
{
XBYTE[i+0x0080]=XBYTE[63-i];
temp=XBYTE[i+0x0080];//反向读取 2864A 芯片数据
delay(200);
}
while(1);
}
```

程序说明：主程序中共有两个 for 循环，第一个 for 循环完成将数据 1~64 写入起始地址为 0x0000 的 64 个单元中，第二个 for 循环完成将这 64 个字节数据 64~1 反向复制到起始地址 0x0080 开始的 64 个单元中。

7.7 片内 Flash 存储器的编程

AT89S51 单片机片内 Flash 存储器的容量为 4 KB,如何把已经调试完毕的程序写入到 Flash 存储器,解决 AT89S51 单片机的 Flash 存储器编程问题,是本节需要考虑的内容。

AT89S51 单片机片内 Flash 存储器的特性如下:

(1)易更新性,可循环写入/擦除 1 000 次。

(2)固有不挥发性,存储器数据保存时间为 10 年。

(3)保密性高,程序存储器具有 3 级加密保护。

(4)成本低、密度高、可靠性好。

AT89S51 单片机芯片出厂时,Flash 存储器处于全部空白状态(各个单元均为 FFH),可直接进行编程。若 Flash 存储器不全为空白状态(即单元中有不是 FFH 的),应该首先将芯片擦除(即各个单元均为 FFH),方可向其写入调试通过的程序。

AT89S51 单片机芯片内的 Flash 存储器有 3 个可编程的加密位,定义了 3 个加密级别,用户只要对 3 个加密位(LB1、LB2、LB3)进行编程即可实现 3 个不同级别的加密。3 个加密位的状态可以是编程(P)或不编程(U),3 个加密位的状态所提供的 3 个级别的加密功能见表7.13。

表 7.13　加密位的 3 级加密类型

类型	程序加密位			加密保护功能
	LB1	LB2	LB3	
1	U	U	U	无程序加密特性
2	P	U	U	禁止片外程序存储器中的 MOVC 指令从片内 Flash 存储器读取程序代码;禁止片内 Flash 存储器编程;在复位脉冲期间,$\overline{EA}$被采样并锁存
3	P	P	U	与类型 2 相同,但校验也被禁止
4	P	P	P	与类型 3 相同,并禁止执行片外程序

对 3 个加密位的编程可参照表 7.14 所列的控制信号电平来进行,开发者也可按照所购买的编程器的菜单,选择加密功能选项(如果有的话)。经过上述的加密处理,使解密的难度加大,但还是可以解密的。现在还有一种非恢复性加密(OTP 加密)方法,就是将 AT89S51 单片机的第 31 脚($\overline{EA}$)烧断或某些数据线烧断,经过上述处理后的芯片仍然正常工作,但不再具有读取、擦除、重复烧写等功能。这是一种较强的加密手段。国内某些厂家的编程器直接具有此功能。

表 7.14　加密位的编程

	RST	$\overline{PSEN}$	ALE/$\overline{PROG}$	$\overline{EA}/V_{PP}$	P2.6	P2.7	P3.6	P3.7
LB1	H	L	负脉冲	V_{PP}	H	H	H	H
LB2	H	L	负脉冲	V_{PP}	H	H	L	L
LB3	H	L	负脉冲	V_{PP}	H	L	H	L

AT89S51 单片机的片内 Flash 存储器有低电压编程(V_{PP} = 5 V)和高电压编程(V_{PP} =

12 V)两类芯片。低电压编程可用于在线编程,高电压编程与一般常用的 EPROM 编程器兼容。在 AT89S51 单片机芯片的封装面上都标有低电压编程或高电压编程的标志。

AT89S51 单片机的应用程序在 PC 机中与在线仿真器以及用户目标板一起调试通过后,PC 机中调试完毕的程序代码文件(.Hex 目标文件)必须写入到 AT89S51 单片机的片内 Flash 存储器中。目前常用的编程方法主要有两种:一种是使用通用编程器进行编程,另一种是使用下载型编程器进行编程。下面介绍如何对 AT89S51 单片机的片内 Flash 存储器进行编程。

7.7.1 通用编程器编程

用通用编程器编程的方法就是在下载程序时,编程器只是将 AT89S51 单片机看作一个待写入程序的外部程序存储器芯片。PC 机中的程序代码一般通过串行口或 USB 口与 PC 机连接,并有相应的服务程序。在编程器与 PC 机连接好以后,运行服务程序,在服务程序中先选择所要编程的单片机型号,再调入.Hex 目标文件,编程器就将目标文件烧录到单片机片内的 Flash 存储器中。开发者只需在市场上购买现成的编程器。下面以 EasyPROL+通用编程器为例,介绍编程器的基本功能。

EasyPROL+具有领先的管脚检测,插片自动启动功能使操作变得快捷方便,真正实现了编程智能化。编程时序库由上位机存储,升级仅需下载免费软件,上位软件的灵活设计为编程器带来无限潜力,适应未来发展。

EasyPROL+编程器的性能特点如下:

(1)支持 8 000 多种常用单片机及存储器,并且软件在不断升级中。

(2)顶级进口锁紧座:选用售价最高、手感最舒适、品质最可靠的 Aries 公司研制的 48PIN 锁紧座,为了使产品更人性化、用户更好地放置芯片,提高烧写速度,特将锁紧座的手柄改到“左边并加长”。

(3)领先的造型设计:吸取了制造电子产品外壳开模的经验,倾注了全新的工业设计思想与理念,从人机工程学的角度出发,更加注重人性化,造型更加流畅美观。

(4)领先的技术保障:吸取世界先进编程器优点,经过不断改进和测试,从研究器件特性和电路可靠性入手,全新设计的编程控制电路,把电路自身产生的噪声影响降到最低,同时保证每个控制电路工作点的波形准确无误,达到可靠烧写芯片的目的。

(5)48PIN 实现万能全驱,可用作数据总线、地址总线、控制总线、编程电压驱动总线和管脚接触不良测量专用总线等,编程电压、I/O 口电平随芯改变,自动适应。

(6)系统内部阈值可调的过流保护电路,彻底防止意外事件;主控芯片各端口设有过压保护电路,有效防止编程时的高压对编程器的冲击。

(7)无须使用昂贵的适配座,直接支持 1.8 V 低压器件,且编程性能可靠、稳定。

(8)采用 USB 口连接台式计算机或笔记本电脑。快速可靠,极大地节省了系统资源,保证编程的同时,其他程序可无障碍运行。

(9)管脚检测功能:可靠检测芯片的反插、错插及坏片,全面提升 OTP 芯片烧录的良品率,可与任何国际知名编程器媲美。

(10)人性化的软件界面:操作简单、方便、流畅,工作效率高,可提供编程文件管理程序,用户以项目方式管理编程文件。

(11)插片自动启动功能:支持自动烧写,大幅提高生产效率,有效地降低了生产成本。

由高速 MCU 产生芯片编程时序,完全符合芯片厂商提供的芯片编程算法及电气参数。编程稳定,不损伤编程芯片。

(12)由 PC 存储所有编程芯片的时序,编程芯片种类可由 PC 软件无限升级,用户将免费获取。

EasyPROL+编程器套件包括:EasyPROL+通用编程器一台,USB 通信电缆一条,DC20 V/500 mA电源适配器一只。使用编程器前应先进行硬件安装和软件安装。

EasyPROL+编程器支持的 MCU 编程芯片包括:

支持 Philips、Atmel、Winbond、HY、Microchip、Holtek、SST、ICSI、SYNCOMS、DALLAS 等各厂商的大多数 MCU 芯片。

EPROM、EEPROM、FLASH 芯片编程:支持 26、27、28、29、37、39、49 等系列 EPROM、EEPROM、FLASH 芯片;同时支持 24、25、34、45、93 系列芯片。

SRAM 芯片测试:支持 SRAM 芯片测试。

TTL/CMOS 电路测试:支持 74 系列、40 系列、45 系列等所有的 TTL/CMOS 电路测试。支持用户自定义的测试向量。

GAL/PLD/CPLD:支持常用 PLD 器件。

硬件安装时,首先,连接好电源适配器及 USB 通信线。此时编程器的红色电源指示灯亮,指示连接正常(点亮状态),绿色编程结果指示灯指示等待编程(点亮状态),通用编程器应用软件右下方通信状态指示通信正常(绿色);然后,进行编程器软件安装。PC 机电源接通后,进入 Windows 环境。编程器的软件安装与普通软件的安装方法相同。软件安装完毕后,自动在桌面上形成 EasyPROL+编程器的图标。点击 EasyPROL+编程器的图标,进入主菜单。主菜单有如下功能的快捷方式图标的命令可供选择:

(1)选择要进行编程芯片的厂家、类型、型号、容量等。

(2)要编程的内容调入缓冲区,进行浏览、修改操作。

(3)检查器件是否处于空白状态。

(4)可按照擦除、编程、校验等操作顺序自动完成对器件的全部操作过程。

(5)在操作序列下的全部选择前打勾,然后点击"运行"按钮,在右边会出现提示信息,所有的提示信息都显示成功之后,芯片烧写成功,否则芯片烧写失败。

以上的介绍可使读者对编程器的功能及使用有一初步了解。对于具体的使用,读者可详细阅读所购买的编程器的使用说明书。

7.7.2 ISP 编程

AT89S5X 系列单片机支持对片内 Flash 存储器在线可编程(ISP)。ISP 是指电路板上的被编程的空白器件可以直接写入程序代码,而不需要从电路板上取下器件,已经编程的器件也可以用 ISP 方式擦除或再编程。ISP 下载编程器可以自行制作,也可从电子市场购买。ISP 下载编程器与单片机一端连接的端口通常采用 Atmel 公司提供的接口标准,即 10 引脚的 IDC 端口。图 7.26 所示为 IDC 端口的定义。

采用 ISP 下载程序时,用户目标板上必须装有上述 IDC 端口,端口中各信号线必须与目标板上 AT89S51 单片机的对应引脚连接。注意,图中的 8 脚 P1.4($\overline{SS}$)端只是对 AT89LP 系

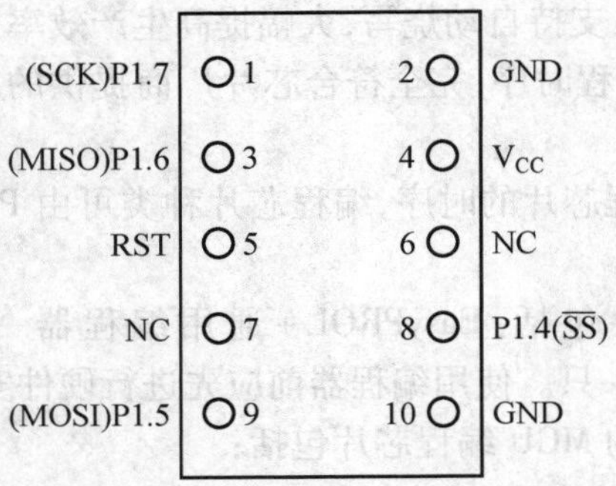

图 7.26　IDC 端口的定义

列单片机有效，对 AT89S5X 系列单片机无效，不用连接。

常见市售的 ISP 下载型编程器为 ISPro 下载型编程器。购买 ISPro 下载型编程器时，会随机赠送安装光盘。用户将安装光盘插入光驱，运行安装程序 SETUP. exe 即可。安装后，在桌面上建立一个“ISPro. exe 下载型编程器”图标，双击该图标，即可启动编程软件。ISPro 下载型编程器软件的使用与 RF-810 软件的使用方法基本相同，这里不再进行具体介绍。用户使用时，可参照编程器使用说明书进行操作。

上面介绍了两种程序下载的方法，就单片机的发展方向而言，已经趋向于 ISP 程序下载方式，一方面由于原有不支持 ISP 下载的芯片逐渐被淘汰（大部分已经停产），另一方面 ISP 使用起来十分方便，不用增加太多的成本就可以实现程序的下载，因此 ISP 下载方式已经逐步成为主流。

思考题及习题

7.1　在 AT89S51 单片机应用系统中，外接程序存储器和数据存储器允许的地址空间重叠且不冲突，为什么？

7.2　外部存储器的片选方法有几种？各有哪些特点？

7.3　简述 AT89S51 单片机 CPU 访问外部扩展程序存储器的过程。

7.4　简述 AT89S51 单片机 CPU 访问外部扩展数据存储器的过程。

7.5　在 AT89S51 单片机中，PC 和 DPTR 都用于提供地址，但 PC 是为访问什么存储器提供地址？DPTR 是为访问什么存储器提供地址？

7.6　11 条地址线可选存储单元的个数是多少？16 KB 存储单元需要多少条地址线？

7.7　4 KB 的 RAM 存储器的首地址若为 0000H，则末地址为多少？

7.8　访问片外数据存储器的寻址方式是什么？

7.9　将外部数据存储器中的 5000H ~ 50FFH 单元全部清 0，试编写程序。

7.10　以 AT89S51 单片机为核心，对其扩展 16 KB 的程序存储器，画出硬件电路并给出存储器的地址分配表。

7.11　采用统一编址的方法对 AT89S51 单片机进行存储器扩展。要求用一片 2764、一 2864 和一片 6264，扩展后存储器的地址应连续，试给出电路图及地址分配表。

第 8 章 AT89S51 单片机 I/O 接口的扩展

AT89S51 单片机只有 4 个 I/O 接口，当系统较大时，I/O 接口可能不够用，这时就需要进行接口的扩展。本章在介绍 I/O 接口扩展的基本知识后，首先介绍了使用串行口扩展并行口，然后介绍了常用的可编程 I/O 接口芯片 82C55 和 81C55 与单片机的扩展接口设计，此外还介绍了使用廉价的 74LSTTL 系列芯片扩展并行 I/O 接口以及使用 AT89S51 串行口来扩展并行 I/O 接口的设计。最后介绍了使用 I/O 接口控制的声音报警接口和音乐播放接口。

8.1 I/O 接口扩展的基本知识

AT89S51 单片机有 4 个并行口，但是这些并行口有时候必须用作外部扩展的地址线和数据线，有的则用作一些特定的功能，如用作串行通信、外部中断等。因此，对一个稍微复杂一点的系统，往往都会碰到输入、输出口不够用的情况。这时，AT89S51 单片机扩展的I/O接口应该具有哪些功能呢?

8.1.1 I/O 接口功能

I/O 接口电路介于 CPU 和外部设备之间，起联络、缓冲、变换作用，其具体功能如下：

1. 实现和不同外部设备的速度匹配

大多数外部设备的速度很慢，无法和微秒级的单片机速度相比。AT89S51 单片机在与外部设备间进行数据传送时，只有在确认外部设备已为数据传送做好准备的前提下才能进行数据传送。而要知道外部设备是否准备好，就需要 I/O 接口电路与外部设备之间传送状态信息，以实现单片机与外部设备之间的速度匹配。

2. 输出数据锁存

与外部设备相比，由于单片机的工作速度快，数据在数据总线上保留的时间十分短暂，无法满足慢速外部设备的数据接收，因此，在扩展的 I/O 接口电路中应有输出数据锁存器，以保证输出数据能被慢速的接收设备接收。

3. 输入数据三态缓冲

输入设备向单片机输入数据时，要经过数据总线，占用数据总线，但数据总线上可能“挂”有多个数据源，为使传送数据时不发生冲突，外部设备不传送数据时必须向总线呈现高阻态，只允许当前时刻正在接收数据的 I/O 接口使用数据总线，其余的 I/O 接口应处于隔离状态,以便于其他设备的总线挂接,为此要求 I/O 接口电路能为数据输入提供三态缓冲功能。

4. 实现各种转换

转换包括电平转换、串行/并行或并行/串行转换、A/D 或 D/A 转换等。

5. 时序协调

不同的 I/O 设备定时与控制逻辑各不相同,而且往往与 CPU 的时序也不一致,因此需要 I/O 接口进行时序的协调。

8.1.2 I/O 数据的传送方式

为了实现和不同外部设备的速度匹配,I/O 接口必须根据不同外部设备选择恰当的 I/O 数据传送方式。I/O 数据传送的方式有:同步传送、异步传送和中断传送。

1. 同步传送

同步传送又称为无条件传送。当外部设备速度和单片机的速度相比拟时,常采用同步传送方式,最典型的同步传送就是单片机和外部数据存储器之间的数据传送。这种方式接口简单,适用于那些能随时读写的设备。

2. 异步传送

异步传送又称为查询传送(也称为有条件传送)。单片机通过查询外部设备"准备好"后,再进行数据传送。该方式的优点是通用性好、接口电路简单、硬件连线和查询程序十分简单,但由于单片机的程序在运行中经常查询外部设备是否"准备好",即接口需要向 CPU 提供查询状态,程序需要循环等待,CPU 利用率低,因此工作效率不高。这种方式适用于 CPU 不太忙、传送速度要求不高的场合,要求各种外部设备不能同时工作,外部设备处于被动状态。

3. 中断传送

为了提高单片机对外部设备的工作效率,通常采用中断传送方式,即利用 AT89S51 单片机本身的中断功能和 I/O 接口的中断功能来实现 I/O 数据的传送。单片机只有在外部设备准备好后,由外部设备通过接口电路向 CPU 发出中断请求信号,在 CPU 允许的情况下,才中断正在执行的程序,响应外部设备中断,从而进入与外部设备数据传送的中断服务子程序,与外部设备进行一次数据传送。中断服务完成后又返回主程序断点处继续执行。采用这种方式,CPU 的利用率高,可以大大提高单片机的工作效率,外部设备具有申请 CPU 中断的主动权,CPU 和外部设备之间处于并行工作状态,但中断服务需要保护断点和恢复断点,CPU 与外部设备之间需要中断控制器,占用了存储空间,降低了速度。此种方式适用于 CPU 任务忙、传送速度要求不高的场合,如实时控制中的紧急时间处理。

8.1.3 I/O 端口的编址方式

在介绍 I/O 端口编址之前,首先要弄清楚 I/O 接口(Interface)和 I/O 端口(Port)的概念。I/O 接口是单片机与外部设备间的连接电路的总称。I/O 端口(简称 I/O 口)是指 I/O 接口电路中具有单元地址的寄存器或缓冲器。一个 I/O 接口芯片可以有多个 I/O 端口,传送数据的称为数据口,传送命令的称为命令口,传送状态的称为状态口。当然,并不是所有的外部设备都一定需要 3 种端口齐全的 I/O 接口。

每个 I/O 接口中的端口都要有地址,以便 AT89S51 单片机通过读/写端口与外部设备交换信息。常用的 I/O 端口编址有两种方式:一种是独立编址方式;另一种是统一编址方式。

1. 独立编址

独立编址方式就是 I/O 端口地址空间和存储器地址空间分开编址。其优点是 I/O 地址空间和存储器地址空间相互独立,界限分明;I/O 端口的地址码较短,译码电路简单,存储器同 I/O 端口的操作指令不同,程序比较清晰;存储器和 I/O 端口的控制结构相互独立,可以分别设计。但却需要设置一套专门的读/写 I/O 端口的指令和控制信号,程序设计的灵活性较差。

2. 统一编址

统一编址方式是把 I/O 端口与数据存储器单元同等对待,即每一接口芯片中的一个端口就相当于一个 RAM 存储单元。AT89S51 单片机使用的就是 I/O 端口和外部数据存储器(RAM)统一编址的方式。因此,AT89S51 单片机的外部数据存储器空间也包括 I/O 端口在内。统一编址方式的优点是:不需要专门的 I/O 指令,直接使用访问数据存储器的指令进行 I/O 读/写操作,简单,方便;由于 I/O 端口的地址空间是内存空间的一部分,这样 I/O 端口的地址空间可大可小,从而使外部设备的数量几乎不受限制。但是需要把数据存储器单元地址与 I/O 端口的地址划分清楚,避免发生数据冲突;I/O 端口占用了内存空间的一部分,影响了系统的内存容量;访问 I/O 端口也要同访问内存一样,由于内存地址较长,导致执行时间增加。

8.1.4　常用的 I/O 接口电路

目前常用的外围 I/O 接口芯片有:

(1)81C55 是可编程的 I/O/RAM 扩展接口电路(两个 8 位 I/O 口,一个 6 位 I/O 口,256 个 RAM 字节单元,一个 14 位的减法计数器)。

(2)82C55 是可编程的通用并行接口电路(3 个 8 位 I/O 口)。

它们都可以和 AT89S51 单片机直接连接,且接口逻辑十分简单。还有一种方法就是通过串行口来扩展并行口。

8.2　用 AT89S51 单片机的串行口扩展并行口

AT89S51 单片机串行口的方式 0 用于 I/O 扩展。在方式 0 时,串行口为同步移位寄存器工作方式,其波特率是固定的,为 $f_{osc}/12$(f_{osc} 为系统的振荡器频率)。数据由 RXD 端(P3.0)输入,同步移位时钟由 TXD 端(P3.1)输出。发送、接收的数据是 8 位,低位在先。

8.2.1　用 74LS165 扩展并行输入口

图 8.1 所示为用串行口方式 0 扩展并行输入口,图中所示为串行口外接一片 8 位并行

输入、串行输出（并入串出）的同步移位寄存器 74LS165 芯片，扩展一个 8 位并行输入端口的电路，可将接在 74LS165 芯片的 8 个开关 S0～S7 的状态通过串行口方式 0 读入到 AT89S51 单片机内。74LS165 芯片的 SH/$\overline{LD}$端（1 脚）为控制端，由 AT89S51 单片机的 P1.1 引脚控制。若 SH/$\overline{LD}$=0，则 74LS165 芯片可以并行输入数据，且串行输出端口关闭；当 SH/$\overline{LD}$=1 时，并行输入关闭，可以向 AT89S51 单片机串行传送数据。当 P1.0 引脚连接的开关 S 按下时，可进行开关 S0～S7 的状态数字量的并行读入。AT89S51 单片机采用中断方式来对 S0～S7 状态进行读取，并从 P2 口输出，驱动对应的 LED 点亮（开关 S0～S7 中的任何一个按下，则对应的 LED 点亮）。参考程序如下：

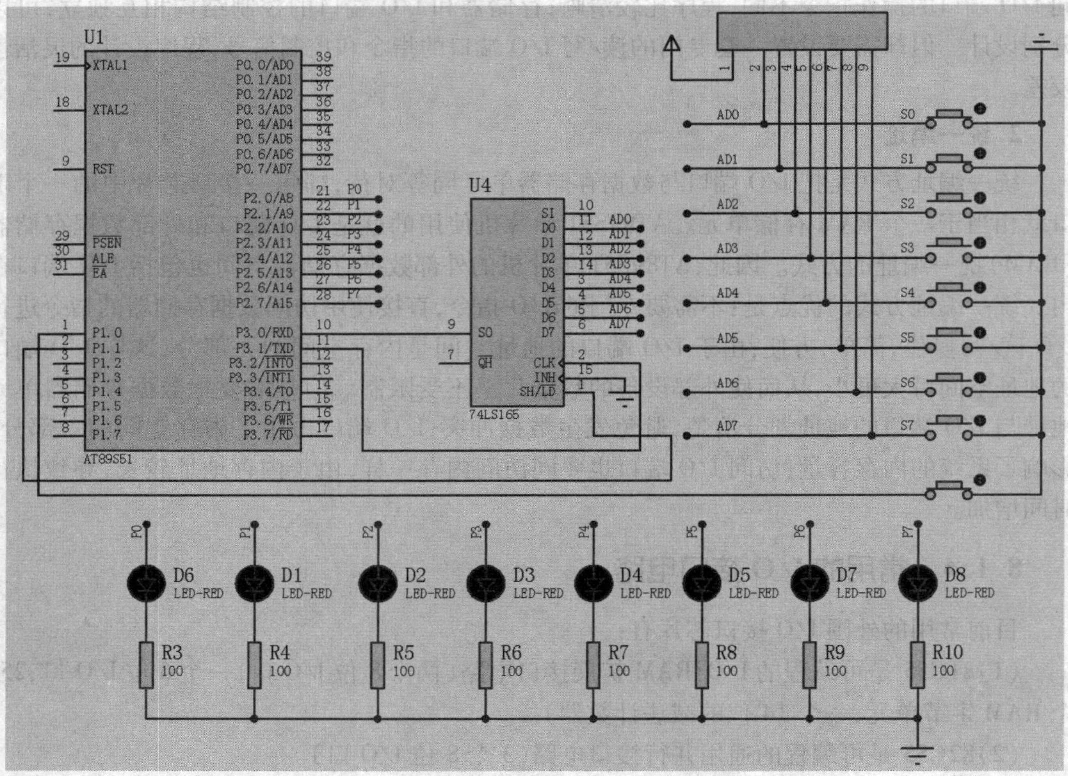

图 8.1　用串行口方式 0 扩展并行输入口（仿真图）

```
#include <intrins.h>
#include <stdio.h>
sbit P1_0=0x90;
sbit P1_1=0x91;
unsigned char nRxByte;
void delay(unsigned int i)
{
 unsigned char j;
 for(;i>0;i--)
 for(j=0;j<125;j++);
```

```
  }
main()
{
  SCON=0x10;     //串行口初始化为方式0
  EA=1;
  ES=1;          //允许串行口中断
  for(;;);
}

void Serial_Port() interrupt 4 using 0     //串行口中断服务子程序
{
    if(P1_0==0)       //P1_0=0 表示开关S按下,可读取开关S0~S7的状态
    {
    P1_1=0;           //P1_1=0 表示并行读入开关的状态
    delay(1);
    P1_1=1;           //P1_1=1 将开关的状态串行读入串行口中
    RI=0;
    nRxByte=SBUF;     //接收的开关状态数据从SBUF读入到nRxByte单元
    P2=nRxByte;        //驱动LED发光
    }
}
```

程序说明：当 P1.0=0，即开关 S 按下时，表示允许并行读入开关 S0 ~ S7 的状态，通过 P1.1 把 $SH/\overline{LD}$置 0，则并行读入开关 S0 ~ S7 的状态。再让 P1.1=1，即 $SH/\overline{LD}$置 1，74LS165 芯片将刚才读入的 S0 ~ S7 状态通过 SO 端（RXD 引脚）串行发送到 AT89S51 单片机的 SBUF 中，在中断服务子程序中把 SBUF 中的数据读到 nRxByte 单元，并送到 P2 口驱动 8 只 LED。

8.2.2　用 74LS164 扩展并行输出口

图 8.2 所示为用串行口方式 0 扩展并行输出口。74LS164 是 8 位串行输入、并行输出（串入并出）的移位寄存器。

串行口方式 0 输出的典型应用是外接串行输入、并行输出的同步移位寄存器 74LS164 芯片，用于并行输出口的扩展。图 8.2 中，串行口工作在方式 0，通过 74LS164 芯片的输出来控制 8 只外接 LED 的亮灭。当串行口设置为方式 0 输出时，串行数据由 RXD 引脚（P3.0）送出，移位脉冲由 TXD 端口（P3.1）送出。在移位脉冲的作用下，串行口发送缓冲器的数据逐位从 RXD 引脚串行地移入 74LS164 芯片中。根据图 8.2 所示电路，编写程序控制 8 只 LED 流水点亮。图中，74LS164 芯片的 8 引脚（CLK 端）为同步脉冲输入端，9 引脚为控制端。9 引脚的电平由单片机的 P1.0 控制，当 9 引脚为 0 时，允许串行数据由 RXD 引脚（P3.0）向 74LS164 芯片的串行数据输入端口 A 和 B（1 引脚和 2 引脚）输入，但是 74LS164 芯片的 8 位并行输出端关闭；当 9 引脚为 1 时，A 和 B 输入端口关闭，但是允许 74LS164 芯

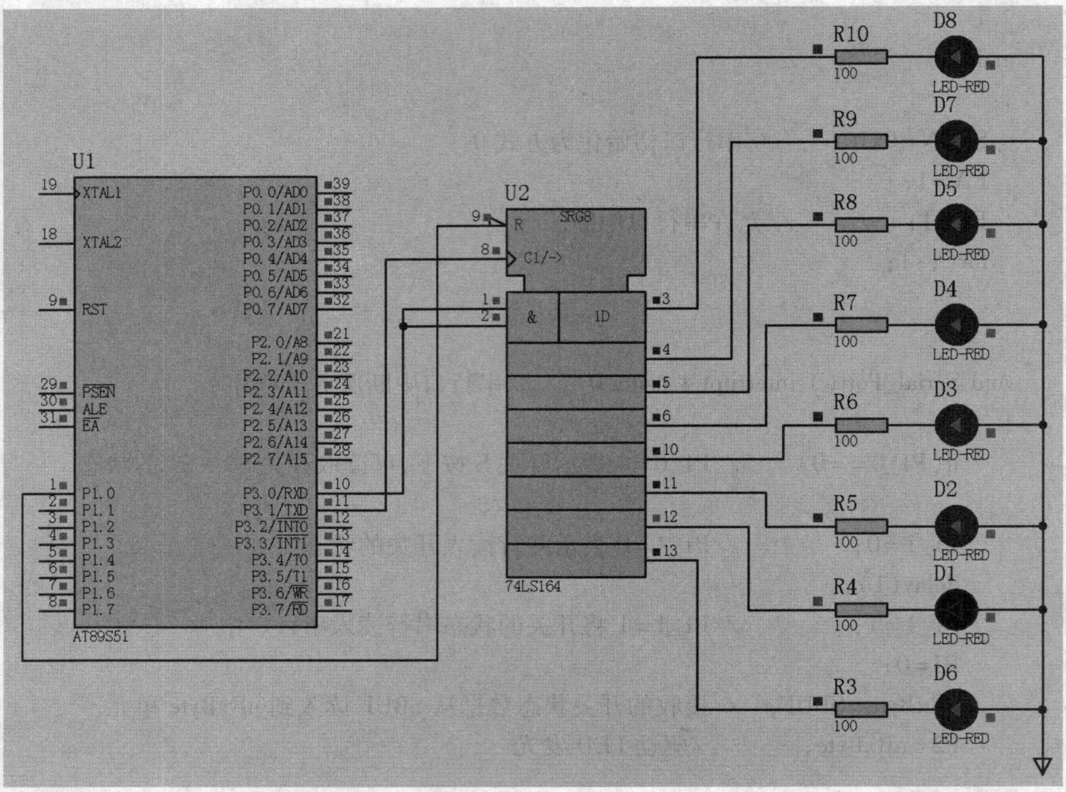

图 8.2 用串行口方式 0 扩展并行输出(仿真图)

片中的 8 位数据并行输出。当串行口将 8 位串行数据发送完毕后,申请中断,在中断服务子程序中,单片机通过串行口输出下一个 8 位数据。其参考程序如下:

```
#include <reg51.h>
#include <stdio.h>
sbit P1_0=0x90;
unsigned char nSendByte;
void delay(unsigned int i)
{
    unsigned char j;
    for(;i>0;i--)
    for(j=0;j<125;j++)
    ;
}
main()
{
    SCON=0x00;
    EA=1;
    ES=1;
```

```
    nSendByte = 1;
    SBUF = nSendByte;
    P1_0 = 0;
    while(1)
    {;}
}
void Serial_Port() interrupt4 using 0
{
    if(TI)
    {
    P1_0 = 1;
    SBUF = nSendByte;
delay(500);
    P1_0 = 0;
    nSendByte = nSendByte<<1;
    if(nSendByte = =0) nSendByte = 1;
    SBUF = nSendByte;
}
TI = 0;
RI = 0;
}
```

程序说明:

(1)程序中定义了全局变量 nSendByte,以便在中断服务子程序中能访问该变量。nSendByte 用于存放从串行口发出的点亮数据,在程序中使用"<<"对 nSendByte 变量进行移位,使得从串行口发出的数据为 0x01、0x02、0x04、0x08、0x10、0x20、0x40、0x80,从而流水点亮各个 LED。

(2)程序中 if 语句的作用是当 nSendByte 左移 1 位,由 0x80 变为 0x00 后,需对变量 nSendByte 重新赋值为 1。

(3)主程序中的 SBUF = nSendByte 语句必不可少,如果没有该语句,主程序并不从串行口发送数据,也就不会产生随后的发送完成中断。

(4)语句"while(1){;}"实现反复循环的作用。

8.3　用 82C55 扩展并行接口

本节讲述的内容有可编程并行 I/O 接口芯片 82C55 的外部引脚和内部结构以及 AT89S51 单片机与 82C55 的接口电路设计以及软件设计。

8.3.1　82C55 芯片简介

82C55 是 Intel 公司生产的可编程并行 I/O 接口芯片,它具有 3 个 8 位的并行 I/O 口,3

种工作方式，可通过编程改变其功能，因而使用灵活方便，可作为单片机与多种外围设备连接时的中间接口电路。82C55 的引脚如图 8.3 所示。

1. 引脚说明

由图 8.3 可知，82C55 共有 40 个引脚，采用双列直插式封装，下面为其各引脚功能。

(1) D7 ~ D0：三态双向数据线，与单片机的 P0 口连接，用来与单片机之间传送数据信息。

(2) $\overline{CS}$：片选信号线，低电平有效，表示本芯片被选中。

(3) $\overline{RD}$：读信号线，低电平有效，用来读出 82C55 端口数据的控制信号。

(4) $\overline{WR}$：写信号线，低电平有效，用来向 82C55 写入端口数据的控制信号。

(5) V_{CC}：+5 V 电源。

(6) PA7 ~ PA0：端口 A 输入/输出线。

(7) PB7 ~ PB0：端口 B 输入/输出线。

(8) PC7 ~ PC0：端口 C 输入/输出线。

(9) A1、A0：地址线，用来选择 82C55 内部的 4 个端口。

(10) RESET：复位引脚，高电平有效。

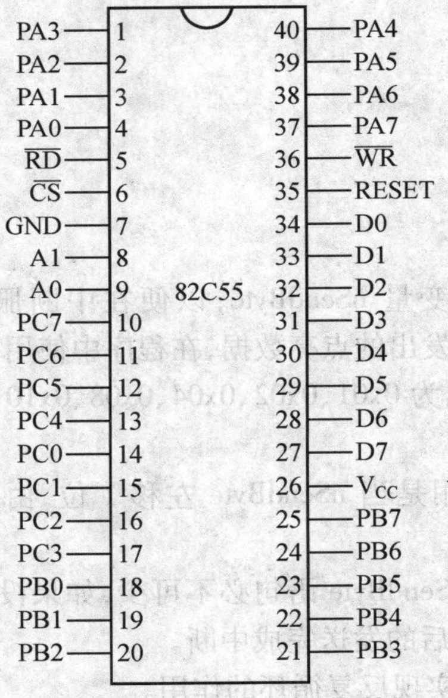

图 8.3　82C55 的引脚图

2. 内部结构

82C55 的内部结构如图 8.4 所示，内部有 3 个可以编程的并行 I/O 口（PA、PB、PC 口）。每个端口有 8 位，共提供 24 条 I/O 口线，每个口都有一个数据输入寄存器和一个数据输出寄存器，输入时有缓冲，输出时有锁存。其中 C 口又可分为两个独立的 4 位端口：PC0 ~ PC3，PC4 ~ PC7。

A 口和 C 口高 4 位合起来称为 A 组，通过 A 口控制寄存器控制。B 口和 C 口低 4 位合

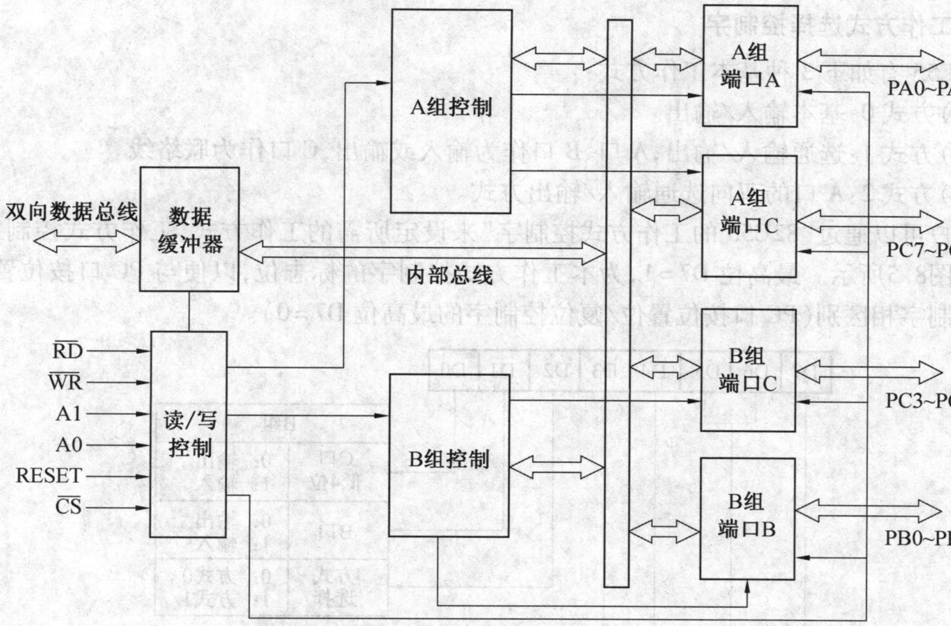

图 8.4　82C55 的内部结构

在一起称为 B 组,通过 B 口控制寄存器控制。

A 口有 3 种工作方式:无条件输入/输出方式、选通输入/输出方式和双向选通输入/输出方式。B 口有 2 种工作方式:无条件输入/输出方式和选通输入/输出方式。当 A 口和 B 口工作于选通输入/输出方式和双向选通输入/输出方式时,C 口中一部分线用作 A 口和 B 口输入/输出的应答信号线,否则 C 口也可以工作在无条件输入/输出方式。

82C55 有 4 个端口寄存器:A 口数据寄存器、B 口数据寄存器、C 口数据寄存器和端口控制寄存器,对这 4 个寄存器访问需要有 4 个端口地址。通过控制信号和地址信号对 4 个端口寄存器进行操作,见表 8.1。

表 8.1　82C55 的 4 个端口寄存器的操作控制表

$\overline{CS}$	A1	A0	$\overline{RD}$	$\overline{WR}$	I/O 操作
0	0	0	0	1	读 A 口
0	0	1	0	1	读 B 口
0	1	0	0	1	读 C 口
0	0	0	1	0	写 A 口
0	0	1	1	0	写 B 口
0	1	0	1	0	写 C 口
0	1	1	1	0	控制口

8.3.2　82C55 的控制字

AT89S51 单片机可以向 82C55 控制寄存器写入两种不同的控制字。下面来介绍工作方式选择控制字。

1. 工作方式选择控制字

82C55 有如下 3 种基本工作方式：

(1)方式 0：基本输入/输出。

(2)方式 1：选通输入/输出，A 口、B 口作为输入或输出，C 口作为联络线。

(3)方式 2：A 口的双向选通输入/输出方式。

用户可以通过“82C55 的工作方式控制字”来设定所需的工作方式，工作方式控制字的格式如图8.5所示。最高位 D7=1，为本工作方式控制字的标志位，以便与 PC 口按位置位/复位控制字相区别（PC 口按位置位/复位控制字的最高位 D7=0）。

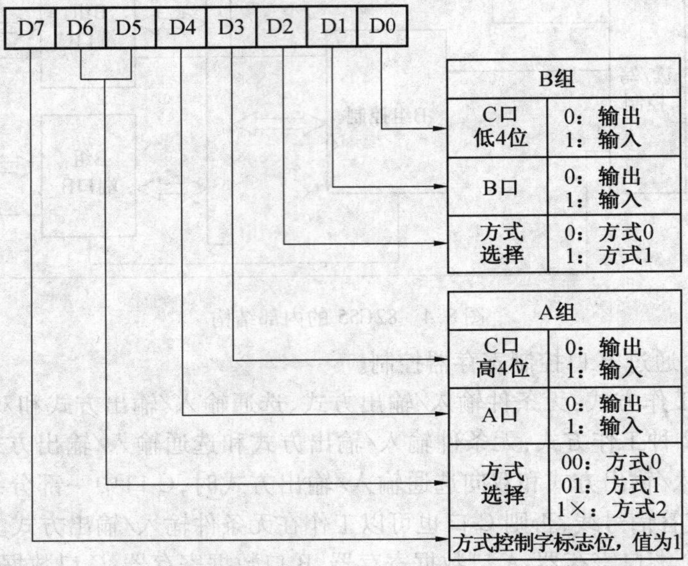

图 8.5　82C55 的工作方式控制字格式

3 个端口中 PC 口被分为两个部分，上半部分随 PA 口称为 A 组，下半部分随 PB 口称为 B 组。其中，PA 口可工作于方式 0、方式 1 和方式 2，而 PB 口只能工作在方式 0 和方式 1。

【例 8.1】　AT89S51 单片机向 82C55 的工作方式控制字寄存器写入 95H 中，根据图 8.5，可将 82C55 编程设置为：PA 口方式 0 输入，PB 口方式 1 输出，PC 口的上半部分（PC7 ~ PC4）输出，PC 口的下半部分（PC3 ~ PC0）输入，82C55 控制口地址为 7003H，PA 口地址为 7000H，PB 口地址为 7001H。

```
#include <reg51.h>
#include <absacc.h>
#define uchar unsigned char
#define uint unsigned int
sbitrst_8255 = P3^5;      //控制 82C55 的复位
#define con_8255XBYTE[0x7003]//定义 82C55 芯片控制口地址
#define pa_8255XBYTE[0x7000]//定义 82C55 芯片 PA 地址
#define pb_8255XBYTE[0x7001]//定义 82C55 芯片 PB 地址
void main(void)
```

```
void delayms(uint)
void main(void)
{
uchar temp;
rst_8255=1;        //复位 82C55 芯片
delayms(1);
rst_8255=0;
con_8255=0x95H;
……
}
```

2. PC 口按位置位/复位控制字

AT89S51 单片机控制 82C55 的另一个控制字为 PC 口按位置位/复位控制字。即 PC 口 8 位中的任何一位，可用一个写入 82C55 控制口的置位/复位控制字来对 PC 口按位置 1 或清 0。这一功能主要用于位控。PC 口按位置位/复位控制字的格式如图 8.6 所示。

0	×	×	×	D3	D2	D1	D0

D0	置、复位控制
0	复位
1	置位

D3 D2 D1	PC口位选择
0 0 0	PC0
0 0 1	PC1
0 1 0	PC2
0 1 1	PC3
1 0 0	PC4
1 0 1	PC5
1 1 0	PC6
1 1 1	PC7

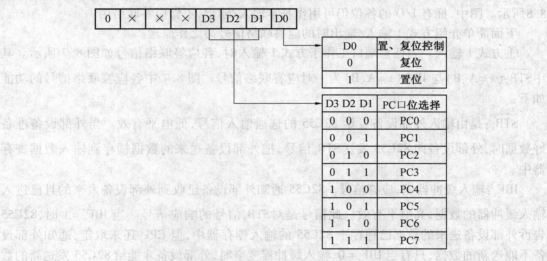

图 8.6　PC 口按位置位/复位控制字的格式

【例 8.2】　AT89S51 单片机向 82C55 的工作方式控制字寄存器写入 07H 中，则 PC3 置 1，08H 写入控制口，则 PC4 清 0。端口地址如例题 8.1，程序段如下：

```
con_8255=0x07H;
con_8255=0x08H;
```

8.3.3　82C55 的工作方式

下面为 82C55 的工作方式介绍。

1. 方式 0

方式 0 是一种基本的输入/输出方式。在这种方式下，每个端口都可以由程序设置为输入或输出，没有固定的应答信号。方式 0 的特点如下：

(1)两个 8 位端口(A、B 口)和两个 4 位端口(C 口的高 4 位和 C 口的低 4 位)。

(2)任何一个端口都可以设定为输入或者输出。各端口的输入、输出共有 16 种组合。82C55 的 PA 口、PB 口和 PC 口均可设定为方式 0,并可根据需要,向控制寄存器写入工作方式控制字,来规定各端口为输入或输出方式。

(3)每一个端口输出时带锁存,输入时不带锁存但有缓冲。

方式 0 输入/输出时没有专门的应答信号,通常用于无条件传送。方式 0 也是使用最多的工作方式。

2. 方式 1

方式 1 是一种选通输入/输出方式。在这种工作方式下,A 口和 B 口作为数据输入/输出口,C 口用作输入/输出的应答信号。A 口和 B 口既可以作为输入,也可以作为输出,输入和输出都具有锁存功能。

(1)方式 1 的输入。

无论是 A 口输入还是 B 口输入,都用 C 口的 3 位作为应答信号,1 位作为中断允许控制位。PC 口的 PC7 ~ PC0 的应答联络线是在设计 82C55 时规定好的,其各位分配如图 8.7、图 8.8所示。图中,标有 I/O 的各位仍可用作基本输入/输出,不做应答联络用。

下面简单介绍方式 1 输入/输出时的应答联络信号与工作原理。

①方式 1 输入。当任意端口工作于方式 1 输入时,各应答联络信号如图 8.7 所示。其中$\overline{STB_x}$(x=A、B)与 IBF_x(x=A、B)为一对应答联络信号。图 8.7 中各应答联络信号的功能如下:

$\overline{STB_x}$:是由输入外部设备发给 82C55 的选通输入信号,低电平有效。当外部设备准备好数据时,外部设备向 82C55 发送$\overline{STB_x}$信号,把外部设备送来的数据锁存到输入数据寄存器中。

IBF_x:输入缓冲器满,应答信号。82C55 通知外部设备已收到外部设备发来的且已进入输入缓冲器的数据,高电平有效。此信号是对$\overline{STB_x}$信号的响应信号。当 IBF_x=1 时,82C55 告诉外部设备送来的数据已锁存于 82C55 的输入锁存器中,但 CPU 还未取走,通知外部设备不能送新的数据,只有当 IBF_x=0,输入缓冲器变空时,外部设备才能给 82C55 发送新的数据。

$INTR_x$(x=A、B):由 82C55 向 AT89S51 单片机发出的中断请求信号,高电平有效。

$INTE_A$:控制 PA 口是否允许中断的控制信号,由 PC4 的置位/复位来控制。

$INTE_B$:控制 PB 口是否允许中断的控制信号,由 PC2 的置位/复位来控制。

方式 1 输入工作过程示意图如图 8.8 所示。下面以 PA 口的方式 1 输入为例,介绍方式 1 输入的工作过程。

a. 当外部设备输入数据到 PA 口时,自动地向$\overline{STB_A}$发出一个低电平选通信号。

b. 82C55 收到$\overline{STB_A}$上的负脉冲后做两件事:一是将数据存入 A 口输入缓冲/锁存器中;二是输入“缓冲器满”的 IBF_A高电平信号,通知外部设备已收到数据。

c. 82C55 检测到$\overline{STB_A}$变为高电平时,若 IBF_A为高电平,$INTE_A$为高电平,则将 $INTR_A$变高向 CPU 申请中断($INTR_A$可由用户对 PC4 进行单一置位/复位控制字控制,参见方式 1 时的状态字）。

d. CPU 响应中断后，从 A 口读取数据，并在读走数据后 82C55 撤掉 $INTR_A$ 信号，并使 $\overline{STB}_A$ 变为低电平，通知外部设备送下一个字节的数据。

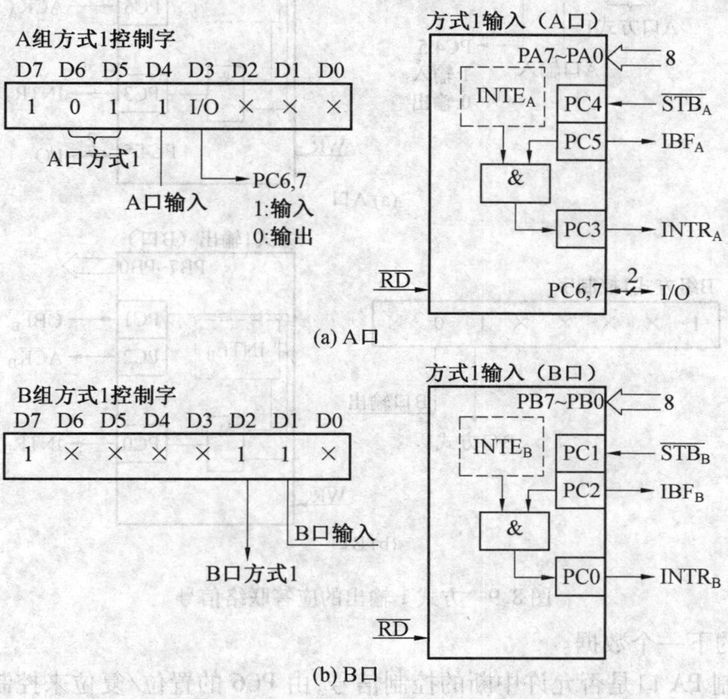

图 8.7　方式 1 输入时各应答联络信号

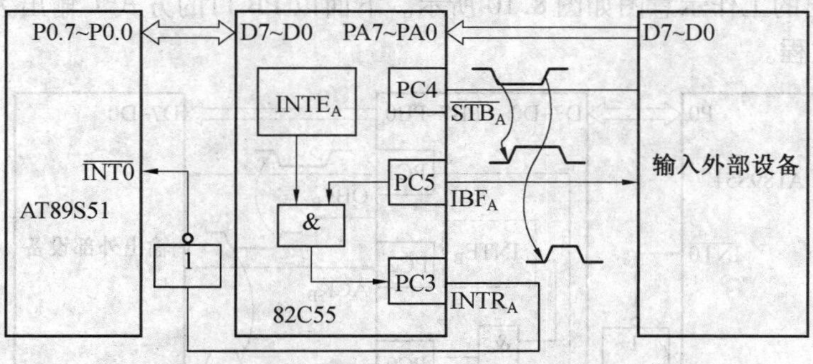

图 8.8　方式 1 输入工作过程示意图

②方式 1 输出。当任何一个端口按照方式 1 输出时，应答联络信号如图 8.9 所示。$\overline{OBF}_x$ 与 $\overline{ACK}_x$（x＝A、B）构成了一对应答联络信号，图 8.9 中各应答联络信号的功能如下：

$\overline{OBF}_x$：端口输出缓冲器满信号，低电平有效，它是 82C55 发给外部设备的联络信号，表示 AT89S51 单片机已经把数据输出到 82C55 的指定端口，外部设备可以将数据取走。

$\overline{ACK}_x$：外部设备的应答信号，低电平有效。表示外部设备已把 82C55 端口的数据取走。

$INTR_x$：中断请求信号，高电平有效。表示该数据已被外部设备取走，向 AT89S51 单片机发出中断请求，如果 AT89S51 单片机响应该中断，则在中断服务子程序中向 82C55 的端

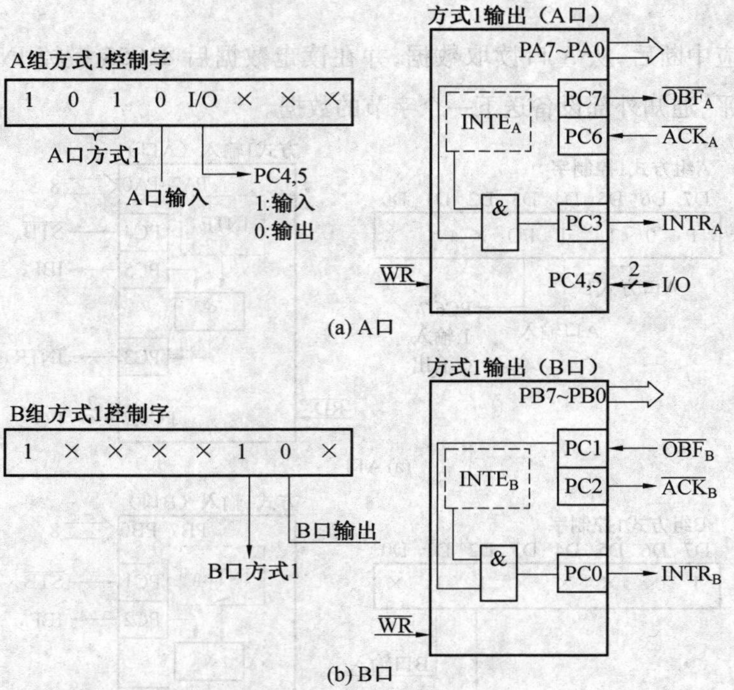

图 8.9　方式 1 输出的应答联络信号

口写入要输出的下一个数据。

$INTE_A$：控制 PA 口是否允许中断的控制信号，由 PC6 的置位/复位来控制。

$INTE_B$：控制 PB 口是否允许中断的控制信号，由 PC2 的置位/复位来控制。

方式 1 输出的工作示意图如图 8.10 所示。下面以 PB 口的方式 1 输出为例，介绍方式 1 输出的工作过程。

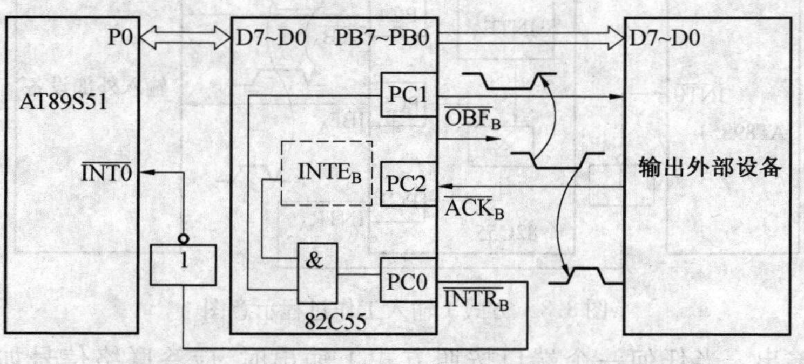

图 8.10　方式 1 输出的工作过程示意图

a. CPU 通过指令将数据送到 B 口输出锁存器，82C55 收到数据后便令“输出缓冲器满”，$\overline{OBF}_B$变为低电平，通知外部设备准备接收。

b. 外部设备接到$\overline{OBF}_B$的低电平后做两件事情：

首先，从 PB 口取走数据；然后，使$\overline{ACK}_B$线变为低电平，通知 82C55 外部设备已收到数据。

c. 82C55 接收到$\overline{ACK_B}$线变为低电平后，就对$\overline{OBF_B}$、$\overline{ACK_B}$和 $INTE_B$的状态进行检测，当它们皆为 1 时，$INTE_B$变为高电平向 CPU 发终端申请。

d. CPU 响应中断后，通过中断服务子程序将下一个数据送到 82C55 的 B 口，同时撤掉 $INTE_B$信号。

(2) 方式 2。

只有 A 口具有方式 2。此时，PA 口为双向 I/O 总线。

图 8.11 所示为方式 2 下的工作过程示意图。方式 2 实质上是方式 1 输入和方式 1 输出的组合。在方式 2 下，PA7 ~ PA0 为双向 I/O 总线。当 PA 作为输入口时，由$\overline{STB_A}$和$\overline{IBF_A}$信号控制，过程同方式 1 的输入操作。当 PA 作为输出口时，由$\overline{OBF_A}$和$\overline{ACK_A}$控制，工作过程同方式 1 的输出操作。

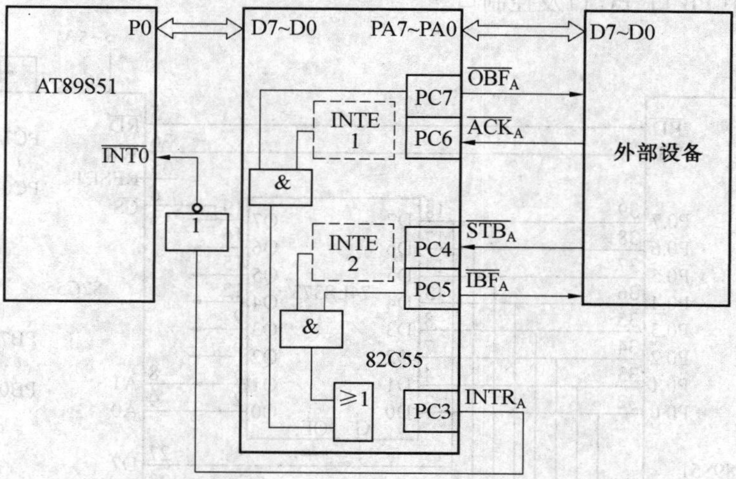

图 8.11　方式 2 下的工作过程示意图

方式 2 非常适应像终端一类的外部设备，如键盘、显示器等设备，因为有时需要把键盘上输入的编码信号通过 PA 口送给单片机，有时又需要把单片机发出的数据通过 PA 口送给显示器显示。

8.3.4　AT89S51 单片机与 82C55 的接口设计

82C55 与 AT89S51 单片机的连接包含数据线、地址线、控制线。其中，数据线直接和 AT89S51 单片机的数据总线相连；82C55 的地址线 A0 和 A1 一般与 AT89S51 单片机地址总线的 D0、D1 相连，用于对 82C55 的 4 个端口进行选择；82C55 控制线中的读信号线、写信号线与 AT89S51 单片机的片外数据存储器的读/写信号线直接相连，片选信号线的连接和存储器芯片的片选信号线的连接方法相同，用于决定 82C55 的内部端口地址范围；82C55 的数据线与 AT89S51 单片机的数据总线相连，读/写信号线对应相连，地址线 A0、A1 与 AT89S51 单片机的地址总线的 D0 和 D1 相连，片选信号线与 AT89S51 单片机的 P2.0 相连。如果要选中 82C55 的 A 口，为低电平，即 P2.0 为 0，A0、A1 为 00，其他无关位假定为高电平（为低电平也可），A 口地址是 0xFEFC(0x0000)；同理 B 口、C 口和控制口的地址分别是 0xFEFD (0x0001)、0xFEFE(0x0002)和 0xFEFF(0x0003)。

1. 硬件接口电路

图 8.12 所示为 AT89S51 单片机扩展一片 82C55 的接口电路。图中，74LS373 是地址锁存器，P0.1、P0.0 经 74LS373 与 82C55 的地址线 A1、A0 连接；P0.7 经 74LS373 与 $\overline{CS}$端相连，其他地址线悬空；82C55 的控制线$\overline{RD}$、$\overline{WR}$直接与 AT89S51 单片机的$\overline{RD}$和$\overline{WR}$端相连；AT89S51 单片机的数据总线 P0.0～P0.7 与 82C55 的数据线 D0～D7 连接。

2. 确定 82C55 的端口地址

图 8.12 中 82C55 只有 3 条线与 AT89S51 单片机的地址线相接，片选端$\overline{CS}$、端口地址选择端 A1、A0，分别接于 P0.7、P0.1 和 P0.0，其他地址线全悬空。显然只要保证 P0.7 为低电平，即可选中 82C55；若 P0.1、P0.0 为 00，则选中 82C55 的 PA 口。同理 P0.1、P0.0 为 01、10、11 分别选中 PB 口、PC 口及控制口。

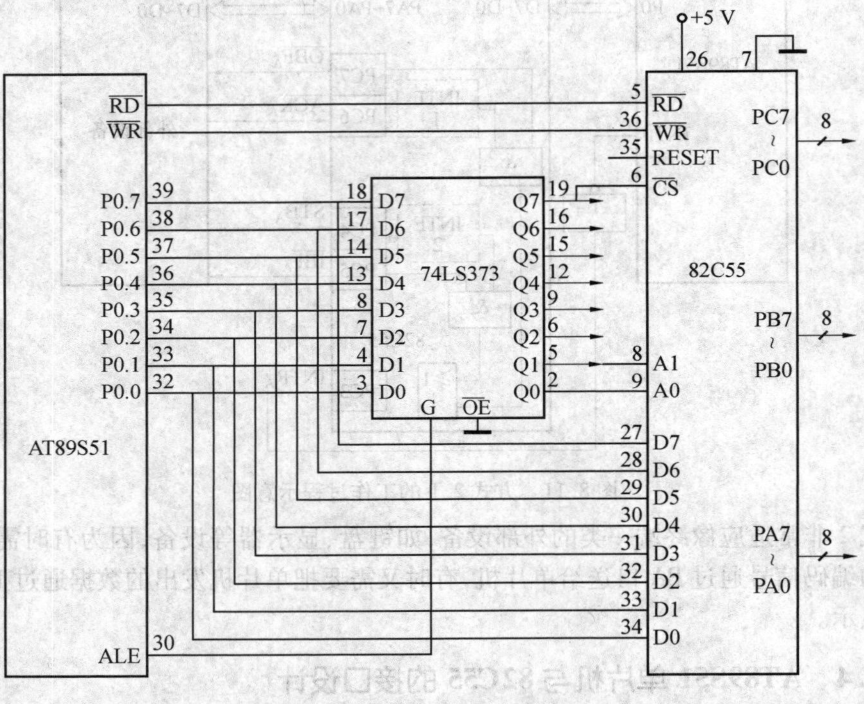

图 8.12　AT89S51 单片机扩展一片 82C55 的接口电路

若端口地址用 16 位表示，其他无用端全设为 1（也可把无用端全设为 0），则 82C55 的 A、B、C 口及控制口地址分别为 FF7CH、FF7DH、FF7EH、FF7FH。

如果没有用到的位取 0，则 4 个端口地址分别为 0000H、0001H、0002H、0003H，只要保证$\overline{CS}$、A1、A0 的状态，无用位设为 0 或 1 均可。

3. 软件编程

在实际应用设计中，必须根据外部设备的类型选择 82C55 的操作方式，并在初始化程序中把相应控制字写入控制口。下面根据图 8.12 所示介绍对 82C55 进行操作的编程。

【例 8.3】　要求 82C55 工作在方式 0，且 PA 口作为输入，PB 口、PC 口作为输出，参考程序如下：

```
#include <reg51. h>
#include <absacc. h>
#define uchar unsigned char
#define uint unsigned int
sbit rst_8255 = P3^5;            //控制 82C55 的复位
#define con_8255XBYTE[0x7003]//定义 82C55 芯片控制口地址
#define pa_8255XBYTE[0x7000]//定义 82C55 芯片 PA 口地址
#define pb_8255XBYTE[0x7001]//定义 82C55 芯片 PB 口地址
#define pc_8255XBYTE[0x7002]//定义 82C55 芯片 PC 口地址
void delayms(uint)
void main(void)
{
uchar temp;
rst_8255 = 1;              //复位 82C55 芯片
delayms(1);
rst_8255 = 0;
con_8255 = 0x90H;          //设置 PA 口为输入,PB、PC 口为输出
while(1)
{
  temp = pa_8255;          //读 PA 口数据
  pb_8255 = temp;          //写入 PB 口
  pc_8255 = temp;          //写入 PC 口
}
}
void delayms(uint j)          //延时函数
{
  uchar i;
  for(;j>0;j--)
    {
      i = 250;
      while(--i);
      i = 249;
      while(--i)
    }
}
```

8.4 用 81C55 扩展并行接口

81C55 也是 MCS-51 系列单片机常用的可编程 I/O 扩展接口芯片，它除了具有 22 个 I/O端口以外，还具有 256 B 的静态 RAM、两个 8 位的可编程并行口 PA 和 PB、一个 6 位的并行口和一个 14 位的减 1 计数器，最大存取时间为 400 ns，40 脚双列直插式封装，片内有 I/O接口、RAM 存储器和定时器。

PA 口和 PB 口可工作于基本输入/输出方式(同 82C55 的方式 0)或选通输入/输出方式(同 82C55 的方式 1)。81C55 可直接与 AT89S51 单片机相连，不需要增加任何硬件逻辑电路。由于 81C55 片内集成有 I/O 口、RAM 和减 1 计数器，因此是 AT89S51 单片机系统中经常被选用的 I/O 接口芯片之一。

8.4.1 81C55 芯片简介

1. 81C55 的结构

81C55 的逻辑结构如图 8.13 所示，其内部结构如下：

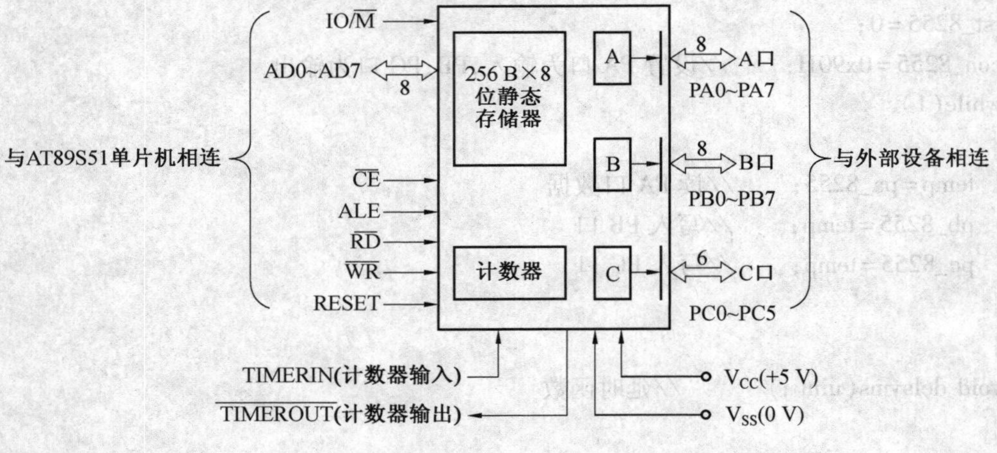

图 8.13 81C55 的逻辑结构

(1)双向数据总线缓冲器：传送 CPU 与 RAM 之间的数据。

(2)地址锁存器：用于锁存 CPU 送来的 RAM 或端口地址。

(3)地址译码①和读/写控制②：

①接收地址锁存器的低 3 位地址，确定命令/状态寄存器、计数器和 A、B、C 口中的某个工作。

②读/写控制用于接收$\overline{RD}$或$\overline{WR}$上的信息，实现 CPU 与 81C55 之间的信息控制。

(4)256 B 的 RAM 数据存储器。

(5)I/O 寄存器：A、B 和 C 双向通用 I/O 端口。

(6)命令寄存器：用来存放 CPU 送来的命令字。

(7)计数器：二进制的 14 位减 1 计数器，可做分频器。

2. 81C55 的引脚功能

81C55 共有 40 条引脚线，采用双列直插式封装，其引脚如图 8.14 所示。81C55 的各引脚功能如下：

(1) AD7 ~ AD0(8 条)：数据/地址总线，与 MCS-51 单片机的 P0 口连接，分时传送地址和数据信息，是连接两者的通道。

(2) I/O 总线(22 条)：PA7 ~ PA0 为通用 I/O 口线，一般称为 81C55 的 A 口，用于传送 PA 口上的外部设备数据，数据传送方向由写入 81C55 的命令字决定。

PB7 ~ PB0 也是通用 I/O 口线，一般称为 81C55 的 B 口，用于传送 PB 口上的外部设备数据，数据传送方向也由写入 81C55 的控制字决定。

PC5 ~ PC0 为数据/控制线，共有 6 条，一般称为 81C55 的 C 口，"通用 I/O 方式"下作为 I/O 口；在"选通 I/O 方式"下作为命令/状态口。

(3) 控制引脚：RESET、$\overline{CE}$和 IO/$\overline{M}$ 为复位、片选和 I/O 端口或 RAM 的选择线。$\overline{RD}$、$\overline{WR}$为读/写控制线。当$\overline{RD}$=0 且$\overline{WR}$=1 时，81C55 处于被读出数据状态；当$\overline{RD}$=1 且$\overline{WR}$=0 时，81C55 处于被写入数据状态。ALE 为 81C55 的地址锁存信号。当 ALE=1 时，信号进入地址锁存器，当 ALE=0 时，锁存器处于封锁状态，将 ALE=1 时的地址锁存到地址锁存器中。TIMERIN 和$\overline{TIMEROUT}$为计数器的脉冲输入线和输出线，输出波形与工作方式有关。

(4) 电源引脚：V_{CC}为+5 V 电源输入线，V_{SS}接地。

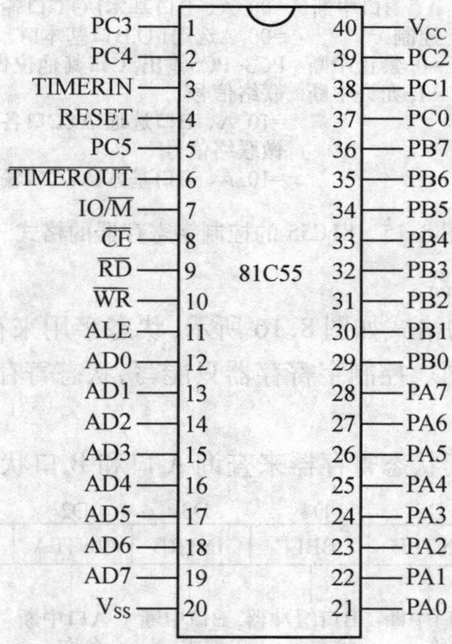

图 8.14　81C55 的引脚图

3. CPU 对 81C55 的 I/O 端口的控制

81C55 的 A、B、C 3 个端口的数据传送方式是由控制字和状态字来决定的。

(1) 81C55 各端口地址分配。

81C55 内部有 7 个寄存器，需要 3 位译码线控制，一般接 AT89S51 单片机的 A0 ~ A2。

这 3 位地址线和 AT89S51 单片机的几个控制信号配合实现对 81C55 各端口的控制，详见表 8.2。

(2)81C55 的控制字寄存器。

81C55 有一个控制字寄存器和一个状态寄存器。控制字寄存器只能写，状态寄存器只能读。

81C55 的控制字寄存器的格式如图 8.15 所示。其中低 4 位用来设置 A、B、C 口的工作方式，D4、D5 位用来控制 A 口和 B 口的中断，D6、D7 用来设置计数器工作方式。

表 8.2　81C55 的 I/O 端口控制

$\overline{CE}$	IO/$\overline{M}$	A2	A1	A0	所选端口
0	1	0	0	0	控制/状态寄存器
0	1	0	0	1	A 口
0	1	0	1	0	B 口
0	1	0	1	1	C 口
0	1	1	0	0	计数器低 8 位
0	1	1	0	1	计数器高 4 位
0	0	×	×	×	RAM 单元

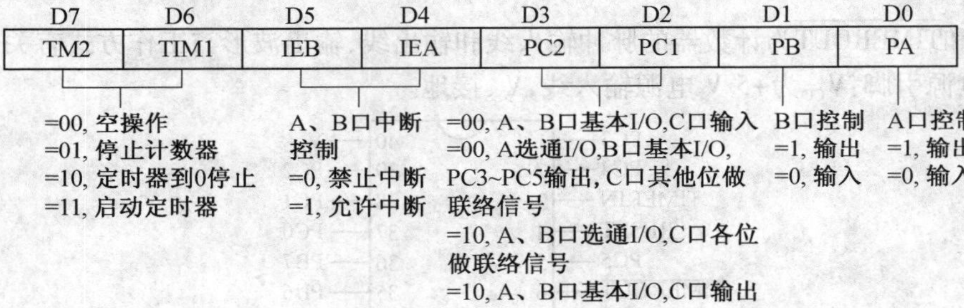

图 8.15　81C55 的控制字寄存器的格式

(3)81C55 的状态字寄存器。

81C55 的状态字寄存器的格式如图 8.16 所示，状态字用来存放 A 口和 B 口状态，它的地址与控制字寄存器地址相同。控制字寄存器只能写，状态寄存器只能读，所以操作不会混淆。

AT89S51 单片机常通过读状态寄存器来查询 A 口和 B 口状态。

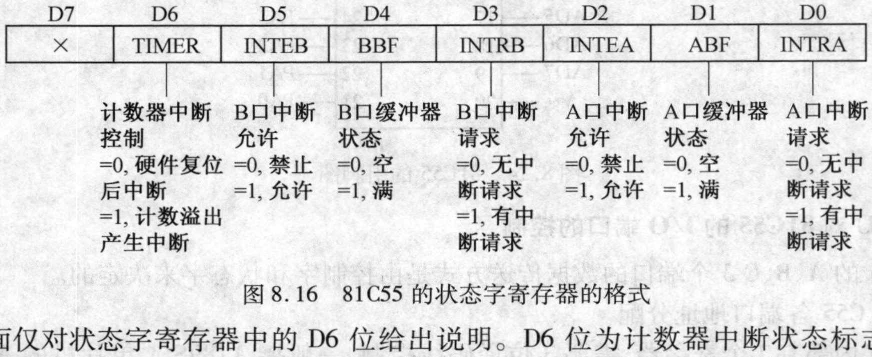

图 8.16　81C55 的状态字寄存器的格式

下面仅对状态字寄存器中的 D6 位给出说明。D6 位为计数器中断状态标志位(TIMER)。若计数器正在计数或开始计数前，则 D6 = 0；若计数器的计数长度已计满，即计数器减为 0，则 D6 = 1，它可作为计数器中断请求标志。在硬件复位或对它读出后又恢复为 0。

8.4.2　81C55 的工作方式

下面介绍 81C55 的两种工作方式。

1. 存储器方式

81C55 的存储器方式用于对片内 256 B 的 RAM 单元进行读/写操作，若 $IO/\overline{M}$ = 0 且 $\overline{CE}$ = 0，则 AT89S51 单片机可通过 AD7 ~ AD0 上的地址选择 RAM 存储器中任意单元读/写。

2. I/O 方式

81C55 的 I/O 方式分为基本 I/O 和选通 I/O 两种工作方式，见表 8.3。

基本 I/O 工作方式是使用最多的工作方式，在这种工作方式下，3 个口作为普通 I/O 口。选通 I/O 工作方式中，A、B 作为数据口，C 口作为 A、B 口的联络信号口。其中，PC0 传送 A 口的输入/输出中断请求信号，向 CPU 申请输入/输出中断；PC1 作为 A 口缓冲器满标志位；PC2 作为 A 口选通输入信号；PC3 作为 B 口的输入/输出中断请求信号，向 CPU 申请输入输出中断；PC4 作为 B 口缓冲器满标志；PC5 作为 B 口选通输入信号。

在 I/O 方式下，81C55 可选择片内任意端口寄存器读/写，端口地址由 A2、A1、A0 3 位决定，见表 8.2。

表 8.3　PC 口两种 I/O 方式下各位的定义

PC 口	基本 I/O 方式		选通 I/O 方式	
	ALT1	ALT2	ALT3	ALT4
PC0	输入	输出	AINTR（A 口中断）	AINTR（A 口中断）
PC1	输入	输出	ABF（A 口缓冲器满）	ABF（A 口缓冲器满）
PC2	输入	输出	ASTB（A 口选通）	$\overline{ASTB}$（A 口选通）
PC3	输入	输出	输出	BINTR（B 口中断）
PC4	输入	输出	输出	BBF（B 口缓冲器满）
PC5	输入	输出	输出	$\overline{BSTB}$（B 口选通）

（1）基本 I/O 方式。在基本 I/O 方式下，A、B、C 3 个口用作输入/输出口，由图 8.15 所示的控制字寄存器决定。其中，A、B 两口的输入/输出由 D1、D0 决定，C 口各位由 D3、D2 状态决定。例如，若把 02H 的命令字送到 81C55 的控制字寄存器，则 81C55 的 A 口和 C 口各位设定为输入方式，B 口设定为输出方式。

（2）选通 I/O 方式。由控制字寄存器中 D3、D2 状态设定，A 口和 B 口都可独立工作于这种方式。此时，A 口和 B 口用作数据口，C 口用作 A 口和 B 口的应答联络控制口。C 口各位应答联络线的定义是在设计 81C55 时规定的，其分配和命名见表 8.3。选通 I/O 方式又可分为选通 I/O 数据输入和选通 I/O 数据输出两种方式。

①选通 I/O 数据输入。A 口和 B 口都可设定为本工作方式。若控制字寄存器中 D0 = 0 且 D3、D2 = 10，则 A 口设定为本工作方式；若控制字寄存器中 D1 = 0 且 D3、D2 = 11，则 PB 口设定为本工作方式。本工作方式和 82C55 的选通 I/O 方式数据输入情况类似，如图 8.17(a)所示。

当外部设备准备好数据并送 A 口时，发出低电平的选通信号 $\overline{ASTB}$；81C55 接收到 $\overline{ASTB}$

信号后，首先，将 A 上的数据装入 A 口寄存器，然后，使 A 口数据满标志（ABF）置位，以通知外部设备数据已收到；81C55 在 $\overline{ASTB}$ 的上升沿使 PC0 的 AINTR 标志置位，以通知单片机数据已收到；CPU 响应中断执行服务程序，当执行到从 A 口读取输入的数据时，$\overline{RD}$ 的上升沿将 PC0 的 AINTR 清 0 并使 PC1 的 ABF 变为低电平，通知外部设备输入下一个数据。

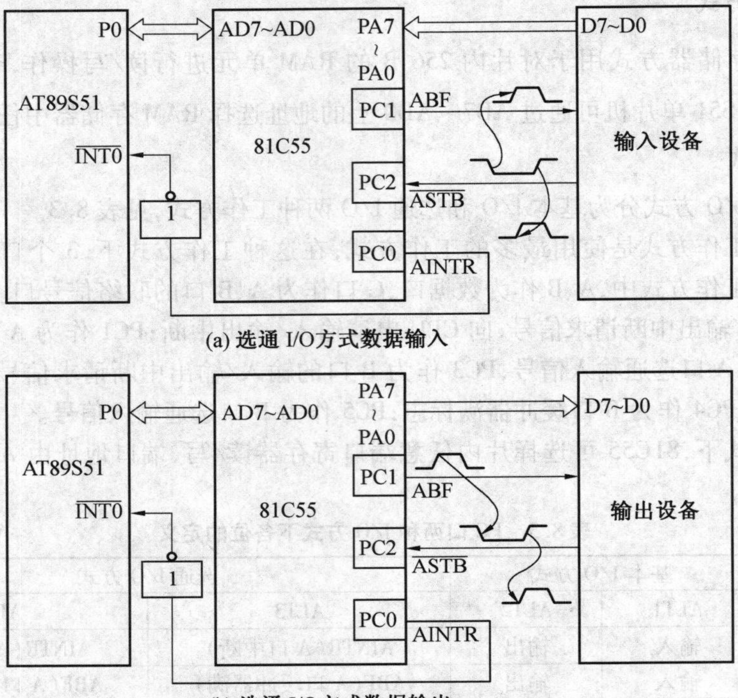

图 8.17　选通 I/O 方式示意图

②选通 I/O 数据输出。A 口和 B 口都可设定为本工作方式。若控制字寄存器中 D0 = 1 且 D3、D2 = 10，则 A 口设定为本工作方式；若控制字寄存器中 D1 = 1 且 D3、D2 = 11，则 B 口设定为本工作方式。选通 I/O 数据的输出过程也和 82C55 的选通 I/O 输出情况类似，图 8.17(b) 所示为选通 I/O 方式数据输出的示意图。

CPU 执行指令将数据送 A 口，81C55 收到数据后 ABF 变高通知外部设备数据已到达 PA 口。

外部设备接收到 ABF 的高电平后，首先，从 D7 ~ D0 上接收数据；然后，使 $\overline{ASTB}$ 变为低电平，通知 81C55 外部设备已接收到数据。

当 81C55 监测到 $\overline{ASTB}$ 回到高电平时，使 PC0 口的 AINTR 变为高电平，向 AT89S51 单片机申请中断。

AT89S51 单片机在中断服务子程序中把下一个数据送到 A 口，进行下一个数据的输出。

3. 内部计数器及其使用

81C55 中有一个 14 位的内部计数器，用于定时或对外部事件进行计数，CPU 可通过软件来选择计数长度和计数方式。计数长度和计数方式由写入计数器的控制字来确定。计数器的格式如图 8.18 所示。

	D7	D6	D5	D4	D3	D2	D1	D0
T_L(04H)	T7	T6	T5	T4	T3	T2	T1	T0

	D7	D6	D5	D4	D3	D2	D1	D0
T_H(05H)	M2	M1	T13	T12	T11	T10	T9	T8

图 8.18　81C55 计数器的格式

图 8.18 中，T13 ~ T0 为计数器的计数位；M2、M1 用来设置计数器的输出方式。81C55 计数器的 4 种工作方式及对应的$\overline{\text{TIMEROUT}}$引脚输出波形如图 8.19 所示。M1 M2 = 00 时，计数器在计数的后半周期在$\overline{\text{TIMEROUT}}$线上输出低电平，如果计数初值为奇数，则高电平持续时间比低电平多一个计数脉冲；M2 M1 = 01 时，同上一方式，差别为当计数器"减 1"到"全 0"时，自动装入计数初值，所以在$\overline{\text{TIMEROUT}}$上为连续波形；M2 M1 = 10 时，当计数器"减 1"到"全 0"时，在$\overline{\text{TIMEROUT}}$线上输出一个单脉冲；M2 M1 = 11 时，当计数器"减 1"到"全 0"时，在$\overline{\text{TIMEROUT}}$线上输出一个单脉冲，且自动重装计数初值，所以在$\overline{\text{TIMEROUT}}$线上输出连续的波形。

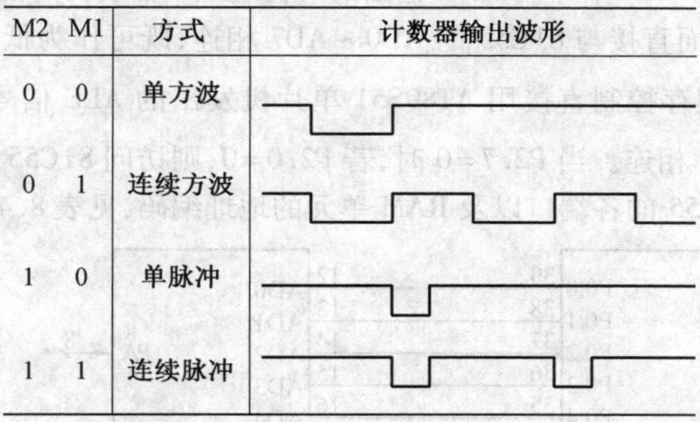

M2 M1
方式
计数器输出波形
0 0
单方波
0 1
连续方波
1 0
单脉冲
1 1
连续脉冲

图 8.19　81C55 计数器工作方式及$\overline{\text{TIMEROUT}}$引脚的输出波形

任何时候都可以设置计数器的长度和工作方式，但是必须将控制字写入控制寄存器。如果计数器正在计数，那么，只有在写入启动命令之后，计数器才接收新的计数长度并按新的工作方式计数。

若写入计数器的初值为奇数，$\overline{\text{TIMEROUT}}$引脚的方波输出是不对称的。例如，初值为 9 时，计数器的输出，在 5 个计数脉冲周期内为高电平，4 个计数脉冲周期内为低电平，如图 8.20所示。

注意，81C55 的计数器初值不是从 0 开始，而要从 2 开始。这是因为，如果选择计数器的输出为方波形式（无论是单方波还是连续方波），则规定是从启动计数开始，前一半计数输出为高电平，后一半计数输出为低电平。显然，如果计数初值是 0 或 1，就无法产生这种方波。因此 81C55 计数器的写入初值范围是 3FFFH ~ 0002H。

如果硬要将 0 或 1 作为初值写入，其效果将与送入初值 2 的情况一样。

81C55 复位后并不预置计数器的工作方式和长度，而是使计数器停止计数。

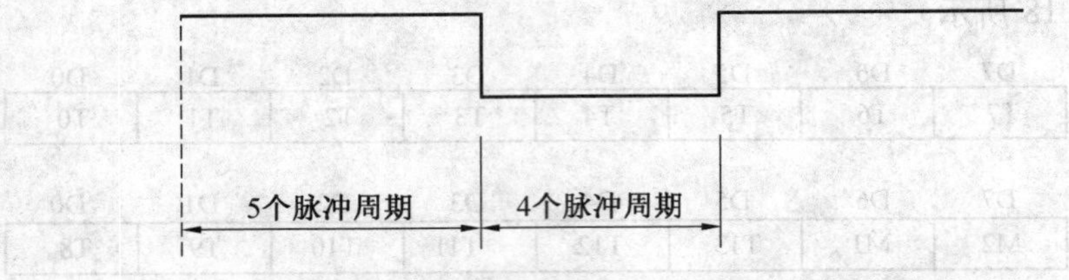

图 8.20　计数长度为奇数时的不对称方波输出(长度为 9)

8.4.3　AT89S51 单片机与 81C55 的接口设计

充分利用 81C55 的内部资源可以简化单片机系统的设计。

无论是 81C55 还是其他外围电路与 AT89S51 的连接都可分为两种方式:最小化连接方式,按照外部 RAM 地址统一编址方式。

前者适用于较小的系统,后者适用于较复杂的系统。

1. AT89S51 单片机与 81C55 的硬件接口电路

AT89S51 单片机可以和 81C55 直接连接而不需要任何外加逻辑器件。AT89S51 单片机与 81C55 的接口电路如图 8.21 所示。

在图 8.21 中,AT89S51 单片机 P0 口输出的 8 位地址不需要另外加锁存器(81C55 片内集成有地址锁存器),而直接与 81C55 的 AD0 ~ AD7 相连,既可作为低 8 位地址总线,又可作为数据总线,地址锁存控制直接用 AT89S51 单片机发出的 ALE 信号。81C55 的 $\overline{CE}$ 端接 P2.7,IO/$\overline{M}$ 端与 P2.0 相连。当 P2.7=0 时,若 P2.0=0,则访问 81C55 的 RAM 单元。由此可得到图 8.21 中 81C55 的各端口以及 RAM 单元的地址编码,见表 8.4。

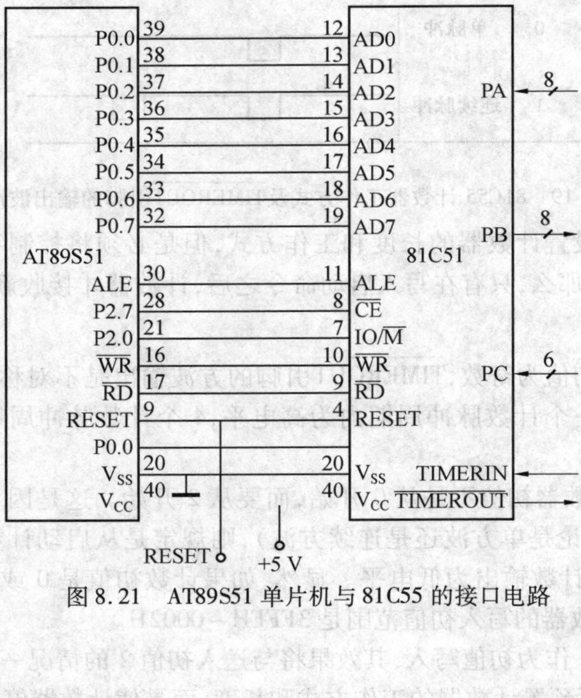

图 8.21　AT89S51 单片机与 81C55 的接口电路

表 8.4　81C55 的各端口以及 RAM 单元的地址编码

	地　址	
RAM 单元	7E00H ~ 7EFFH	
I/O 口	控制/状态口：	7F00H
	PA 口：	7F01H
	PB 口：	7F02H
	PC 口：	7F03H
	计数器低 8 位：	7F04H
	计数器高 6 位：	7F05H

2. 81C55 的编程

根据图 8.21 所示的接口电路，介绍对 81C55 的具体操作。

【例 8.4】　若 PA 口定义为基本输入方式，PB 口定义为基本输出方式，对输入脉冲进行 24 分频（81C55 计数器的最高计数频率为 4 MHz），则 81C55 的 I/O 初始化程序如下：

```
#include <reg51. h>
#define uchar unsigned char
#define uint unsigned int
uchar xdata * num = 0x7f04;
uchar xdata * con = 0x7f00;
void delayms( uint)
void main( void)
{
 * num = 0x18;//计数初值低 8 位装入计数器
num++;       //计数器指向高 8 位
 * num = 0x40;//计数器为连续方波输出
 * con = 0xc2;//设定命令/状态口，A 口基本输入，B 口基本输出，开启计数器
……
}
```

8.5　利用 74LS TTL 电路扩展并行 I/O 口

在 AT89S51 单片机应用系统中，有些场合需要降低成本、缩小体积，这时采用 TTL 电路、CMOS 电路锁存器或三态门电路也可构成各种类型的简单输入/输出口。通常这种 I/O 都是通过 P0 口扩展的。由于 P0 口只能分时复用，因此构成输出口时，接口芯片应具有锁存功能；构成输入口时，要求接口芯片应能三态缓冲或锁存选通，数据的输入/输出由单片机的读/写信号控制。TTL 电路扩展 I/O 口是一种简单的 I/O 口扩展方法。它具有电路简单、成本低、配置灵活的特点。

图 8.22 所示为一个利用 74LS244 和 74LS273 芯片，将 P0 口扩展成简单的 I/O 口的电路。其中，74LS244 为 8 缓冲线驱动器（三态输出），使能端为低电平有效。当 P2.0 和 $\overline{RD}$ 二者之一为高电平时，输出为三态。74LS273 为 8D 触发器。1 脚是复位位 CLR，当 CLR = 0

时,输出全为 0;CLK 是时钟信号,当 CLK 由低电平向高电平跳变时,D 端输入数据传送到 Q 端输出。

P0 口作为双向 8 位数据线,既能够从 74LS244 输入数据,又能够从 74LS273 输出数据。输入控制信号由 P2.0 和$\overline{RD}$相“或”后形成。当二者都为 0 时,74LS244 的控制端有效,选通 74LS244,外部的信息输入到 P0 口数据总线上。当与 74LS244 相连的按键都没有按下时,输入全为 1,若按下某键,则所在线输入为 0。

输出控制信号由 P2.0 和$\overline{WR}$相“或”后形成。当二者都为 0 时,74LS273 的控制端有效,选通 74LS273,P0 口上的数据锁存到 74LS273 的输出端,控制对应的 LED,当某线输出为 0 时,相应的 LED 发光。

具体工作原理如下:74LS244 和 74LS273 的工作受 AT89S51 单片机的 P2.0、$\overline{RD}$、$\overline{WR}$控制。74LS244 作为扩展输入口,它的 8 个输入端分别接 8 个按钮开关。74LS273 是 8D 锁存器扩展输出口,输出端接 8 个 LED,以显示 8 个按钮开关的状态。当某条输入口线的按钮开关按下时,该输入口线为低电平,读入 AT89S51 单片机后,其相应位为 0,然后再将该口线的状态经 74LS273 输出,某位低电平时 LED 发光,从而显示出按下的按钮开关的位置。该电路的工作原理如下:当 P2.0=0,$\overline{RD}$=0($\overline{WR}$=1)时,选中 74LS244 芯片,此时若无按钮开关按下,输入全为高电平。当某开关按下时则对应位输入为 0,74LS244 的输入端不全为 1,其输入状态通过 P0 口数据线被读入 AT89S51 单片机片内。当 P2.0=0,$\overline{RD}$=1($\overline{WR}$=0)时,选中 74LS273 芯片,CPU 通过 P0 口输出数据锁存到 74LS273,74LS273 的输出端低电平位对应的 LED 发光。

总之,在图 8.22 中只要保证 P2.0 为 0,其他地址位或 0 或 1 即可,如地址用 FEFFH(无效位全为 1),或用 0000H(无效位全为 0)都可。

采用绝对地址访问宏定义头文件 absacc.h,输入程序段语句:

TEMP=XBYTE[0xFEFF];

输出程序段语句:

XBYTE[0xFEFF]=TEMP;

前者读取开关状态,后者由 LED 的亮灭显示开关状态,其中 TEMP 变量保存开关状态。图 8.22 仅仅扩展了两片,如果仍不够用,还可继续扩展。但作为输入口时,一定要有三态功能,否则将影响总线的正常工作。

8.6 I/O 口的简单应用

单片机以其灵活的指令系统及强大的功能,在测控领域中有着广泛的应用,除了当单片机测控系统发生故障或处于某种紧急状态时,单片机系统能发出提醒人们警觉的声音报警以外,还经常应用于智能玩具、电子贺卡等产品中,在这些产品中,不仅可以使用单片机驱动扬声器发声,而且还可以控制其发出不同的音调,从而构成一首曲子。下面分别介绍其组成和功能。

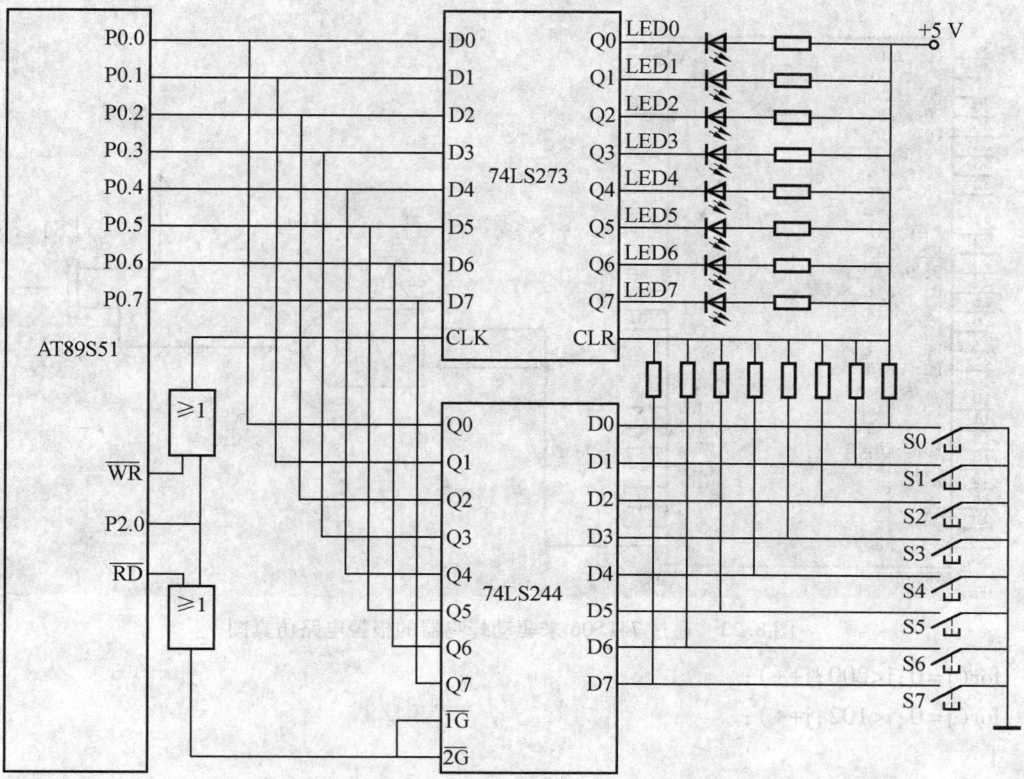

图 8.22 74LSTTLI/O 扩展举例

8.6.1 简易报警接口

蜂鸣音报警接口电路的设计只需购买市售的压电式蜂鸣器,然后通过 AT89S51 单片机的一条 I/O 口线通过驱动器驱动蜂鸣器发声。压电式蜂鸣器约需 10 mA 的驱动电流,可以使用 TTL 系列集成电路 74LS06 的低电平驱动,如图 8.23 所示。

在图 8.23 中,AT89S51 单片机的口线 P1.7 接驱动器的输入端。当 P1.7 输出高电平时,74LS06 的输出为低电平,使蜂鸣器两条引线加上近 5 V 的直流电压,由压电效应而发出蜂鸣音;当 P1.7 端输出低电平时,74LS06 的输出端约为+5 V,蜂鸣器的两引线间的直流电压降至接近于 0 V,发音停止。

```
#include <reg51.h>
sbit start=P1^7;
void delay_ms(unsigned int ms_number)//ms 延时函数(AT89S51 单片机的晶振频率为
11.059 2 MHz)
{
unsigned int i;
unsigned char j;
for(i=0;i<ms_number;i++)
{
```

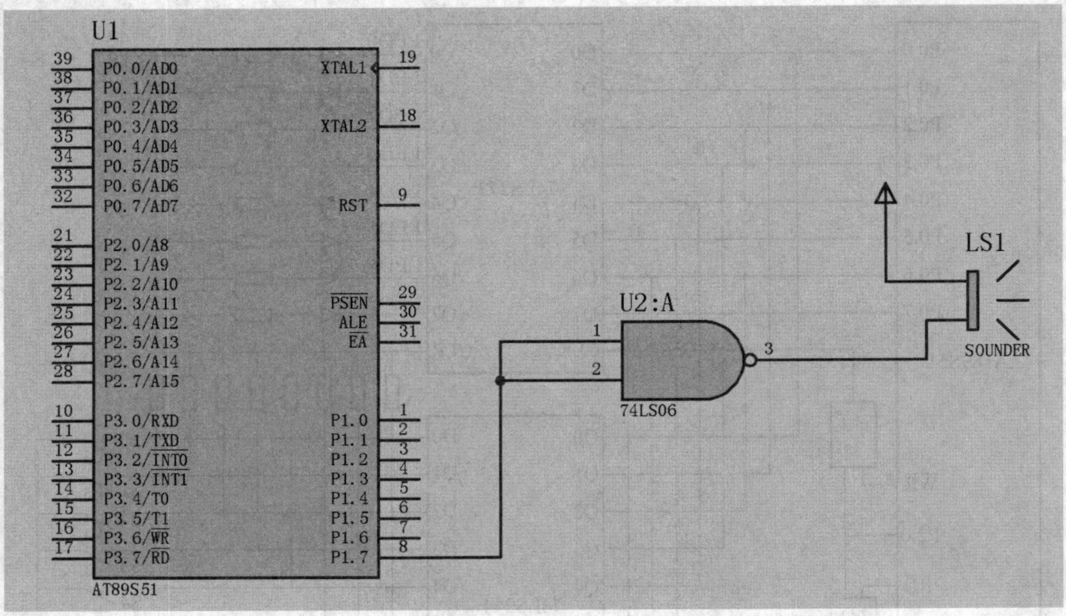

图 8.23　通过 74LS06 来驱动蜂鸣器的报警电路仿真图

```
for(j=0;j<200;j++);
for(j=0;j<102;j++);
}
}
main()
{
    start=1;
delay_ms(100);
start=0;
}
```

如果想要发出更大的声音,可采用功率大的扬声器作为发声器件,这时要采用相应的功率驱动电路。

8.6.2　音乐播放接口

目前市场上有很多音乐芯片或音乐模块,可以直接产生各种曲子。但是这种模块价格较高,性价比却不高。对于一些仅需要产生简单的音符或简单曲子的场合,可以使用单片机配合简单的蜂鸣器产生所需要的音乐效果。

一般说来,单片机演奏音乐基本都是单音频率,它不包含相应幅度的谐波频率,也就是说不能像电子琴那样奏出多种音色的声音。因此单片机奏乐只需弄清楚两个概念即可,即“音调”和“节拍”。音调表示一个音符唱多高的频率,节拍表示一个音符唱多长的时间。

1. 音符的音调

在音乐中所谓"音调",其实就是常说的"音高"。在音乐中常把中央 C 上方的 A 音定为标准音高,其频率 $f=440$ Hz。当两个声音信号的频率相差一倍,也即 $f_2=2f_1$ 时,则称 f_2 比 f_1 高一个倍频程,在音乐中 1(do)与 1,2(来)与 2 等正好相差一个倍频程,在音乐学中称它们相差一个八度音。在一个八度音内,有 12 个半音。以 1-1 八音区为例,12 个半音是:1-#1、#1-2、2-#2、#2-3、3-4、4-#4,#4-5、5-#5、#5-6、6-#6、#6-7、7-1。这 12 个音阶的分度基本上是以对数关系来划分的。只要知道了这 12 个音阶的音高,也就是其基本音调的频率,就可根据倍频程的关系得到其他音符基本音调的频率。

知道了一个音符的频率后,怎样让单片机发出相应频率的声音呢?一般说来,常采用的方法就是通过单片机的定时器定时中断,将单片机上对应蜂鸣器的 I/O 口来回取反,或者说来回清 0,或置 1,从而让蜂鸣器发出声音,为了让单片机发出不同频率的声音,只需将定时器预置不同的定时值就可实现。那么怎样确定一个频率所对应的定时器的定时值呢?以标准音高 A 为例:

A 的频率 $f=440$ Hz,其对应的周期为

$$T=1/f=1/440=2\,272(\mu s)$$

单片机上对应蜂鸣器的 I/O 口来回取反的时间应为

$$t=T/2=2\,272/2=1\,136(\mu s)$$

这个时间 t 也就是单片机上定时器应有的中断触发时间。一般情况下,单片机奏乐时,其定时器为工作方式 1,它以振荡器的 12 分频信号为计数脉冲。设振荡器频率为 f_0,则定时器的预置初值由下式来确定:

$$t=12\times(TALL-THL)/f_0$$

式中,$TALL=2^{16}=65\,536$;THL 为定时器待确定的计数初值。因此定时器的高 8 位和低 8 位的初值分别为

$$TH=THL/256=(TALL-t\times f_0/12)/256$$

$$TL=THL\%256=(TALL-t\times f_0/12)\%256$$

将 $t=1\,136$ μs 代入上面两式(注意:计算时应将时间和频率的单位换算一致),即可求出标准音高 A($f=440$ Hz)在单片机晶振频率 $f_0=12$ MHz,定时器在工作方式 1 下的定时器高低计数器的预置初值,分别为

$$TH=(65\,536-1\,136\times12/12)/256=\text{FBH}$$

$$TL=(65\,536-1\,136\times12/12)\%256=\text{90H}$$

根据上面的求解方法,就可求出其他音调相应的计数器的预置初值。

2. 音符的节拍

音符的节拍可以举例来说明。在一张乐谱中,经常会看到这样的表达式,如1=C $\frac{4}{4}$、1=G $\frac{3}{4}$等,这里 1=C,1=G 表示乐谱的曲调,和前面所谈的音调有很大的关联,$\frac{4}{4}$、$\frac{3}{4}$就是用来表示节拍的。以$\frac{3}{4}$为例加以说明,它表示乐谱中以四分音符为节拍,每一小节有三拍。比

如：

1=C 3/4
| 1 2 3 4 5 6 |

其中 1、2 为一拍，3、4、5 为一拍，6 为一拍共 3 拍。1、2 的时长为四分音符的一半，即为八分音符长，3、4 的时长为八分音符的一半，即为十六分音符长，5 的时长为四分音符的一半，即为八分音符长，6 的时长为四分音符长。那么一拍到底该唱多长呢？一般说来，如果乐曲没有特殊说明，一拍的时长大约为 400～500 ms。以一拍的时长为 400 ms 为例，则当以四分音符为节拍时，四分音符的时长就为 400 ms，八分音符的时长就为 200 ms，十六分音符的时长就为 100 ms。

可见，在单片机上控制一个音符唱多长可采用循环延时的方法来实现。首先，确定一个基本时长的延时程序，比如说以十六分音符的时长为基本延时时间，那么，对于一个音符，如果它为十六分音符，则只需调用一次延时程序；如果它为八分音符，则只需调用两次延时程序；如果它为四分音符，则只需调用 4 次延时程序，依此类推。

通过上面关于一个音符音调和节拍的确定方法，就可以在单片机上实现音乐的演奏了。具体的实现方法为：将乐谱中的每个音符的音调及节拍变换成相应的音调参数和节拍参数，将它们做成数据表格，存放在存储器中，通过程序取出一个音符的相关参数，播放该音符，该音符唱完后，接着取出下一个音符的相关参数，如此直到播放完毕最后一个音符，根据需要也可循环不停地播放整个乐曲。另外，对于乐曲中的休止符，一般将其音调参数设为 FFH，其节拍参数与其他音符的节拍参数确定方法一致，乐曲结束用节拍参数为 00H 来表示。

图 8.24 所示是通过一个实例介绍如何使用单片机进行音乐演奏的音乐播放电路仿真图，演奏的乐曲包含《世上只有妈妈好》《两只老鼠》《两只蝴蝶》等。其中扬声器通过功放接 P1.7 口。

```
#include <reg51.h>
#define uchar unsigned char
#define uint unsinged int
sbit speaker=P1^7;
uchar t0h,t0l,time;
//-----------------------------------------
//单片机晶振采用 11.059 2 MHz
//频率-半周期数据表高 8 位，本软件共保存了 4 个八度的 28 个频率数据
uchar code FREQH[]={0x01,            //0 的时候没有音符
     0xf2,0xf3,0xf5,0xf5,0xf6,0xf7,0xf8,          //低音 1,2,3,4,5,6,7
     0xf9,0xf9,0xfa,0xfa,0xfb,0xfb,0xfc,0xfc,     //1,2,3,4,5,6,7,i
     0xfc,0xfd,0xfd,0xfd,0xfd,0xfe,               //高音 2,3,4,5,6,7
     0xfe,0xfe,0xfe,0xfe,0xfe,0xfe,0xff};  //超高音 1,2,3,4,5,6,7
//-------------------------------------------
//频率-半周期数据表低 8 位
uchar code FREQL[]={0x01,            //0 的时候没有音符
     0x42,0xc1,0x17,0xb6,0xd0,0xd1,0xb6,          //低音 1,2,3,4,5,6,7
```

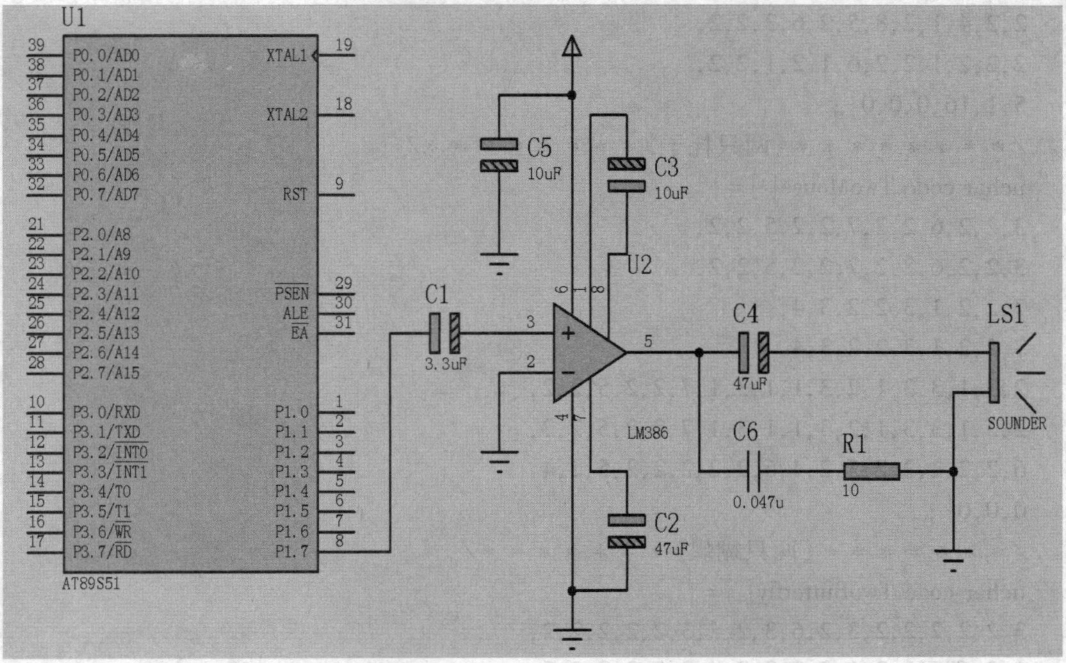

图 8.24　音乐播放电路仿真图

```
    0x21,0xe1,0x8c,0xd8,0x68,0xe9,0x5b,0x8f,//1,2,3,4,5,6,7,i
    0xee,0x44,0x6b,0xb4,0xf4,0x2d,             //高音 2,3,4,5,6,7
    0x47,0x77,0xa2,0xb6,0xda,0xfa,0x16};   //超高音 1,2,3,4,5,6,7
//----------------------------------------
//一个音符有 3 个数字。前为第几个音、中为第几个八度、后为时长(以 1/4 拍为单位)
//6,2,6 分别代表:6,中音,6 个 1/4 拍;
//5,2,2 分别代表:5,中音,两个 1/4 拍;
//3,2,4 分别代表:3,中音,4 个 1/4 拍;
//5,2,4 分别代表:5,中音,4 个 1/4 拍;
//1,3,4 分别代表:1,高音,4 个 1/4 拍;
//低音为 1,中音为 2,高音为 3,超高音为 4;
//----------------------------------------
/****《世上只有妈妈好》****/
uchar code sszymmh[]={
6,2,6,5,2,2,3,2,4,5,2,4,
1,3,4,6,2,2,5,2,2,6,2,8,
3,2,4,5,2,2,6,2,2,5,2,4,
3,2,4,1,2,2,6,1,2,5,2,2,
3,2,2,2,2,8,2,2,6,3,2,2,
5,2,4,5,2,2,6,2,2,3,2,4,
```

```
2,2,4,1,2,8,5,2,6,3,2,2,
2,2,2,1,2,2,6,1,2,1,2,2,
5,1,16,0,0,0};
/*********《两只耗子》*********/
uchar code TwoMouse[]={
3,2,2,6,2,2,7,2,2,5,2,2,
3,2,2,6,2,2,7,2,2,5,2,2,
7,2,2,1,3,2,2,3,4,
7,2,2,1,3,2,2,3,4,
2,3,1,3,3,1,2,3,1,1,3,1,7,2,2,5,2,2,
2,3,1,3,3,1,2,3,1,1,3,1,7,2,2,5,2,2,
6,2,2,2,2,2,5,2,4,6,2,2,2,2,2,5,2,4,
0,0,0};
/*******《两只蝴蝶》*******/
uchar code TwoButterfly[]={
3,2,2,2,2,2,3,2,6,3,2,2,3,2,2,2,2,2,
1,2,6,6,1,2,1,2,2,2,2,4,2,2,2,3,2,2,
2,2,2,1,2,2,6,1,2,1,2,2,5,1,12,3,2,2,
2,2,2,3,2,8,3,2,2,2,2,2,3,2,2,3,2,2,
1,2,12,6,1,2,1,2,2,2,2,4,2,2,2,3,2,2,
2,2,2,1,2,2,6,1,2,1,2,2,2,2,12,3,2,2,
2,2,2,3,2,8,3,2,2,2,2,2,3,2,2,2,2,2,
1,2,12,6,1,2,1,2,2,2,2,4,2,2,2,3,2,2,
2,2,2,1,2,2,6,1,2,1,2,2,5,2,12,3,2,2,
5,2,2,5,2,8,5,2,2,5,2,2,6,2,2,5,2,2,
3,2,12,2,2,2,3,2,2,2,2,4,2,2,2,3,2,2,
2,2,2,1,2,2,6,1,2,6,1,1,1,2,1,1,2,1,
1,2,1,1,2,12,0,0,4,5,2,2,5,2,2,6,2,2,
1,3,2,7,2,2,7,2,2,6,2,2,3,2,2,2,2,2,
2,2,2,3,2,2,3,2,8,3,2,2,3,2,2,
5,2,2,6,2,4,6,2,6,6,1,2,3,2,2,2,2,2,
2,2,12,3,2,2,5,2,2,5,2,2,3,2,2,5,2,4,
1,3,4,7,2,2,6,2,2,7,2,2,3,2,4,
6,2,2,6,2,2,7,2,2,6,2,2,5,2,2,
3,2,2,2,2,4,3,2,2,2,2,2,3,2,2,5,2,6,
5,2,2,5,2,2,6,2,2,6,2,2,5,2,2,
3,2,2,2,2,4,5,1,2,5,1,2,6,1,2,1,2,12,
0,0,0};
/**************《生日快乐》**************/
```

```
uchar code Birthday[ ]={
5,1,2,5,1,2,6,1,4,5,1,4,1,2,4,7,1,8,
5,1,2,5,1,2,6,1,4,5,1,4,2,2,4,1,2,8,
5,1,2,5,1,2,5,2,4,3,2,4,1,2,4,7,1,4,
6,1,4,4,2,2,4,2,2,3,2,4,1,2,4,2,2,4,
1,2,4,0,0,0};
//-----------------------------------------------------------------
void t0int( ) interrupt 1          //T0 中断程序,控制发音的音调
{
    TR0=0;                          //先关闭 T0
    speaker= ~speaker;              //输出方波,发音
    TH0=t0h;                        //下次的中断时间,这个时间控制音调高低
    TL0=t0l;
    TR0=1;                          //启动 T0
}
//-----------------------------------------
void delay(uchar t)       //延时程序,控制发音的时间长度 120 ms(1/4 拍)
{
uchar a,b,c;
    while(t--)      //四重循环,共延时 t 个 1/4 拍
{
    for(c=193;c>0;c--)
        for(b=114;b>0;b--)
            for(a=1;a>0;a--);
}
  //延时期间,可进入 T0 中断去发音
    TR0=0;                              //关闭 T0,停止发音
}
//-----------------------------------------
void singachar()                        //演奏一个音符
{
TR0=0;
    TH0=t0h;                        //控制音调
    TL0=t0l;
    TR0=1;                          //启动 T0,由 T0 输出方波去发音
    delay(time);                    //控制时间长度即节拍
}
//-----------------------------------------
/***************演奏一首歌******************/
```

```
void song(uchar * str)
{
uchar k,i;
i=0;
    time=1;
    while(time)
    {
        k=str[i]+7*(str[i+1]);//第i个是音符,第i+1个是第几个八度
        t0h=FREQH[k];          //从数据表中读出频率数值
        t0l=FREQL[k];          //实际上,是定时的时间长度
        time=str[i+2];         //读出时间长度数值节拍时间
        i+=3;
        singachar();
    }
    }
void main(void)
{
    TMOD=0x01;                   //置T0定时工作方式1
    ET0=1;                       //开T0中断
    EA=1;                        //开CPU中断
    while(1)
    {
  song(TwoMouse);
  delay(20);
  song(sszymmh);
  delay(20);
//  song(TwoButterfly);
  song(Birthday);
  delay(20);
    }
                         //发出一个音符
    }
```

/******************乐谱节拍高低音****************

节拍:下面有两横表示 1/4 拍;下面有一横表示半拍;后面加一点表示增加该音符一半拍数。2 表示一拍;2-表示两拍;2---表示四拍。

音调:上面有一点表示高音;下面有一点表示低音,通常表示中音。

设置节拍速度 125 拍/分,则 2.08/拍,二拍为 960 ms,一拍为 480 ms,1/4 拍为 120 ms

****************************/

思考题及习题

8.1　判断下列说法是否正确。

A. 由于 81C55 不具有地址锁存功能，因此在与 AT89S51 单片机的接口电路中必须加地址锁存器。（　　）

B. 在 81C55 芯片中，决定端口和 RAM 单元编址的信号是 AD7 ~ AD0 和 $\overline{WR}$。（　　）

C. 82C55 具有三态缓冲器，因此可以直接挂在系统的数据总线上。（　　）

D. 82C55 的 PB 口可以设置成方式 2。（　　）

8.2　I/O 接口和 I/O 端口有什么区别？I/O 接口的功能是什么？

8.3　I/O 数据传送有哪几种方式？分别在哪些场合下使用？

8.4　常用的 I/O 端口编址有哪两种方式？它们各有什么特点？AT89S51 单片机的 I/O 端口编址采用的是哪种方式？

8.5　82C55 的“方式控制字”和“PC 口按位置位/复位控制字”都可以写入 82C55 的同一控制寄存器，82C55 是如何来区分这两个控制字的？

8.6　采用 82C55 的 PC 口按位置位/复位控制字编写程序，将 PC7 置 0，PC4 置 1（已知 82C55 各端口的地址为 7FFCH ~ 7FFFH）。

8.7　由图 8.6 说明 82C55 的 PA 口在方式 1 的应答联络输入方式下的工作过程。

8.8　81C55 的端口都有哪些？哪些引脚决定端口的地址？引脚 TIMERIN 和 $\overline{\text{TIMEROUT}}$ 的作用是什么？

8.9　现有一片 AT89S51 单片机，扩展了一片 82C55，若把 82C55 的 PB 口用作输入，PB 口的每一位接一个开关，PA 口用作输出，每一位接一个 LED，请画出电路原理图，并编写出 PB 口某一位开关接高电平时，PA 口相应位 LED 被点亮的程序。

8.10　假设 81C55 的 TIMERIN 引脚输入的脉冲频率为 1 MHz，请编写在 81C55 的 $\overline{\text{TIMEROUT}}$ 引脚上输出周期为 10 ms 的方波的程序（假设 I/O 口地址为 7F00H ~ 7F05H）。

第 9 章 AT89S51 单片机的外部设备的 I/O 接口

基于单片机的应用系统是面向用户的，因此，用户要使用输入设备对系统的运行加以控制或者输入信息，又要使用输出设备观察系统是否正常运行。常用的外部设备有键盘、BCD 码拨盘、LED 数码管显示器、液晶显示器、打印机等。本章介绍 AT89S51 单片机与各种输入外部设备、输出外部设备的接口电路设计和软件编程。

9.1 键盘接口原理

键盘是由若干个按键组成的单片机的外部输入设备，可以实现向单片机输入数据和传达命令等功能，是人机对话的主要手段。

9.1.1 键盘接口的任务及应解决的问题

1. 键盘与单片机的连接方法

键盘与单片机的连接方法：

(1) 当按键个数比较少时，可以使用独立连接的键盘，其特点是：一个按键占用一条 I/O 口线，原理简单。

(2) 当按键个数比较多时，可以使用矩阵键盘，节约 I/O 口线，但是读取键码的程序比较复杂。

2. 键盘输入的特点

在单片机系统中常见的键盘有：触摸式键盘、薄膜键盘和按键式键盘，最常用的是按键式键盘。键盘实际上是一组按键开关的集合，平时按键开关总是处于断开状态，当按下键时它才闭合。键盘开关及其行线波形如图 9.1 所示。

(1) 按键的识别。

键的闭合与否反映在行线输出电压上就是呈现高电平或低电平。如果呈现高电平，表示键断开，低电平则表示键闭合，通过对行线电平高、低状态的检测，便可确认键按下以及按键释放与否。为了确保单片机对一次按键动作只确认一次按键有效，必须消除抖动期的影响。

(2) 如何消除按键的抖动。

在实际应用中，按键通常使用机械触点式按键。机械触点式按键在按下或释放时，由于

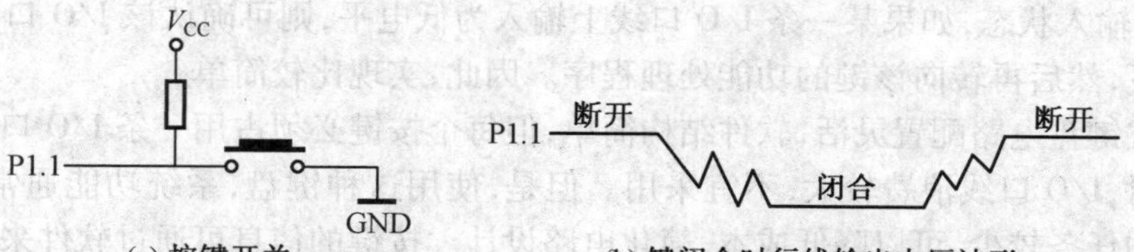

(a) 按键开关　　(b) 键闭合时行线输出电压波形

图 9.1　键盘开关及其行线波形

机械弹性作用的影响，通常伴随有一定时间的触点机械抖动，然后其触点才稳定下来。它的结构和产生的波形如图 9.1 所示，抖动时间的长短与开关的机械特性有关，一般为 5 ~ 10 ms。

在触点抖动期间检测按键的通断状态，可能导致判断出错。即按键一次按下或释放被错误地认为是多次操作，这种情况是不允许出现的。为了克服按键触点机械抖动所导致的检测误判，必须采取去抖动措施，可从硬件、软件两方面予以考虑。

硬件消抖是通过在按键输出电路上加一定的硬件线路来消除抖动，一般采用 *RS* 触发器或单稳态电路，一般在键数较少的情况下使用。

软件消抖是利用延时来跳过抖动过程。软件上采取的措施是：在检测到有按键按下时，执行一个 10 ms 左右（具体时间应视所使用的按键进行调整）的延时程序后，再确认该键电平是否仍保持闭合状态电平，若仍保持闭合状态电平，则确认该键处于闭合状态；同理，在检测到该键释放后，也应采用相同的步骤进行确认，从而可消除抖动的影响。

9.1.2　键盘的工作原理

按键按照结构原理可分为两类：触点式开关按键，如机械式开关、导电橡胶式开关等；无触点开关按键，如电气式按键、磁感应按键等。前者造价低，后者寿命长。

按键按照接口原理可分为两类：编码键盘，主要是用硬件来实现对按键的识别，硬件结构复杂；非编码键盘，主要是由软件来实现按键的定义与识别，硬件结构简单，软件编程量大。

常见的非编码键盘有两种结构：独立式键盘和矩阵式键盘。

1. 独立式键盘

独立式键盘利用按键直接与单片机相连接，这种键盘通常使用在按键数量较少的场合。开关和按键只能实现电路中简单的电气信号选择，在需要向 CPU 输入数据时要用到键盘。键盘是一个由开关组成的矩阵，是重要的输入设备。在小型计算机系统中，如单板微型计算机、带有微处理器的专用设备中，键盘的规模小，可采用简单实用的接口方式，在软件控制下完成键盘的输入功能。独立式按键是指直接用 I/O 口线构成的单个按键电路。每根 I/O 口线上按键的工作状态不会影响其他 I/O 口线的工作状态。独立式键盘的接口电路示意图如图9.2所示，一键一线，各键相互独立，每个按键各接一条 I/O 口线，通过检测 I/O 输入线的电平状态，可以很容易地判断哪个按键被按下。

图 9.2 中按键输入均采用低电平有效，此外，上拉电阻保证了按键断开时，I/O 口线上有确定的高电平。当 I/O 口线内部有上拉电阻时，外电路可不接上拉电阻。

独立式键盘的程序设计一般采用查询法编程。所谓查询法编程，就是先逐位查询每条

I/O 口线的输入状态,如果某一条 I/O 口线上输入为低电平,则可确认该 I/O 口线所对应的按键已按下,然后再转向该键的功能处理程序。因此,实现比较简单。

独立式键盘电路配置灵活,软件结构简单,但每个按键必须占用一条 I/O 口线,因此,在按键较多时,I/O 口线浪费较大,不宜采用。但是,使用这种键盘,系统功能通常比较简单,需要处理的任务较少,可以降低成本、简化电路设计。按键的信息可通过软件来获取。

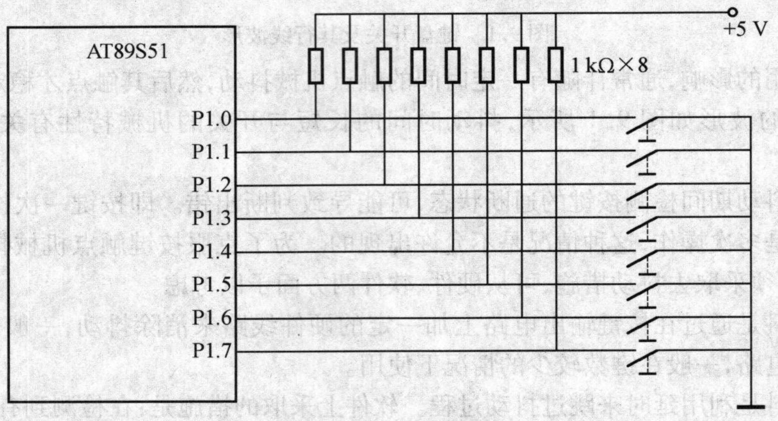

图 9.2　独立式键盘的接口电路示意图

对于图 9.2 所示的键盘,采用查询方式识别某一键是否按下的子程序如下:

```
#include <reg51.h>
void key_scan(void)
{
  unsigned char keyval;
  do
  {
    P1 = 0xff;
    keyval = P1;      //从 P1 口读入键盘状态
    keyval = ~keyval;//键盘状态求反
   switch(keyval);
  {
 case1:......;//处理按下的 S1 按键,"......"为该键处理程序,以下同
 break;   //跳出 switch 语句
 case2:......;//处理按下的 S2 按键
 break;    //跳出 switch 语句
 case4:......;//处理按下的 S3 按键
 break;    //跳出 switch 语句
 case8:......;//处理按下的 S4 按键
 break;    //跳出 switch 语句
 case16:......;//处理按下的 S5 按键
 break;    //跳出 switch 语句
```

```
case32:......;//处理按下的 S6 按键
break;       //跳出 switch 语句
case64:......;//处理按下的 S7 按键
break;  //跳出 switch 语句
case128:......;//处理按下的 S8 按键
break;      //跳出 switch 语句
default:
break;  //无按键按下处理
    }
  }
while(1);
}
```

对应 8 个按键的键处理程序 S1 ~ S8，可根据按键功能的要求来编写。注意，在进入键处理程序后，需要先等待按键释放，再执行键处理功能。另外，在键处理程序完成后，通过 break 语句跳出 switch 语句。

在单片机系统中按键数量较多时，为了减少 I/O 口的占用，常常将按键排列成矩阵形式。

2. 矩阵式键盘

矩阵式键盘也称为行列式键盘，如图 9.3 所示，它是由一个 4×4 的行、列结构构成一个 16 个按键的键盘。它由行线和列线组成。一组为行线，另一组为列线，是在 I/O 口线组成的行列矩阵的交叉点上连接按键。矩阵式键盘与独立式键盘相比，要节省较多的 I/O 口线，所以，非常适合按键数目较多的场合。

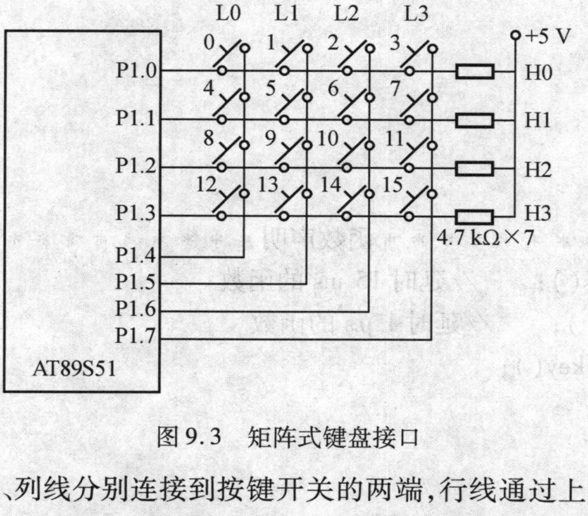

图 9.3　矩阵式键盘接口

矩阵式键盘中，行、列线分别连接到按键开关的两端，行线通过上拉电阻接到+5 V 上。键盘矩阵中无按键按下时，行线处于高电平状态；当有按键按下时，行、列线将导通，此时，行线电平将由与此行线相连的列线电平决定。列线的电平如果为低，则行线电平为低；列线的电平如果为高，则行线的电平也为高，这一点是识别矩阵式键盘按键是否按下的关键所在。各按键按下与否均影响该键所在行线和列线的电平，各按键间将相互影响，因此，必须将行线、列线信号配合起来做适当处理，才能确定闭合键的位置。

键盘识别按键的方法很多，其中，最常见的方法是扫描法。

矩阵式键盘按键的识别方法如下：

(1)扫描法。关键任务分两步：一是确定是否有键按下；二是确定是哪一个键按下。下面以图 9.3 所示为例说明扫描法识别按键的过程。

如何确定是否有键按下？

行线设为 H0 ~ H3 作为输入，列线设为 L0 ~ L3 作为输出。如果有按键按下，该按键所在的列线和行线短路。令行线输出为 1，列线输出为 0，无按键按下时，读行线的状态都应为高电平；有键按下后，读行线的状态就不再全为高电平。

如何确定按下的键的键码？

令列线 L0 输出低电平，其他列输出高电平，再读 H0 ~ H3，如果有一条行线是低电平，则该行线和 L0 交叉点上的按键已被按下；如果 4 条行线都为高电平，即该列无按键按下。同样的方法，依次将 L1、L2、L3 输出低电平，其他列输出高电平，读取 4 条行线的状态以判断按键所在的行和列。

假设定义按键的键值=行号×4+列号，根据按键所在的行和列可获取到键值。

综上所述，扫描法的思想是，先把某一列置为低电平，其余各列置为高电平，检查各行线电平的变化，如果某行线电平为低电平，则可确定此行此列交叉点处的按键被按下。扫描法参考程序如下：

```
#include <reg51. h>
#include <intrins. h>
sbit  H0 = P1^0;
sbit  H1 = P1^1;
sbit  H2 = P1^2;
sbit  H3 = P1^3;
sbit  L0 = P1^4;
sbit  L1 = P1^5;
sbit  L2 = P1^6;
sbit  L3 = P1^7;
/ * * * * * * * * * * * * * * * * 函数声明 * * * * * * * * * * * * * * * * * * * * * /
void  delay_15ms( );      //延时 15 ms 的函数
void  delay_1μs( );      //延时 1 μs 的函数
unsigned  char  key( );
void  KEY0( );
void  KEY1( );
……
void  KEY15( );
void  main( )
{
 unsigned char K_CODE;  //K_CODE 变量值是获取到的键码 0 ~ 15
```

```
    while(1)
    {
     K_CODE=key();       //获取键码
     switch(K_CODE)
        {
            case0:KEY0();break;
            case1:KEY1();break;
            ……              //K_CODE 为 2~14 时所对应的处理已省略
            case15:   KEY15();break;
            default:   break;
        }
    }
  }
  unsigned   char   key()
  {   /* KEY 变量的值是计算得到的键码,无键按下时,默认为 0xff;col 为列号 */
      unsigned char KEY=0xff,col=0,temp,i;
      P1=0x0f;                    //将所有列清 0,行置 1
        temp=0xef;
      /* 准备送往 P1 口的数值暂存 temp,该码使 P1.4(L0)输出为低电平,其他行、列
输出都为高电平 */
        delay_1μs();
    i=P1;                    //读取 P1 口数值
    if((i&0x0f)! =0x0f)   //如果条件成立,则有按键按下
    {   delay_15ms(   );         //延时 15 ms 去抖动
        i=P1;
        if((i&0x0f)! =0x0f)          //再次判断是否有按键按下
        {              while(col<4)   //col 为列号
              {
                P1=temp|0x0f;//每一次循环,将 L0~L3 中的一列清零,所有行置 1
            delay_1μs();
                i=P1;
   switch(i&0x0f)
   {case 0x0e:        //P1.0 引脚被拉为低电平,在 H0 行有按键按下
     { KEY=col;       //KEY=0×4+col,第 H0 行,每行 4 个按键,第 col 列
     do{i=P1;}     //重新读取 P1 口数值,等待按键释放
       while((i&0x0f)! =0x0f);
     delay_15ms();           //延时 15 ms 去抖动
     col=0xfe; } break;
   case 0x0d:           //P1.1 引脚被拉为低电平,在 H1 行有按键按下
```

```
      { KEY=4+col;   //KEY=1×4+col
        do{i=P1;}        //重新读回 P1 口数值,等待按键释放
        while((i&0x0f)! =0x0f);
        delay_15ms(   );           //延时 15 ms 去抖动
        col=0xfe;
        }
      break;
    case 0x0b:        //P1.2 引脚被拉为低电平,在 H2 行有按键按下
      { KEY=8+col;   //KEY=2×4+col
        do{i=P1;}       //重新读回 P1 口数值,等待按键释放
        while((i&0x0f)! =0x0f);
        delay_15ms(   );           //延时 15 ms 去抖动
        col=0xfe;}
      break;
    case 0x07:           //P1.3 引脚被拉为低电平,在 H3 行有按键按下
      { KEY=12+col;   //KEY=3×4+col
        do{i=P1;}        //重新读回 P1 口数值,等待按键释放
        while((i&0x0f)! =0x0f);
        delay_15ms(   );           //延时 15 ms 去抖动
        col=0xfe;}break;
    default:  break;}
    col++;
    temp=_crol_(temp,1);  //将 temp 中数值左移一位
                        }
              }
        }
          return(KEY);
    }
```

注意:参考程序中对行线进行编程使其变为高电平,实际上在图 9.3 所示的硬件电路中已经对其拉高,所以,编程时不用考虑。

(2)线反转法。扫描法要逐列扫描查询,当被按下的键处于最后一列时,则要经过多次扫描才能最后获得此按键所处的行列值。而线反转法则很简练,无论被按键是处于第一列或最后一列,均只需经过两步便能获得此按键所在的行列值,下面以图 9.4 所示的矩阵式键盘为例介绍线反转法的具体操作步骤。

让行线编程为输入线,列线编程为输出线,并使输出线输出为全低电平,则行线中电平由高变低的所在行为按键所在行。

再把行线编程为输出线,列线编程为输入线,并使输出线输出为全低电平,则列线中电平由高变低所在列为按键所在列。

结合上述两步的结果,可确定按键所在的行和列,从而识别出所按的键。假设键 3 被按

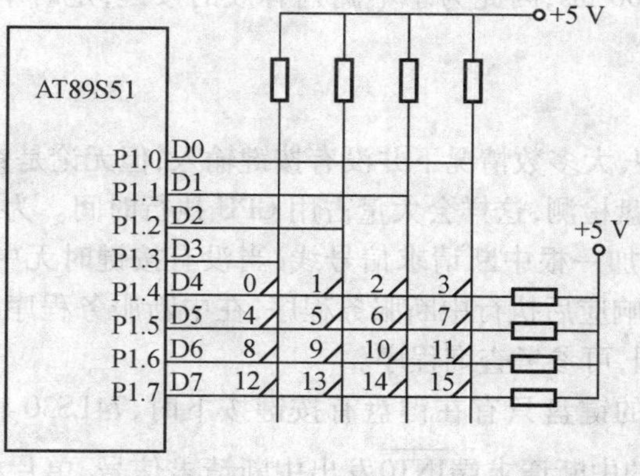

图 9.4 采用线反转法的矩阵式键盘

下。第一步，P1.0～P1.3 输出全为 0，然后，读入 P1.4～P1.7 线的状态，结果 P1.4=0，而 P1.5～P1.7 均为 1，因此，第 1 行出现电平的变化，说明第 1 行有键按下；第二步，让 P1.4～P1.7 输出全为 0，然后，读入 P1.0～P1.3 上的数据，结果 P1.0=0，而 P1.1～P1.3 均为 1，因此第 4 列出现电平的变化，说明第 4 列有键按下。综合上述分析，即第 1 行、第 4 列按键被按下，此按键即为键 3。因此，线反转法非常简单实用，但在实际编程中不要忘记还要进行按键去抖动处理。

9.1.3 键盘的工作方式

单片机应用系统中，单片机在忙于其他各项工作任务时，如何兼顾键盘的输入，这取决于键盘的工作方式。键盘的工作方式选取的原则是，既要保证及时响应按键操作，又不要过多占用单片机的工作时间。通常，键盘的工作方式有 3 种，即编程扫描、定时扫描和中断扫描。

1. 编程扫描方式

编程扫描方式（也称为查询方式）是利用单片机空闲时，调用键盘扫描子程序反复扫描键盘，来响应键盘的输入请求。

这种方式直接在主程序中插入键盘检测子程序，主程序每执行一次，键盘检测子程序被执行一次，如果没有键按下，则跳过键识别，直接执行主程序；如果有键按下，则通过键盘扫描子程序识别按键，得到按键的编码值，然后根据编码值进行相应的处理，处理完后再回到主程序执行。

采用这种方式，如果单片机查询的频率过高，虽能及时响应键盘的输入，但也会影响其他任务的进行；如果查询的频率过低，有可能出现键盘输入漏判现象。所以要根据单片机系统的繁忙程度和键盘的操作频率，来调整键盘扫描的频率。

2. 定时扫描方式

单片机对键盘的扫描也可采用定时扫描方式，即每隔一定时间对键盘扫描一次。利用单片机的内部定时器产生定时中断（例如 10 ms），当定时时间到时，CPU 执行定时器中断服务程序，对键盘进行扫描。如果有键按下则识别出该键号，转去执行相应的处理程序。定时扫描方式的键盘硬件电路与查询方式的电路相同，软件处理过程也大体相同。由于每次按键的时间一般不会小于 100 ms，因此为了不漏判有效的按键，定时中断的周期一般应小于 100 ms。

3. 中断扫描方式

在单片机应用系统中，大多数情况下并没有按键输入，但无论是查询方式还是定时扫描方式，CPU 都不断地对键盘检测，这样会大量占用 CPU 执行时间。为了提高效率，可采用中断方式，中断方式通过增加一根中断请求信号线，当没有按键时无中断请求，有按键时，向 CPU 提出中断请求，CPU 响应后执行中断服务程序，在中断服务程序中才对键盘进行扫描。具体处理与查询方式相同，可参考查询程序。

如图 9.5 所示，图中的键盘只有在键盘有按键按下时，74LS30 输出才为高电平，经过 74LS04 反相后向单片机的中断请求端 $\overline{\text{INT0}}$ 发出中断请求信号，单片机响应中断，执行键盘扫描程序中断服务子程序，识别出按下的按键，并跳向该按键的处理程序。如果无键按下，单片机将不进行处理。此种方式的优点是，只有按键按下时，才进行处理，所以其实时性强，工作效率高。

至此，可将非编码矩阵式键盘所完成的工作分为 3 个层次。

(1) 单片机如何来监视键盘的输入，体现在键盘的工作方式上就是：①编程扫描；②定时扫描；③中断扫描。

(2) 确定按下键的键号，体现在按键的识别方法上就是：①扫描法；②线反转法。

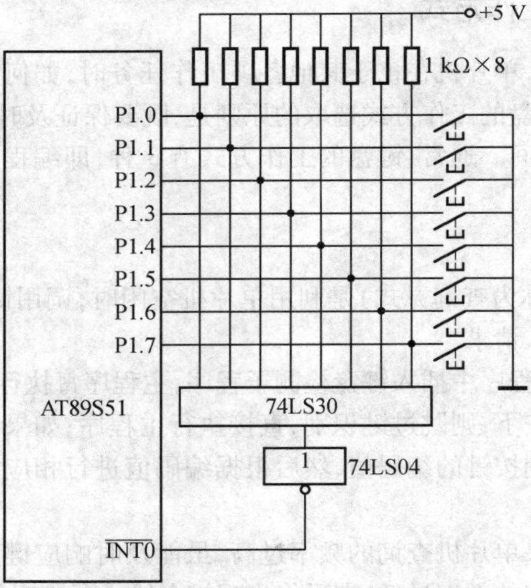

图 9.5　采用线反转法的矩阵式键盘

(3) 根据按下键的键号，实现按键的功能，即跳向对应的键处理程序。

9.2　LED 数码管显示器的显示原理

在单片机应用系统中，经常用到 LED 数码管显示器作为显示输出设备。LED 数码管显示器由发光二极管阵列构成，用于显示数字和简单英文字符，在单片机系统中应用非常普遍。LED 数码管显示器显示信息简单，具有显示清晰、亮度高、使用电压低、寿命长、与单片机接口方便等特点。

9.2.1　LED 数码管显示器的结构

LED 数码显示器是由 LED 按一定的结构组合起来的显示器件，在单片机应用系统中通常使用的是 8 段式 LED 数码管显示器，也就是说 LED 数码管为“8”字型的，共计 8 段。每一个段对应一个发光二极管，它有共阴极和共阳极两种，如图 9.6 所示。图 9.6(a)所示是共阴极结构，使用时公共端接地，要哪只发光二极管亮，则对应的阳极为高电平。图 9.6(b)所示为共阳极结构，8 段发光二极管的阳极端连接在一起，阴极端分开控制，公共端接电源。要哪只发光二极管亮，则对应的阴极端接地。其中 7 段发光二极管构成 7 笔的字形“8”，一只发光二极管构成小数点。图 9.6(c)所示为引脚图，从 a ~ g 引脚输入不同的 8 位二进制编码，可实现不同的数字或字符，通常把控制发光二极管的 7(或 8)位二进制编码称为字段码。

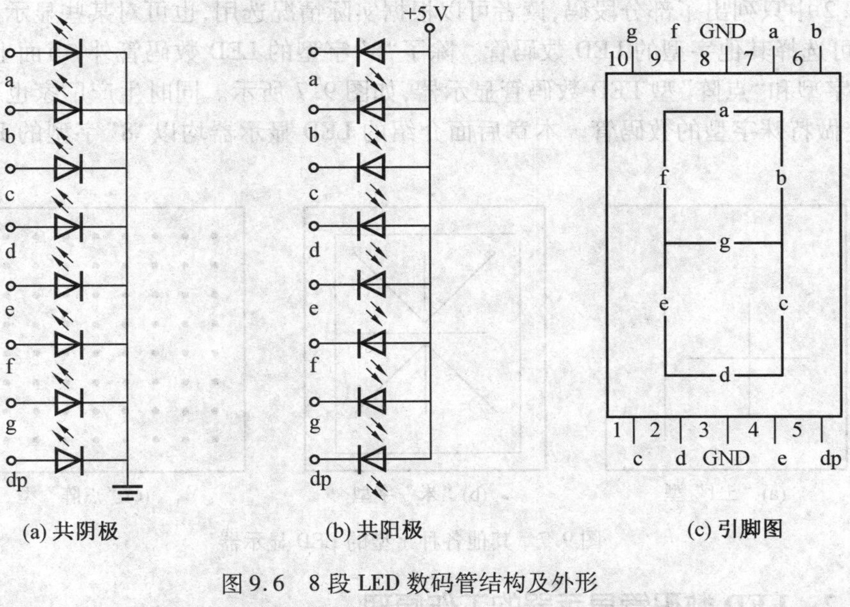

(a) 共阴极　　(b) 共阳极　　(c) 引脚图

图 9.6　8 段 LED 数码管结构及外形

为了使 LED 数码管显示不同的符号或数字，要把某些段的发光二极管点亮，这样就要为 LED 数码管提供代码，因为这些代码可使 LED 相应的段发光，从而显示不同字型，所以该代码也称为段码(或称为字型码)。

LED 数码管共计 8 段。因此提供给 LED 数码管的段码(或字型码)正好是一个字节。在使用中，一般习惯上还是以“a”段对应段码字节的最低位。各段与字节中各位的对应关系见表 9.1。

表 9.1 各段与字节中各位的对应关系

代码位	D7	D6	D5	D4	D3	D2	D1	D0
显示段	dp	g	f	e	d	c	b	a

按照上述格式,显示各种字符的 8 段 LED 数码管的段码见表 9.2。

表 9.2 8 段 LED 数码管的段码

显示字符	共阴极段码	共阳极段码	显示字符	共阴极段码	共阳极段码
0	3FH	C0H	C	39H	C6H
1	06H	F9H	d	5EH	A1H
2	5BH	A4H	E	79H	86H
3	4FH	B0H	F	71H	8EH
4	66H	99H	P	73H	8CH
5	6DH	92H	U	3EH	C1H
6	7DH	82H	T	31H	CEH
7	07H	F8H	Y	6EH	91H
8	7FH	80H	H	76H	89H
9	6FH	90H	L	38H	C7H
A	77H	88H	"灭"	00H	FFH
b	7CH	83H	…	…	…

表 9.2 中只列出了部分段码,读者可以根据实际情况选用,也可对某些显示的字符重新定义,也可选择其他字型的 LED 数码管。除了"8"字型的 LED 数码管外,市面上还有"±1"型、"米"字型和"点阵"型 LED 数码管显示器,如图 9.7 所示。同时生产厂家也可根据用户的需要定做特殊字型的数码管。本章后面介绍的 LED 显示器均以"8"字型的 LED 数码管为例。

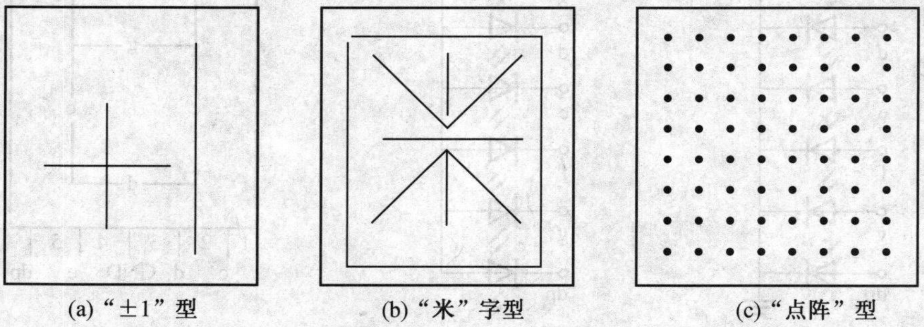

(a)"±1"型　(b)"米"字型　(c)"点阵"型

图 9.7 其他各种字型的 LED 显示器

9.2.2 LED 数码管显示器的工作原理

图 9.8 所示为显示 4 位字符的 LED 数码管的结构原理图。N 个 LED 数码管有 N 位位选线和 $8\times N$ 条段码线。段码线控制显示字符的字型,而位选线为各个 LED 数码管中各段的公共端,它控制着该显示位的 LED 数码管的亮或灭。

LED 数码管有静态显示和动态显示两种显示方式。

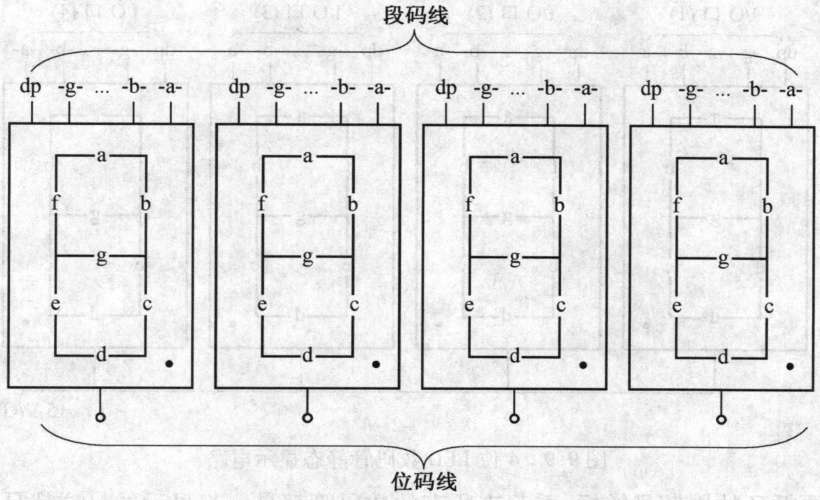

图 9.8　4 位 LED 数码管的结构原理图

1. LED 静态显示方式

静态显示方式需要用一组 I/O 口驱动一只 LED 数码管显示，若显示的内容不变，则 I/O 口输出的数值就要稳定不变。所以实现 N 位 7 段 LED 的驱动需要使用 $N\times7$ 个 I/O 口。LED 数码管静态显示时，其公共端直接接地（共阴极）或接电源（共阳极），各段选线分别与 I/O 口线相连。要显示字符，直接向 I/O 口线送相应的字段码。静态显示方式的显示无闪烁，亮度都较高，软件控制比较容易，但由于占用 I/O 口线较多，实际上很少采用。

图 9.9 所示为 4 位 LED 数码管静态显示器电路，各位可独立显示，只要在该位的段码线上保持段码电平，该位就能保持相应的显示字符。由于各位分别由一个 8 位的数字输出端口控制段码线，因此在同一时间里，每一位显示的字符可以各不相同。静态显示方式接口编程容易，但是占用口线较多。对于图 9.9 所示电路，若用 I/O 口线接口，要占用 4 个 8 位 I/O 口。如果显示器的数目增加，则需要增加 I/O 口的数目。因此在显示位数较多的情况下，所需的电流比较大，对电源的要求也就随之提高，这时一般都采用动态显示方式。

2. LED 动态显示方式

动态显示方式就是各位 LED 数码管共用一组数据线，每个 LED 数码管的公共端轮流给入信号，使各位轮流点亮。因为人眼大概有 40 ms 的视觉暂留，如果各位 LED 数码管的刷新频率比较高，就会形成同时点亮的视觉假象。也就是说，将所有的 LED 数码管的段选线并接在一起，用一个I/O口控制，公共端不是直接接地（共阴极）或电源（共阳极），而是通过相应的 I/O 口线控制。

设数码管为共阳极，它的工作过程为：第一步，使右边第一个数码管的公共端为 1，其余数码管的公共端为 0，同时在 I/O 口线上送右边第一个数码管的共阳极字段码，这时，只有右边第一个数码管显示，其余不显示；第二步，使右边第二个数码管的公共端为 1，其余数码管的公共端为 0，同时在 I/O 口线上送右边第二个数码管的字段码，这时，只有右边第二个数码管显示，其余不显示，依此类推，直到最后一个，这样数码管轮流显示相应的信息，一个循环完后，下一循环又这样轮流显示，从计算机的角度看是一个一个地显示，但由于人的视

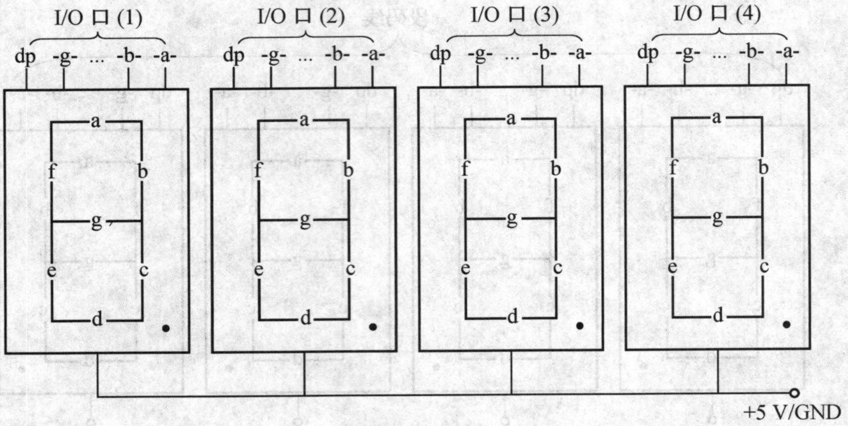

图 9.9　4 位 LED 数码管静态显示电路

觉暂留，只要循环的周期足够短，看起来所有的数码管都是一起显示的。这就是动态显示的原理。

图 9.10 所示为一个 4 位 8 段 LED 动态显示器电路。其中段码线占用一个 8 位 I/O 口，而位选线占用一个 4 位 I/O 口。由于各个数码管的段码线并联，在同一时刻，4 个数码管将显示相同的字符。因此，若要各个数码管能够同时显示出与本位相应的显示字符，就必须采用动态的“扫描”显示方式。即在某一时刻，只让某一位的位选线处于选通状态，而其他各位的位选线处于关闭状态，同时，段码线上输出相应位要有显示的字符的段码。这样，该同一时刻，4 位 LED 数码管中只有被选通的那一位显示出字符，而其他 3 位则是熄灭的。同样，在下一时刻，只让其下一位的位选线处于选通状态，而其他各位的位选线处于关闭状态，在段码线上输出将要显示字符的段码，此时，只有在选通位显示出相应的字符，其他各位则是熄灭的。如此循环下去，就可以使各位显示出将要显示的字符。

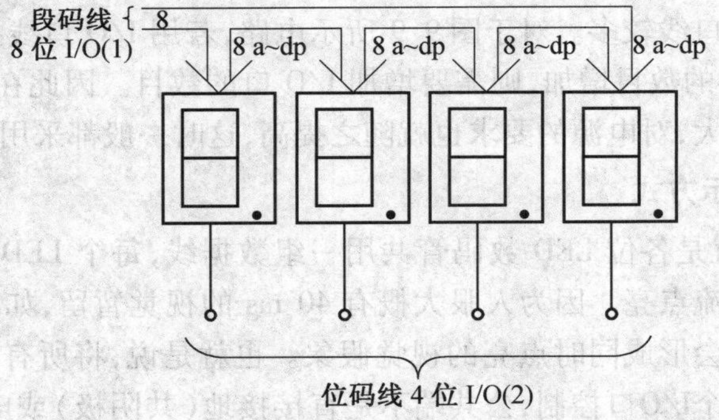

图 9.10　4 位 8 段 LED 动态显示器电路

虽然这些字符是在不同时刻出现的，而在同一时刻，只有一位显示，其他各位熄灭，但由于 LED 数码管的余辉和人眼的“视觉暂留”作用，只要每位显示间隔足够短，即可以造成“多位同时亮”的假象，达到同时显示的效果。

LED 数码管不同位显示的时间间隔(扫描间隔)应根据实际情况而定。LED 从导通到发光有一定的延时，导通时间太短，发光太弱，人眼无法看清；时间太长，要受限于临界闪烁频率，而且此时间越长，占用单片机的时间也越多。另外，显示位数增多，也将占用大量的单片机时间,因此动态显示的实质是以牺牲单片机时间来换取 I/O 口的减少。

图 9.11 所示为 8 位 LED 动态显示的过程和结果。图 9.11(a)所示为显示过程,某一时刻,只有一位 LED 被选通显示,其余位则是熄灭的;图 9.11(b)所示为显示结果,人眼看到的是 8 位稳定的同时显示的字符。

显示字符	段码	位显码	显示器显示状态(微观)	位选通时序
0	3FH	FEH	0	T1
1	06H	FDH	1	T2
0	BFH	FBH	0	T3
1	06H	F7H	1	T4
9	FFH	EFH	9	T5
0	3FH	DFH	0	T6
0	3FH	BFH	0	T7
2	5BH	7FH	2	T8

(a)8 位 LED 动态显示过程

2	0	0	9	1	0	1	0

(b)人眼看到的显示结果

图 9.11　8 位 LED 动态显示的过程和结果

动态显示的优点是硬件电路简单,显示器越多,优势越明显;缺点是显示亮度不如静态显示的亮度高,如果“扫描”速率较低,会出现闪烁现象。

9.3　键盘/显示器接口设计实例

在实际的单片机应用中,键盘和显示器关系密切,一般都把键盘和显示器放在一起考虑。单独的只需要键盘或者只需要显示器的场合很少,这样就形成了很多实用的键盘/显示器的接口电路。下面介绍几种键盘/显示器的接口设计方法。

9.3.1　行列式键盘及数码管显示电路

前面介绍了行列式键盘(扫描法)的参考程序,这里主要介绍行列式键盘编程(线反转法),要实现键的正确判断、键去抖动和键值的确定 3 个目标。

(1)键的正确判断。先使某行值为 0,再读列值,如读得的列值为 0,则所在行和列的交叉处的键是按下的。

(2)键去抖动。当扫描到有按键时,延时 10 ms 再判断该键是否仍是按键,若不是,则把它当成误操作处理。

(3)键值的确定。根据行号、列号建立一个键值数据表,键值存于数据表中。图 9.12 所示为键盘面板和键值对应的示意图。

1	2	3	菜单
4	5	6	▲
7	8	9	▼
*	0	#	确认

(a) 面板

1	2	3	OA
4	5	6	OB
7	8	9	OC
OE	0	OF	OD

(b) 键值

图 9.12　键盘面板和键值对应的示意图

下面介绍行列式键盘的电路设计与仿真。

(1)设计任务。以 AT89S51 单片机为控制器,编程实现键值的显示。要求采用去抖动措施,消除外部干扰,按键松开之后才显示按键的值。

(2)解题思路。AT89S51 单片机 P1 口接 4×4 键盘。根据行扫描原理,先进行行扫描,再进行列扫描,判断 P1 口列的状态。采用软件延时去抖动,之后取键值。建立键值对应的显示码,通过查表指令实现键值显示。

(3)电路设计。从 Proteus 软件中选取的元器件如下:AT89S51、CRYSTAL,单片机、晶振;RES、CAP、CAP-ELEC,电阻、电容、电解电容;7SEG-MPX2-AN-GREEN、BUTTON,共阳极数码管、按键。

放置元器件、电源和地,连线得到图 9.13 所示的行列式键盘的电路仿真图,最后进行电气规则检查。

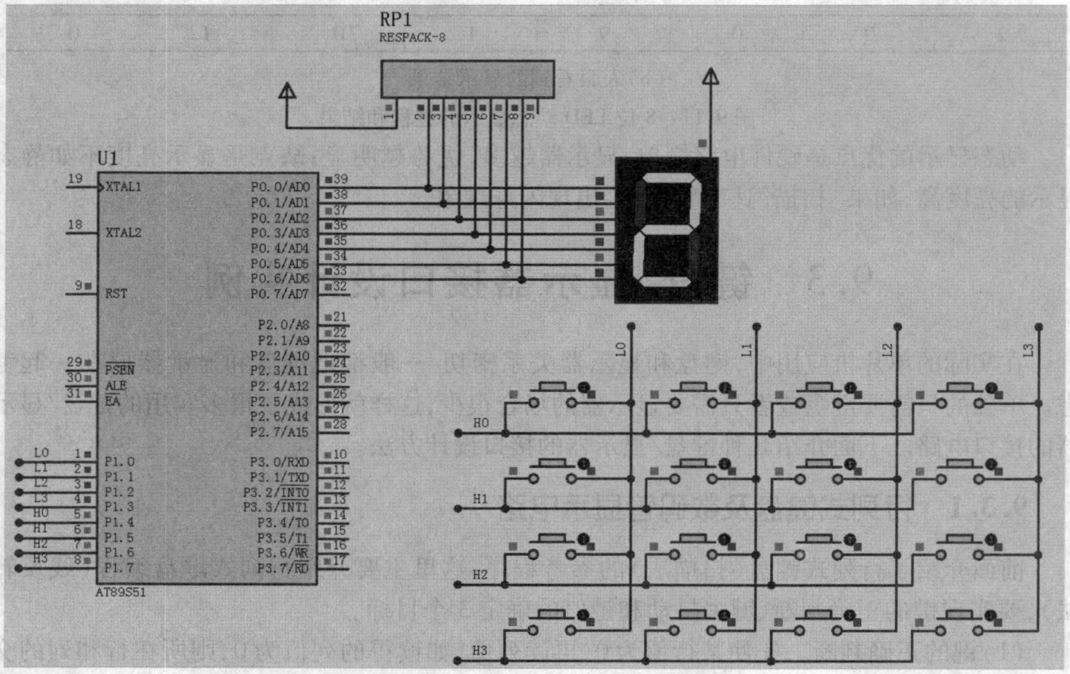

图 9.13　行列式键盘及 LED 数码管显示接口电路仿真图

（4）行列式键盘的 C 语言程序。

```
#include <reg51.h>
#include <absacc.h>
#include <intrins.h>
#define uchar unsigned char
#define uint unsigned int
uchar code Tab[16] = {
0xc0,0xf9,0xa4,0xb0,0x99,0x92,0x82,0xf8,0x80,0x90,0x88,0x83,0xc6,0xa1,0x86,
0x8e,
};//从 0 ~ F
uchar idata com1,com2;
void delay10ms()
{
uchar i,j,k;
for(i=5;i>0;i--)
for(j=4;j>0;j--)
for(k=248;k>0;k--);
}
uchar key_scan()
{
uchar temp;
uchar com;
delay10ms();
P1=0xf0;
if(P1! =0xf0)
{
com1=P1;
P1=0x0f;
com2=P1;
}
P1=0xf0;
while(P1! =0xf0);
temp=com1|com2;
if(temp==0xee)com=0;
if(temp==0xed)com=1;
if(temp==0xeb)com=2;
if(temp==0xe7)com=3;
if(temp==0xde)com=4;
if(temp==0xdd)com=5;
```

```
if(temp==0xdb)com=6;
if(temp==0xd7)com=7;
if(temp==0xbe)com=8;
if(temp==0xbd)com=9;
if(temp==0xbb)com=10;
if(temp==0xb7)com=11;
if(temp==0x7e)com=12;
if(temp==0x7d)com=13;
if(temp==0x7b)com=14;
if(temp==0x77)com=15;
return(com);
}
void main()
{
uchar dat;
while(1)
{
P1=0xf0;
while(P1! =0xf0)
{
dat=key_scan();
P0=Tab[dat];
}
}
}
```

9.3.2 各种专用的键盘/显示器接口芯片简介

使用各种专用的可编程键盘/显示器接口芯片,用户可以省去编写键盘/显示器动态扫描程序以及键盘去抖动程序编写的烦琐工作,只需将单片机与专用键盘/显示器接口芯片进行正确的连接,对芯片中的各个寄存器进行正确设置,以及编写接口驱动程序即可。

目前各种专用的键盘/显示器接口芯片种类繁多,它们各有特点,总体趋势是并行接口芯片逐渐退出历史舞台,串行接口芯片越来越多地得到应用。

早期较为流行的是 Intel 公司生产的并行总线接口的专用键盘/显示器芯片 8279,目前流行的键盘/显示器接口芯片均采用串行通信方式,占用口线少。常见的键盘/显示器接口芯片有:广州周立功单片机发展有限公司的 ZLG7289A、ZLG7290B,美信(MAXIM)公司的 MAX7219,南京沁恒电子有限公司的 CH451、HD7279 和 BC7281 等。这些芯片对所连接的 LED 数码管全都采用动态扫描方式,且控制的键盘均为编码键盘。下面对目前较为常见的专用键盘/显示器芯片给予简要介绍。

1. 专用键盘/显示器接口芯片 8279

8279 是 Intel 公司推出的可编程的键盘/显示器接口芯片，它既具有按键处理功能，又具有自动显示功能，在单片机系统中应用很广泛。8279 内部有键盘先进先出堆栈（First Input First Output，FIFO）/传感器，双重功能的 64 B 的 RAM，键盘控制部分可控制 8×8 的键盘矩阵或 8×8 阵列的开关传感器，该芯片能自动获得按下键的键号以及 8×8 阵列中闭合的开关传感器的位置。该芯片能自动去键盘抖动并具有双键锁定保护功能。显示 RAM 的容量为 16×8 位，最多可控制 16 个 LED 数码管显示。但是 8279 的驱动电流较小，与 LED 数码管相连时，需要加驱动电路，元器件较多，电路复杂，占用较大的印制电路板（Printed Circuit Board，PCB）面积，综合成本高。而且 8279 与单片机之间采用三总线结构连接，占用多达 13 条的口线。由于价格较高，8279 已经逐渐淡出市场。

2. 专用键盘/显示器芯片 ZLG7290B

ZLG7290B 是广州周立功单片机发展有限公司自行设计的数码管显示驱动及键盘扫描管理芯片，能够直接驱动 8 位共阴极数码管或 64 只独立的 LED，同时还可以扫描管理 64 只按键，其中有 8 只按键还可以作为像计算机键盘上的 Alt 等功能键使用。ZLG7290B 内部还设置有连击计数器，能够使某键按下后不松手而连续有效。采用 I^2C 总线方式，只使用两根信号线即可与 CPU 的接口相连。

ZLG7290B 的功能包括：闪烁、段点亮、段熄灭、功能键、连击键计数等。其中，功能键实现了组合按键，这在此类芯片中极具特点；连击键计数实现了识别长按键的功能，这也是 ZLG7290B 所独有的。

3. 专用显示器芯片 MAX7219

MAX7219 为美信（MAXIM）公司的产品，是一种集成化的串行输入/输出共阴极显示驱动器。一片 MAX7219 可驱动 8 位 LED 数码管显示，也可以连接 LED 条线图形显示器或者 64 个独立的发光二极管。其上包括一个片上的 B 型 BCD 编码器、多路扫描回路、段字驱动器，而且还有一个 8×8 的静态 RAM 用来存储每一个数据。只有一个外部寄存器用来设置各个 LED 的段电流。虽然功能单一，但是抗干扰能力较强。MAX7219 同样允许用户对每一个数据选择编码或者不编码。整个设备包含一个 150 μA 的低功耗关闭方式，模拟和数字亮度控制，一个扫描限制寄存器，允许用户显示 1～8 位数据，还有一个让所有 LED 发光的检测方式。在应用时要求 3 V 的操作电压或 segment blinking，详细内容可以查阅 MAX6951 数据资料。

4. 专用显示器芯片 BC7281

BC7281 是新型的 16 位 LED 数码管显示及键盘接口专用控制芯片。通过外接移位寄存器，最高可以驱动 16 位 LED 数码管显示（或 128 只独立的 LED）和实现 64 键的键盘管理，可实现闪烁、段点亮、段熄灭等功能。其最大特点是通过外接移位寄存器驱动 16 位 LED 数码管。但其所需外围电路较多，占用 PCB 空间较大，且在驱动 16 位 LED 数码管时，由于采用动态扫描方式工作，电流噪声过大。

该芯片内部共有 25 个寄存器，包括 16 个显示寄存器和 9 个特殊功能寄存器。其中 5 个译码寄存器能够使 BC7281 各位独立按不同译码方式译码或不译码显示，使用更方便。

与以往的键盘/显示控制器芯片相比，BC7281 只需占用 MCU 的 3 条 I/O 口线，即可控制多达 64 键的键盘矩阵及 16 位 LED 数码管显示，而且，具有高速的二线串行接口，充分提高了 CPU 的工作效率。

5. 专用键盘/显示器芯片 HD7279

HD7279 功能强，具有一定的抗干扰能力，具有串行接口，可同时驱动 8 位共阴极 LED 数码管或 64 只独立的 LED 数码管，该芯片同时还可连接多达 64 键的键盘矩阵，单片即可完成 LED 显示、键盘接口的全部功能。HD7279 内部含有译码器，可直接接受 BCD 码或 16 进制码，并同时具有两种译码方式，还具有诸如消隐、闪烁、左/右移和段寻址等多种控制指令。HD7279 的外围电路简单，价格低廉。由于 HD7279 具有上述优点，目前在键盘/显示器接口的设计中得到了较为广泛的应用。

6. 专用键盘/显示器芯片 CH451

CH451 可以动态驱动 8 位 LED 数码管或 64 位 LED，具有 BCD 码译码、闪烁、移位等功能。内置大电流驱动级，段电流不小于 30 mA，位电流不小于 160 mA，动态扫描控制，支持段电流上限调整，可以省去所有限流电阻。芯片内置的 64(8×8)键键盘控制器，可对 8×8 矩阵键盘自动扫描，且具有去抖动电路，并提供键盘中断和按键释放标志位，可供查询按键按下与释放状态。片内内置上电复位和看门狗定时器，提供高电平有效和低电平有效的两种复位输出。该芯片性价比较高，也是目前使用较为广泛的专用键盘/显示器接口芯片之一。但是其抗干扰能力不是很强，不支持组合键的识别。

上面介绍了几种专用的键盘/显示器接口芯片，目前 CH451 和 HD7279 使用较多。从性价比上看，首推 CH451，主要是因为 CH451 对 LED 数码管的驱动功能比较完善。

9.3.3 专用接口芯片 CH451 实现的键盘/显示器控制

1. CH451 的基本功能与引脚介绍

CH451 内置 *RC* 振荡电路，可选择 BCD 译码或不译码功能，可实现显示数字的左移、右移、左循环、右循环、各位显示数字独立闪烁等功能。CH451 与单片机的接口可选用一线串行接口或高速四线串行接口，片内有上电复位电路，同时可提供高电平有效复位和低电平有效复位两种输出，同时片内提供看门狗电路。

CH451 有两种封装形式：28 脚的表贴型(SOP)封装以及 24 脚的双列直插型(DIP)封装，如图 9.14 所示。

28 脚与 24 脚 CH451 在功能上稍有差别，它们的引脚定义见表 9.3。

2. CH451 的操作命令

CH451 的操作命令均为 12 位，其中高 4 位为标识码，低 8 位为参数。各操作命令简介如下：

(1)空操作命令。

编码：0000 ×××× ××××B(×为任意值)

空操作命令对 CH451 不产生任何影响。该命令可以应用在多个 CH451 的级联中，透过前级 CH451 向后级 CH451 发送操作命令而不影响前级 CH451 的状态。例如，要将操作命令 0010 0000 0001B 发送给两级级联电路中的后级 CH451(后级 CH451 的 DIN 引脚连接到前级 CH451 的 DOUT 引脚)，只要在该操作命令后添加空操作命令 0000 0000 0000B 再发

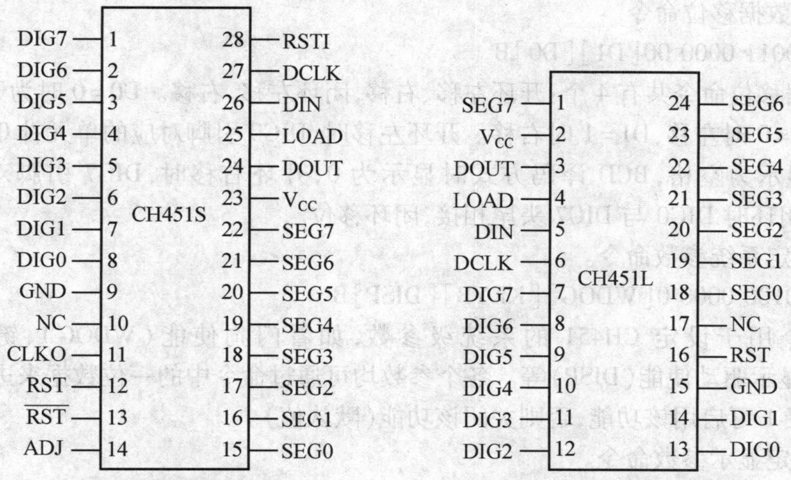

(a) 表贴型 28 脚　　　　(b) 双列直插型 24 脚

图 9.14　CH451 的封装与引脚

送，那么，该操作命令将经过前级 CH451 到达后级 CH451，而空操作命令留给了前级 CH451。另外，为了在不影响 CH451 的前提下，使 DCLK 变化以清除看门狗计时器，也可以发送空操作命令。在非级联的应用中，空操作命令可只发送高 4 位。

表 9.3　CH451 的引脚定义

28 引脚号	24 引脚号	引脚名称	引脚说明
23	2	V_{CC}	正电源，持续电流不小于 200 mA
9	15	GND	电源地，持续电流不小于 200 mA
25	4	LOAD	输入端，四线串行接口的数据加载，带上拉电阻
26	5	DIN	输入端，四线串行接口的数据输入，带上拉电阻
27	6	DCLK	输入端，串行接口的数据时钟，带上拉电阻，可同时用于看门狗的清除
24	3	DOUT	输出端，串行接口的数据输出和键盘中断
22 ~ 15	1,24 ~ 18	SEG7 ~ SEG0	输出端，LED 数码管的段驱动，高电平有效，键盘扫描输入，高电平有效
1 ~ 8	7 ~ 14	DIG7 ~ DIG0	输出端，LED 数码管的段驱动，低电平有效，键盘扫描输入，高电平有效
12	16	RST	输出端，上电复位和看门狗复位，高电平有效
13	不支持	$\overline{RST}$	输出端，上电复位和看门狗复位，低电平有效
28	不支持	RSTI	输入端，上电复位门限调整或手动复位输入
14	不支持	ADJ	输入端，段电流上限调整，带强下拉电阻
11	不支持	CLKO	输出端，CLK 引脚时钟信号的二分频输出
10	17	NC	不连接，禁止使用

(2) 芯片内部复位命令。

编码：0010 0000 0001B

该命令可将 CH451 的各个寄存器和各种参数复位到默认的状态。芯片上电时，CH451 均被复位，此时各个寄存器均复位为 0，各种参数均恢复为默认值。

(3)字数据移位命令。

编码:0011 0000 00[D1][D0]B

字数据移位命令共有 4 个:开环左移、右移,闭环左移、右移。D0=0 时为开环,D0=1 时为闭环;D1=0 时左移,D1=1 时右移。开环左移时,DIG0 引脚对应的单元补 00H,此时不译码方式时显示为空格,BCD 译码方式时显示为 0;开环右移时,DIG7 引脚对应的单元补 00H;而在闭环时 DIG0 与 DIG7 头尾相接,闭环移位。

(4)设定系统参数命令。

编码:0100 0000 0[WDOG][KEYB][DISP]B

该命令用于设定 CH451 的系统级参数,如看门狗使能(WDOG)、键盘扫描使能(KEYB)、显示驱动使能(DISP)等。各个参数均可通过命令中的一位数据来进行控制,将相应数据位置 1 可启用该功能,否则关闭该功能(默认值)。

(5)设定显示参数命令。

编码:0101 [MODE(1 位)][LIMIT(3 位)] [INTENSITY(4 位)]B

此命令用于设定 CH451 的显示参数,即译码方式 MODE(1 位)、扫描极限 LIMIT(3 位)、显示亮度 INTENSITY(4 位)。MODE=1 时,选择 BCD 译码方式;MODE=0 时,选择不译码方式。CH451 默认工作于不译码方式,此时 8 个数据寄存器中字节数据的位 7 ~0 分别对应 8 个数码管的小数点和段 a ~ g,当某段数据位为 1 时,对应的段点亮;当某段数据位为 0 时,对应的段熄灭。CH451 工作于 BCD 译码方式主要应用于 LED 数码管驱动,单片机只要给出二进制数的 BCD 码,便可由 CH451 将其译码并直接驱动 LED 数码管以显示对应的字符。BCD 译码方式是对显示数据寄存器字节中的数据位 4 ~0 进行 BCD 译码,可用于控制段驱动引脚 SEG6 ~ SEG0 的输出,它们对应于数码管的段 g ~ a,同时可用字节数据的位 7 来控制 SEG7 段对应的 LED 数码管的小数点,字节数据的位 6 和位 5 不影响 BCD 译码的输出,它们可以是任意值。将位 4 ~0 进行 BCD 译码可显示以下 28 个字符:其中 0 0000B ~ 0 1111B 分别对应于显示字符“0 ~ F”、1 0000B ~ 1 1010B 分别对应于显示“空格”“+”“-”“=”“[”、“]”“_”“H”“L”“P”“.”,其余值为空格。

扫描极限 LIMIT 控制位 001B ~ 111B 和 000B(默认值)可分别设定扫描极限 1 ~ 7 和 8。

显示亮度 INTENSITY 控制位(4 位)可实现 16 级显示亮度控制。0001B ~ 1111B 和 0000B(默认值)则用于分别设定显示驱动占空比 1/16 ~ 15/16 和 16/16。

(6)设定闪烁控制命令。

编码:[D7S][D6S][D5S][D4S][D3S][D2S][D1S][D0S]B

设定闪烁控制命令用于设定 CH451 的闪烁显示属性,其中 D7S ~ D0S 位分别对应于 8 个数码管的字驱动 DIG7 ~ DIG0,并控制 DIG7 ~ DIG0 的属性,将相应的数据位置 1 则闪烁显示,否则为不闪烁的正常显示(默认值)。

(7)加载显示数据命令。

编码:[DIG_ADDR][DIG_DATA]B

本命令用于将显示字节数据 DIG_DATA(8 位)写入 DIG_ADDR(3 位)指定的数据寄存器中。DIG_ADDR 的 000B ~ 111B 分别用于指定显示寄存器的地址 0 ~ 7,并分别对应于 DIG0 ~ DIG7 引脚驱动的 8 个 LED 数码管。DIG_DATA 为待写入的显示字节数据。

(8)读取按键代码命令。

编码:0111 ×××× ××××B

本命令用于获得 CH451 最近检测到的有效按键的代码,是唯一具有数据返回的命令。CH451 通常从 DOUT 引脚向单片机输出按键代码,按键代码是 7 位数据,最高位是状态码,位 5 ~ 0 是扫描码,读取按键代码命令的位 7 ~ 0 可以是任意值,所以控制器可以将该操作命令缩短为 4 位数据,即位 11 ~ 8。例如,CH451 检测到有效按键并向单片机发出中断请求时,假如按键代码是 5EH,则单片机先向 CH451 发出读取按键代码命令 0111B,然后再从 DOUT 引脚获得按键代码 5EH。CH451 所提供的按键代码为 7 位,位 2 ~ 0 是列扫描码,位 5 ~ 3是行扫描码,位 6 是按键的状态码(键按下为 1,键释放为 0)。对于 8×8 矩阵式键盘,即连接在 DIG7 ~ DIG0 与 SEG7 ~ SEG0 之间的键被按下时,CH451 所提供的按键代码是固定的,如图 9. 15 所示。如果需要键被释放时的按键代码,可将图 9. 15 的按键代码的位 6 置 0,也可将按键代码减去 40H。例如,连接 DIG3 与 SEG4 的键被按下时,按键代码为 63H,键被释放后,按键代码是 23H。单片机可以在任何时候读取有效按键的代码,但一般在 CH451 检测到有效按键并向单片机发出键盘中断请求时,进入中断服务程序读取按键代码,此时按键代码的位 6 总是 1。另外,如果需要了解按键何时释放,单片机可以通过查询方式定期读取按键代码,直到按键代码的位 6 为 0。

注意:CH451 不支持组合键,即同一时刻,不能有两个或者更多的键被按下。如果需要组合键功能,则可利用两片 CH451 来实现。具体的实现方法,查看相关资料。

3. CH451 与 AT89S51 单片机的接口

CH451 与 AT89S51 单片机的接口电路如图 9. 15 所示,选择使用 4 线串行接口。其中 DOUT 引脚连接到 AT89S51 单片机的外部中断输入 $\overline{\text{INT1}}$ 引脚上,用中断方式响应有效按键。也可使用查询方式确定 CH451 是否检测到有效按键,同时还可向 AT89S51 单片机提供复位信号 RST,并带有看门狗功能。CH451 的段驱动引脚串接 200 Ω 电阻用于限制和均衡段驱动电流。在+5 V 电源电压下,串接 200 Ω 电阻通常对应的段电流为 13 mA。CH451 具有 64 键的键盘扫描功能,为了防止键被按下后在 SEG(0 ~ 7)信号线与 DIG(0 ~ 7)信号线之间形成短路而影响数码管显示,一般应在 CH451 的 DIG0 ~ DIG7 引脚与键盘矩阵之间串接限流电阻,其阻值可以为 1 ~ 10 kΩ。将 P1. 1 与 DIN 连接可用于输入串行数据,串行数据输入的顺序是低位在前,高位在后。另外,在上电复位后,CH451 默认选择一线串行接口,如需选择四线串行接口,则应在 DCLK 输出串行时钟之前,先在 DIN 上输出一个低电平脉冲,以通知 CH451 为 4 线串行接口。将 P1. 0 与 DCLK 连接可提供串行时钟,以使 CH451 在其上升沿从 DIN 输入数据,并在其下降沿从 DOUT 输出数据。LOAD 用于加载串行数据,CH451 一般在其上升沿加载移位寄存器中的 12 位数据以作为操作命令进行分析并处理。也就是说,LOAD 的上升沿是串行数据帧的帧完成标志,此时无论移位寄存器中的 12 位数据是否有效,CH451 都会将其当作操作命令来处理。应注意的是,在级联电路中,单片机每次输出的串行数据必须是单个 CH451 的串行数据的位数乘以级联的级数。

下面为该接口电路的驱动程序,程序中用到了#ifdef 等宏,这几个宏是为了进行条件编译。一般情况下,源程序中所有的行都参加编译,但是有时希望对其中一部分内容只在满足一定条件才进行编译,也就是对一部分内容指定编译的条件,这就是“条件编译”;有时又希望当满足某条件时对一组语句进行编译,而当条件不满足时则编译另一组语句。

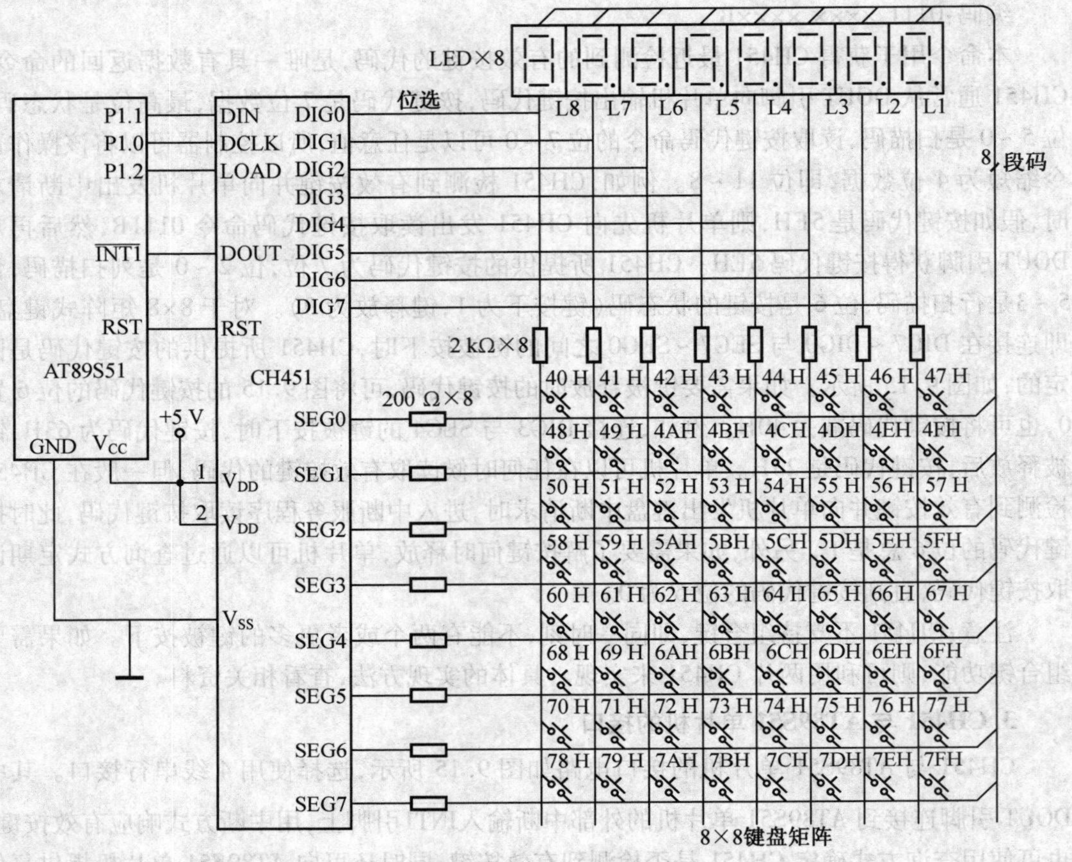

图 9.15 CH451 与 AT89S51 单片机的接口电路

条件编译命令最常见的形式见表 9.4。

表 9.4 条件编译命令最常见的形式

1	#ifdef 标识符
2	//程序段 1
3	#else
4	//程序段 2
5	#endif

它的作用是:当标识符已经被定义过(一般是用#define 命令定义),则对程序段 1 进行编译,否则编译程序段 2。

其中#else 部分也可以没有,参见表 9.5。

表 9.5 没有#else 部分的条件编译命令形式

1	#ifdef 标识符
2	//程序段 1
3	#endif

这里的"程序段"可以是语句组,也可以是命令行。条件编译可以提高语言程序的通用性。

//CH451.c 显示按键驱动芯片程序

```
#define CH451_RESET        0x0201   //复位
#define CH451_LEFTMOV      0x0300   //设置移动方式——左移
#define CH451_LEFTCYC      0x0301   //左循环
#define CH451_RIGHTMOV     0x0302   //右移
#define CH451_RIGHTCYC     0x0303   //右循环
#define CH451_SYSOFF       0x0400   //关显示、键盘、看门狗
#define CH451_SYSON1       0x0401   //开显示
#define CH451_SYSON2       0x0403   //开显示、键盘
#define CH451_SYSON3       0x0407   //开显示、键盘、看门狗功能
#define CH451_DSP          0x0500   //设置默认显示方式
#define CH451_BCD          0x0580   //设置 BCD 译码方式
#define CH451_TWINKLE      0x0600   //设置闪烁控制
#define CH451_DIG0         0x0800   //LED 数码管位 0 显示
#define CH451_DIG1         0x0900   //LED 数码管位 1 显示
#define CH451_DIG2         0x0a00   //LED 数码管位 2 显示
#define CH451_DIG3         0x0b00   //LED 数码管位 3 显示
#define CH451_DIG4         0x0c00   //LED 数码管位 4 显示
#define CH451_DIG5         0x0d00   //LED 数码管位 5 显示
#define CH451_DIG6         0x0e00   //LED 数码管位 6 显示
#define CH451_DIG7         0x0f00   //LED 数码管位 7 显示
#define USE_KEY1
extern bit fk;
extern unsigned char ch451_key;
//需主程序定义的参数
/*
sbit ch451_dclk=P1^0;   //串行数据时钟上升沿激活
sbit ch451_din=P1^1;    //串行数据输出,接 CH451 的数据输入
sbit ch451_load=p1^2;   //串行命令加载,上升沿激活
sbit ch451_dout=P3^3;   //INT1,键盘中断和键值数据输入,接 CH451 的数据输出
uchar ch451_key;        //存放键盘中断中读取的键值
*/
//初始化子程序
void ch451_init(void)
{
ch451_din=0;          //先高后低,选择四线串行接口输入
ch451_din=1;
#ifdef USE_KEY
IT1=0;          //设置下降沿触发
IE1=0;          //清中断标志
```

```
PX1=0;          //设置低优先级
EX1=1;          //开中断
#endif
}
//输出命令子程序
void ch451_write(unsigned int command)
                        //定义一个无符号整型变量储存 12 B 的命令字
{
unsigned char i;
#ifdef USE_KEY
EX1=0;                    //禁止键盘中断
ch451_load=0;             //命令开始
for(i=0;i<12;i++)         //送入 12 位数据,低位在前
{
ch451_din=command&1;
ch451_dclk=0;
command>>=1;
ch451_dclk=1;             //上升沿有效
}
ch451_load=1;             //加载数据
#ifdef USE_KEY
EXT1=1;
#endif
}
/*******************************************
*******************************************
*******************************************/
//输入命令子程序,MCU 从 H451 读一个字节,用于扫描方式
unsigned char ch451_read()
{
unsigned char i;
unsigned char command,keycode;//定义命令字和数据储存器
EX1=0;                        //关中断
command=0x07;
ch451_load=0;
for(i=0;i<4;i++)
{
ch451_din=command&1;          //送入最低位
ch451_dclk=0;
```

```
command>>=1;  //向右移一位
ch451_dclk=1;      //产生时钟上升沿锁通知 CH451 输入位数据
}
ch451_load=1;      //产生时钟上升沿锁通知 CH451 处理命令数据
keycode=0;
for(i=0;i<7;i++)
    {
keycode<<=1;        //数据移入 keycode,高位在前,低位在后
keycode|=ch451_dout;//从高到低读入 CH451 数据
ch451_dclk=0;        //产生时钟上升沿锁通知 CH451 输出下一位
ch451_dclk=1;
    }
IE1=0;               //清中断标志
EX1=1;
return keycode;
}
/*****************************************************************
**************************************************************
******/
//中断服务子程序,使用外部中断 1,中断向量号为 2,寄存器组 2
void ch451_inter() interrupt 2 using 2
{
unsigned char i;
unsigned char command,keycode;//定义控制字寄存器、中间变量定时器
command=0x07;             //读取键值命令的高 4 位 0111B
ch451_load=0;             //命令开始
for(i=0;i<4;i++)
{
ch451_din=command&1;      //低位在前,高位在后
ch451_dclk=0;
command>>=1;              //向右移一位
ch451_dclk=1;                       //产生时钟上升沿锁通知 CH451 输入位数据
}
ch451_load=1;                       //产生时钟上升沿锁通知 CH451 处理命令数据
keycode=0;                //清除 keycode
for(i=0;i<7;i++)
{
keycode=<<=1;             //数据左移一位,高位在前,低位在后
keycode|=ch451_dout;
```

```
ch451_dclk=0;                    //产生时钟上升沿锁通知 CH451 输出下一位
ch451_dclk=1;
}
ch451_key=keycode;               //保存键值
fk=1;                            //设置按键标志
IE1=0;                           //清中断标志
}
/*******************************************************************
**********************************************************************
**********************/
```

使用 CH451 扩展键盘显示接口,具有接口简单、占用 CPU 资源少、外围器件简单、性价比高等优点,在各种单片机系统中得以广泛应用。

9.4 液晶显示器(LCD)接口

LCD(Liquid Crystal Display)是液晶显示器的缩写,LCD 的构造是在两片平行的玻璃基板当中放置液晶盒,下基板玻璃上设置 TFT(薄膜晶体管),上基板玻璃上设置彩色滤光片,通过 TFT 上的信号与电压改变来控制液晶分子的转动方向,从而达到控制每个像素点偏振光出射与否从而达到显示目的。其实 LCD 是一种被动式的显示器,即液晶本身并不发光,而是利用液晶经过处理后能改变光线通过方向的特性,达到白底黑字或黑底白字显示的目的。LCD 具有省电、抗干扰能力强等优点,因此被广泛应用在智能仪器仪表和单片机测控系统中。

9.4.1 LCD 的种类

当前市场上 LCD 种类繁多,按排列形状可分为字段型、点阵字符型和点阵图形型。

(1)字段型。它是以长条状组成字符显示。该类显示器主要用于数字显示,也可用于显示西文字母或某些字符,已广泛用于电子表、计算器、数字仪表中。

(2)点阵字符型。它专门用于显示字母、数字、符号等。它由若干 5×7 或 5×10 的点阵组成,每一个点阵显示一个字符。此类显示模块广泛应用在各类单片机应用系统中。

(3)点阵图形型。它是在平板上排列多行或多列,形成矩阵式的晶格点,点的大小可根据显示的清晰度来设计。这类液晶显示器可广泛应用于图形显示,如用于笔记本电脑、彩色电视和游戏机等。

9.4.2 点阵字符型液晶显示模块介绍

在单片机应用系统中,常使用点阵字符型 LCD。要使用点阵字符型 LCD,必须有相应的 LCD 控制器、驱动器来对 LCD 进行扫描、驱动,还要有一定空间的 RAM 和 ROM 来存储单片机写入的命令和显示字符的点阵。由于 LCD 的面板较为脆弱,制造商已将 LCD 控制器、驱动器、RAM、ROM 和 LCD 用 PCB 板连接到一起,称为液晶显示模块(LCD Module, LCM)。使用者只需购买现成的液晶显示模块即可。单片机控制 LCM 时,只要向 LCM 送入相应的命令和数据就可实现所需要的显示内容，这种模块与单片机的接口简单，使用灵活方便。下面仅对使用较为常见的点阵字符型液晶显示模块——1602 字符型 LCM（两行显示，每行 16 个字符）进行介绍。

1. 基本结构与特性

（1）液晶显示板。在液晶显示板上排列着若干 5×7 或 5×10 点阵的字符显示位，从规格上分为每行 8、16、20、24、32、40 位，有 1 行、2 行及 4 行等，用户可根据需要，选择购买。

（2）模块电路框图。图 9.16 所示为字符型 LCD 模块的电路框图，它由日立公司生产的控制器 HD44780、驱动器 HD44100 及几个电阻和电容组成。HD44100 是扩展显示字符位用的（例如，16 字符×1 行模块可不用 HD44100，16 字符×2 行模块就要用一片 HD44100）。

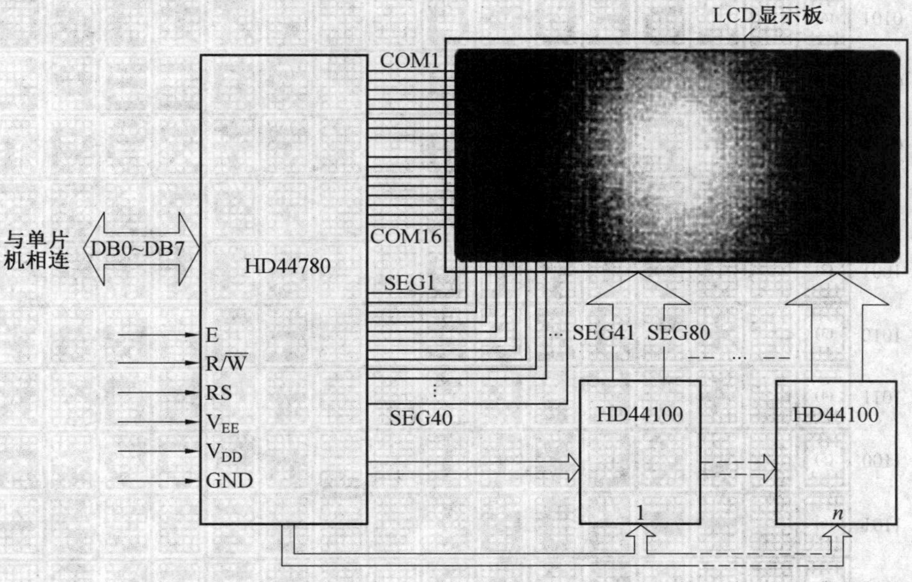

图 9.16　字符型 LCD 模块的电路框图

（3）1602 字符型 LCM 的特性。内部具有字符发生器 ROM（CGROM），即字符库。可显示 192 个 5×7 点阵字符，如图 9.17 所示。由该字符库可看出 LCM 显示的数字和字母部分的代码值，恰好与 ASCII 码表中的数字和字母相同。所以在显示数字和字母时，只需向 LCM 送入对应的 ASCII 码即可。模块内有 64 字节的自定义字符 RAM（CGRAM），用户可自行定义 8 个 5×7 点阵字符。模块内有 80 字节的数据显示存储器（DDRAM）。

2. LCM 的引脚

1602 LCM 通常有 16 个引脚，也有少数的 LCM 为 14 个引脚（其中包括 8 条数据线、3 条控制线和 3 条电源线），见表 9.6。通过单片机写入模块的命令和数据，就可对显示方式和显示内容做出选择。

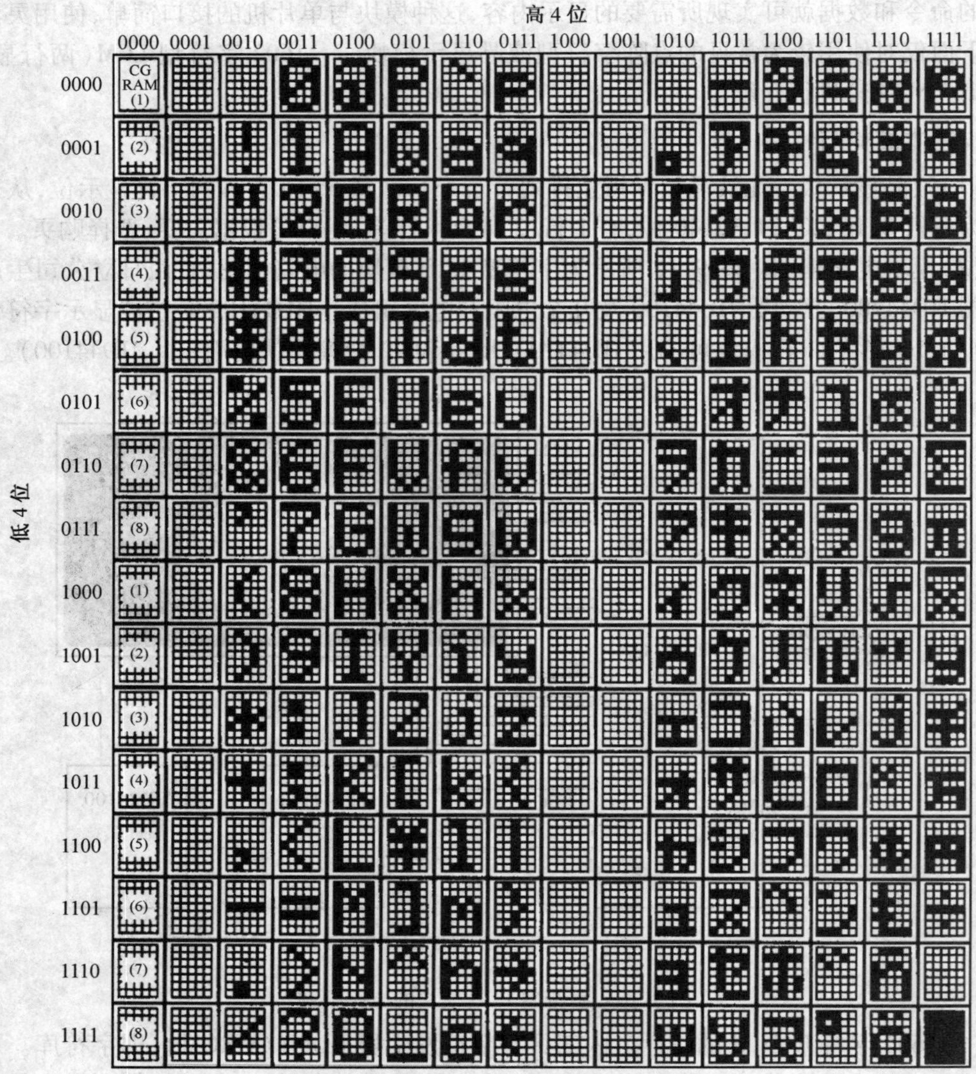

图 9.17　ROM 字符库的内容

表 9.6　LCM 的部分引脚

引脚号	符号	引脚功能
1	GND	电源地
2	V_{DD}	+5 V 逻辑电源
3	V_{EE}	液晶驱动电源(用于调节对比度)
4	RS	寄存器选择(1 表示数据寄存器,0 表示命令/状态寄存器)
5	$R/\overline{W}$	读/写操作选择(1 表示读,0 表示写)
6	E	使能(下降沿触发)
7 ~ 14	DB0 ~ DB7	数据总线,与单片机的数据总线相连,三态
15	E1	背光电源,通常为+5 V,并串联一个电位器,调节背光亮度
16	E2	背光电源地

3. 命令格式及功能说明

(1)内部寄存器。LCD 控制器 HD44780 内有多个寄存器,寄存器的选择见表 9.7。

表 9.7　寄存器的选择

RS	$R/\overline{W}$	操作	RS	$R/\overline{W}$	操作
0	0	命令寄存器写入	1	0	数据寄存器写入
0	1	忙标志和地址计数器读出	1	1	数据寄存器读出

RS 和 $R/\overline{W}$ 引脚上的电平决定对寄存器的选择和读/写,而 DB7 ~ DB0 决定命令功能。

(2)命令功能说明。下面介绍可写入命令寄存器的 11 个命令。

①清屏。命令格式见表 9.8。

表 9.8　清屏命令格式

RS	$R/\overline{W}$	DB7	DB6	DB5	DB4	DB3	DB2	DB1	DB0
0	0	0	0	0	0	0	0	0	1

功能:清除屏幕显示,并给地址计时器(AC)置 0。

②返回。命令格式见表 9.9。

表 9.9　返回命令格式

RS	$R/\overline{W}$	DB7	DB6	DB5	DB4	DB3	DB2	DB1	DB0
0	0	0	0	0	0	0	0	1	×

功能:将 DDRAM(数据显示 RAM)及显示 RAM 的地址置 0,显示返回到原始位置。

③输入方式设置。命令格式见表 9.10。

表 9.10　输入方式设置命令格式

RS	$R/\overline{W}$	DB7	DB6	DB5	DB4	DB3	DB2	DB1	DB0
0	0	0	0	0	0	0	1	I/D	S

功能:设置光标的移动方向,并指定整体显示是否移动,其中 I/D=1,为增量方式;I/D=0,为减量方式。S=1,表示移动;S=0,表示不移动。

④显示开关控制。命令格式见表 9.11。

表 9.11　显示开关控制命令格式

RS	$R/\overline{W}$	DB7	DB6	DB5	DB4	DB3	DB2	DB1	DB0
0	0	0	0	0	0	1	D	C	B

功能:D 位(DB2)控制整体显示的开与关,D=1,开显示;D=0,关显示。C 位(DB1)控制光标的开与关,C=1,光标开;C=0,光标关。B 位(DB0)控制光标处字符的闪烁,B=1,字符闪烁;B=0,字符不闪烁。

⑤光标移动。命令格式见表 9.12。

表 9.12　光标移动命令格式

RS	$R/\overline{W}$	DB7	DB6	DB5	DB4	DB3	DB2	DB1	DB0
0	0	0	0	0	1	S/C	R/L	×	×

功能:光标移动或整体显示,DDRAM 中内容不变。其中:

S/C=1 时,显示移动;S/C=0 时,光标移动。

R/L=1 时,向右移动;R/L=0 时,向左移动。

⑥功能设置。命令格式见表 9.13。

表 9.13　功能设置命令格式

RS	R/$\overline{W}$	DB7	DB6	DB5	DB4	DB3	DB2	DB1	DB0
0	0	0	0	1	DL	N	F	×	×

功能：DL 位设置接口数据位数，DL=1 为 8 位数据接口；DL=0 为 4 位数据接口。N 位设置显示行数，N=0，为单行显示；N=1，为双行显示。F 位设置字型大小，F=1 时，为 5×10 点阵；F=0 时，为 5×7 点阵。

⑦CGRAM（自定义字符 RAM）地址设置。命令格式见表 9.14。

表 9.14　CGRAM 地址设置命令格式

RS	R/$\overline{W}$	DB7	DB6	DB5	DB4	DB3	DB2	DB1	DB0
0	0	0	1	A	A	A	A	A	A

功能：设置 CGRAM 的地址，地址范围为 0～63。

⑧DDRAM 地址设置。命令格式见表 9.15。

表 9.15　DDRAM 地址设置命令格式

RS	R/$\overline{W}$	DB7	DB6	DB5	DB4	DB3	DB2	DB1	DB0
0	0	1	A	A	A	A	A	A	A

功能：设置 DDRAM 的地址，地址范围为 0～127。

⑨读忙标志 BF 及地址计数器。命令格式见表 9.16。

表 9.16　读忙标志 BF 及地址计数器命令格式

RS	R/$\overline{W}$	DB7	DB6	DB5	DB4	DB3	DB2	DB1	DB0
0	1	BF	AC						

功能：BF 位为忙标志。BF=1，表示忙，此时 LCM 不能接收命令和数据；BF=0，则表示 LCM 不忙，可以接收命令和数据。AC 位为地址计数器的值，范围为 0～127。

⑩向 CGRAM/DDRAM 写数据，命令格式见表 9.17。

表 9.17　向 CGRAM/DDRAM 写数据命令格式

RS	R/$\overline{W}$	DB7	DB6	DB5	DB4	DB3	DB2	DB1	DB0
1	0	DATA							

功能：将数据写入 CGRAM 或 DDRAM 中，应与 CGRAM 或 DDRAM 地址设置命令结合使用。

⑪从 CGRAM/DDRAM 中读数据，命令格式见表 9.18。

表 9.18　从 CGRAM/DDRAM 中读数据命令格式

RS	R/$\overline{W}$	DB7	DB6	DB5	DB4	DB3	DB2	DB1	DB0
1	1	DATA							

功能：从 CGRAM 或 DDRAM 中读取数据，应与 CGRAM 或 DDRAM 地址设置命令结合使用。

（3）有关说明。

①显示位与 DDRAM 地址的对应关系，见表 9.19。

表 9.19　显示位与 DDRAM 地址的对应关系

显示位		1	2	3	4	5	6	7	8	9	…	39	40
DDRAM	第一行	00H	01H	02H	03H	04H	05H	06H	07H	08H	…	26H	27H
地址	第二行	40H	41H	42H	43H	44H	45H	46H	47H	48H	…	66H	67H

②标准字符库。图 9.17 所示为字符库的内容、字符码和字型的对应关系。

③DDRAM 数据、CGRAM 地址与 CGRAM 数据之间的关系，见表 9.20。

表 9.20　DDRAM 数据、CGRAM 地址与 CGRAM 数据之间的关系

DDRAM 数据	CGRAM 地址		CGRAM 数据(字符“￥”的点阵数据)
76543210	5　4　3	2　1　0	7　6　5　4　3　2　1　0
0000×aaa	a　a　a	0　0　0	×　×　×　1　0　0　0　1
		0　0　1	×　×　×　0　1　0　1　0
		0　1　0	×　×　×　1　1　1　1　1
		0　1　1	×　×　×　0　0　1　0　0
		1　0　0	×　×　×　1　1　1　1　1
		1　0　1	×　×　×　0　0　1　0　0
		1　1　0	×　×　×　0　0　1　0　0
		1　1　1	×　×　×　0　0　0　0　0

9.4.3　AT89S51 单片机与 LCD 的接口及软件编程

1. AT89S51 单片机与 LCD 模块的接口

AT89S51 单片机与 LCD1602 模块的接口电路如图 9.18 所示，RS、R/$\overline{W}$、Ep 3 个引脚分别接 P2.6、$\overline{WR}$、$\overline{RD}$引脚，只需通过对这 3 个引脚置 1 或清 0，就可实现对 LCD1602 模块的读/写操作，具体来说，在 LCD1602 模块上显示一个字符的操作过程为“读状态—写命令—写数据—自动显示”。

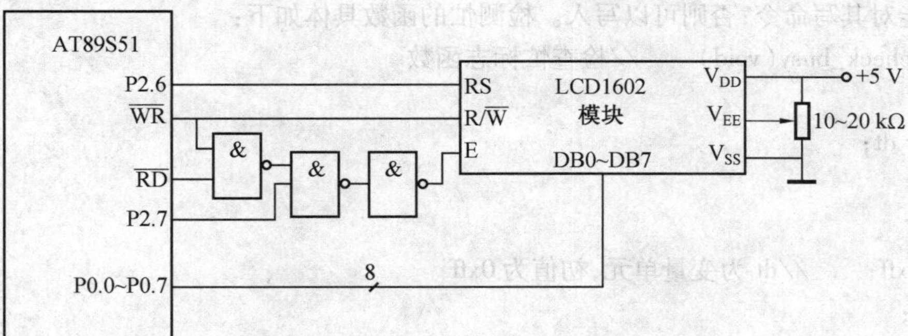

图 9.18　AT89S51 单片机与 LCD1602 模块的接口电路图

2. 软件编程

(1)初始化单片机。

开始运行时必须先对 LCD 模块进行初始化，否则模块无法正常显示。下面介绍两种初始化方法。

①利用模块内部的复位电路进行初始化。LCM 有内部复位电路，能进行上电复位。复位期间 BF=1，在电源电压 V_{DD}达到 4.5 V 以后，此状态可维持 10 ms，复位时执行下列命令。

a. 清除显示。

b. 功能设置。DL=1 为 8 位数据长度接口；N=0 为单行显示；F=0 为 5×7 点阵字符。

c. 开/关设置。D=0 关显示；C=0 关光标；B=0 关闪烁功能。

d. 进入方式设置。I/D=1 地址采用递增方式；S=0 关显示移位功能。

②软件初始化。使用 LCD1602 模块前，需要对其显示方式进行初始化设置，LCD1602 的初始化函数如下：

```
void LCD_initial(void)        //液晶显示器初始化函数
{
write_command(0x38);          //写入命令 0x38，两行显示，5×7 点阵，8 位数据
_nop_(),_nop_(),_nop_();//空操作，给硬件反应时间
write_command(0x0c);          //写入命令 0x0c，开整体显示，光标关，无黑块
_nop_(),_nop_(),_nop_();
write_command(0x06);          //写入命令 0x06，光标右移
_nop_(),_nop_(),_nop_();
write_command(0x01);          //写入命令 0x01，清屏
delay(1);
}
```

(2)显示程序编写。

想要在液晶屏上显示字符，除了对 LCD 进行初始化外，还要进行读状态—写命令—写数据—自动显示等过程，下面为其常用程序段编写说明。

①读状态。

读状态是对 LCD1602 模块的忙标志进行检测，如果 BF=1，说明 LCD1602 模块处于忙状态，不能对其写命令；否则可以写入。检测忙的函数具体如下：

```
void check_busy(void)         //检查忙标志函数
{
uchar dt;
do
{
dt=0xff;        //dt 为变量单元，初值为 0xff
E=0;
RS=0;       //按读/写操作规范 RS=0，E=1 才可读忙标志
RW=1;
E=1;
dt=out;       //out 为 P0 口，P0 口的状态送入 dt 中
}while(dt&0x80);       //如果 BF=1，继续循环检测，等待 BF=0
E=0;     //BF=0，LCD1602 模块不忙，结束检测
}
```

②写命令。

写命令的函数如下：

```
void write_command(uchar com)//向 LCD1602 写命令函数
{
check_busy();
E=0;         //按规定 RS 和 E 同时为 0 时可以写入命令
RS=0;
RW=0;
out=com;     //将命令写入 P0 口
E=1;    //使 E 端产生正跳变
_nop_();     //空操作一个机器周期,等待硬件反应
E=0;    //E 由高电平变低电平,LCD1602 模块开始执行命令
delay(1);
}
```

③写数据。

写数据就是将要显示字符的 ASCII 码写入 LCD1602 模块中的 DDRAM，如将数据“dat”写入 LCD1602 模块，写数据函数如下：

```
void write_data(uchar dat)//向 LCD1602 模块写命令
{
void check_busy();
E=0;    //按规定写数据时,E 应为正脉冲,所以先置 0
RS=1;     //按规定 RS=1 和 RW=0 时可以写入数据
RW=0;
out=dat;     //将数据 dat 从 P0 口输出,写入 LCD1602 模块
E=1;    //E 产生正跳变
_nop_();
E=0;    //由高电平变为低电平,写数据操作结束
delay(1);
}
```

【例 9.1】　用 AT89S51 单片机驱动 LCD1602 模块，使其显示两行文字：“Welcome”与“Harbin CHINA”，其接口电路仿真图如图 9.19 所示。

程序设计如下：

```
#include <reg51.h>
#include <intrins.h>
#define uchar unsigned char
#define uint unsigned int
#define out P0
sbit RS=P2^0;      //定义位变量 RS
sbit RW=P2^1;      //定义位变量 RW
```

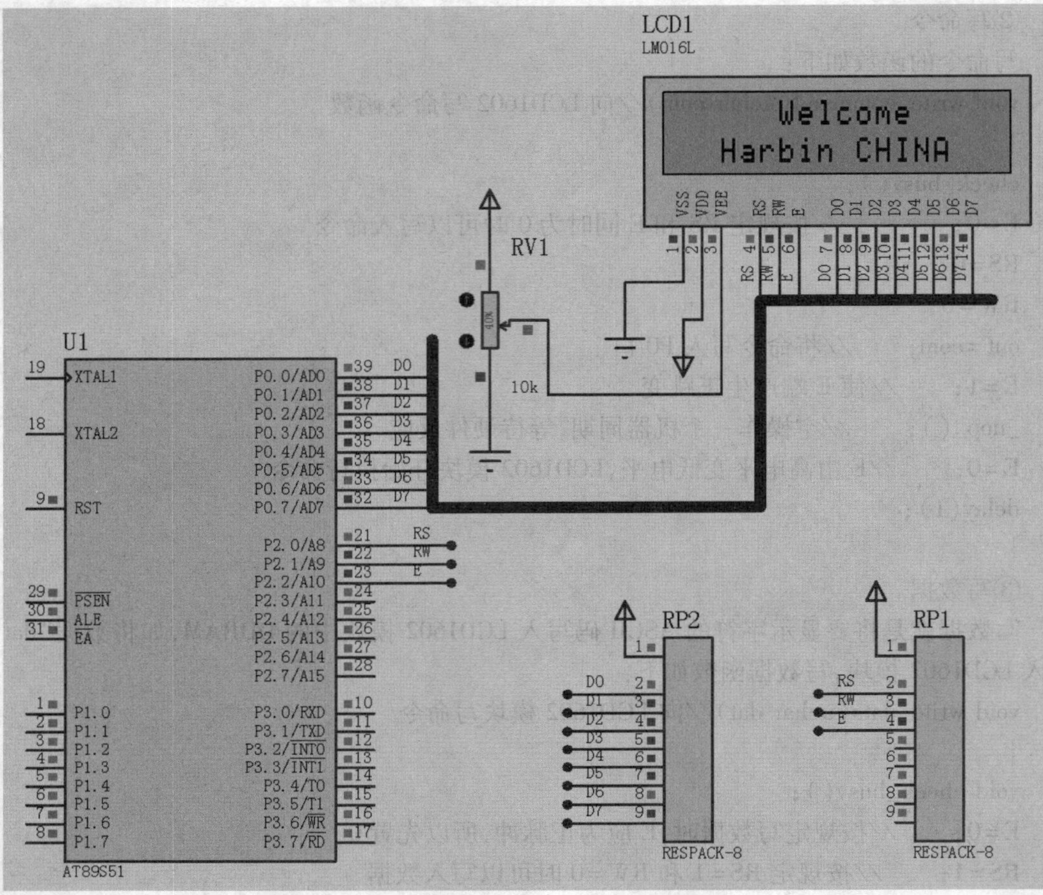

图 9.19　AT89S51 单片机与 LCD1602 模块的接口电路仿真图

```
sbit E=P2^2;        //定义位变量 E
void lcd_initial(void);       //LCD1602 模块初始化函数
void check_busy(void);//检查忙标志函数
void write_command(uchar com);//写命令函数
void write_data(uchar dat);       //写数据函数
void string(uchar ad,uchar *s);
void lcd_test(void);
void delay(uint);               //延时函数
void main(void)               //主函数
{
lcd_initial();              //调用对 LCD1602 模块的初始化函数
while(1)
{
string(0x85,"Welcome");       //显示的第一行字符串
string(0xc2,"Harbin CHINA");//显示的第二行字符串
```

```
delay(100);      //延时
write_command(0x01);//写入清屏命令
delay(100);      //延时
}
}
void delay(uint j)      //1 ms 延时函数
{
uchar i=250;
for(;j>0;j--)
{
while(--i);
i=249;
while(--i);
i=250;
}
}
void check_busy(void)//检查忙标志函数
{
uchar dt;
do
{
dt=0xff;
E=0;
RS=0;
RW=1;
E=1;
dt=out;
}while(dt&0x80);
E=0;
}
void write_command(uchar com)//向 LCD1602 模块写命令函数
{
check_busy();
E=0;
RS=0;
RW=0;
out=com;
E=1;
_nop_();
```

```
E=0;
delay(1);
}
void write_data(uchar dat)//向 LCD1602 模块写命令
{
void check_busy();
E=0;
RS=1;
RW=0;
out=dat;
E=1;
_nop_();
E=0;
delay(1);
}
void lcd_initial(void)  //液晶显示屏初始化函数
{
write_command(0x38);      //8 位两行显示,5×7 点阵字符
write_command(0x0c);      //开整体显示,光标关,无黑块
write_command(0x06);      //光标右移
write_command(0x01);      //清屏
delay(1);
}
void string(uchar ad,uchar *s)      //输出显示字符串
{
write_command(ad);
while(*s>0)
{
write_data(*s++);        //输出字符串,且指针增 1
delay(100);
}
}
```

思考题及习题

9.1　判断下列说法是否正确。

A. CH451 芯片可用来仅作为 LED 数码管的控制接口电路。(　　)

B. 为给扫描法工作的 8×8 非编码键盘提供接口电路,在接口电路中需要提供两个 8 位并行的输入口和一个 8 位并行的输出口。()

C. LED 数码管的字型码是固定不变的。(　　)

9.2　为什么要消除按键的机械抖动？软件消除按键机械抖动的原理是什么？

9.3　LED 的静态显示方式与动态显示方式有何区别？各有什么优缺点？

9.4　分别写出表 9.2 中共阴极和共阳极 LED 数码管仅显示小数点“.”的段码。

9.5　说明矩阵式非编键盘按键按下的识别原理。

9.6　对于图 9.12 所示的键盘，采用线反转法原理编写出识别某一按键被按下并得到其键号的程序。

9.7　键盘有哪几种工作方式？它们各自的工作原理及特点是什么？

第 10 章

AT89S51 单片机与数据转换器的接口

模/数(A/D)转换与数/模(D/A)转换在工业控制中有着重要的作用,实现模拟量转换成数字量的器件称为 A/D 转换器(Analog to Digital Converter,ADC),A/D 转换多用于前向通道。实现数字量转换为模拟量的器件称为 D/A 转换器(Digital to Analog Converter, DAC),D/A 转换多用于后向通道。本章将着重从应用的角度,介绍典型的 ADC、DAC 集成电路芯片,以及它们同 AT89S51 单片机的硬件接口设计及软件设计。

10.1 A/D 转换器的接口

10.1.1 A/D 转换器概述

A/D 转换器是通过一定的电路将模拟量转变为数字量。模拟量可以是电压、电流等电信号,也可以是压力、温度、湿度、位移、声音等非电信号。但在 A/D 转换前,输入到 A/D 转换器的输入信号必须经各种传感器把各种物理量转换成电压信号,转换得到的数字信号送入微处理器进行处理。

1. A/D 转换器简介

A/D 转换器有很多种形式,形式的不同会影响测量后的精准度。A/D 转换器的功能是把模拟量变换成数字量。由于实现这种转换的工作原理和采用工艺技术不同,因此生产出种类繁多的 A/D 转换芯片。

A/D 转换器按分辨率分为 4 位、6 位、8 位、10 位、14 位、16 位和 BCD 码的 $3\frac{1}{2}$位、$5\frac{1}{2}$位等。按照转换速度可分为超高速(转换时间小于或等于 330 ns)、次超高速(转换时间为 330 ~3.3 μs)、高速(转换时间为 3.3 ~333 μs)、低速(转换时间大于 330 μs)等。

A/D 转换器按照转换原理可分为直接 A/D 转换器和间接 A/D 转换器。所谓直接 A/D 转换器,是把模拟信号直接转换成数字信号,如逐次逼近型、并联比较型等。其中逐次逼近型 A/D 转换器易于用集成工艺实现,且能达到较高的分辨率和速度,故目前集成化 A/D 转换芯片采用逐次逼近型居多;间接 A/D 转换器是先把模拟量转换成中间量,然后再转换成数字量,如电压/时间转换型(积分型)、电压/频率转换型、电压/脉宽转换型等。其中积分型 A/D 转换器电路简单,抗干扰能力强,且具有高分辨率,但转换速度较慢。有些 A/D 转换器还将多路开关、基准电压源、时钟电路、译码器和转换电路集成在一个芯片内,已超出了单纯 A/D 转换功能,使用十分方便。

A/D 转换器经常用于通信、数字相机、仪器和测量以及计算机系统中,可方便数字信号处理和信息的储存。大多数情况下,A/D 转换器会与数字电路整合在同一芯片上,但部分设备仍需使用独立的 A/D 转换器。移动电话是数字芯片中整合 A/D 转换器功能的例子,而具有更高要求的蜂巢式基地台则需依赖独立的 A/D 转换器,以提供最佳性能。

A/D 转换器具备一些特性,包括:模拟输入,可以是单信道或多信道模拟输入;参考输入电压,该电压可由外部提供,也可以在 A/D 转换器内部产生;频率输入,通常由外部提供,用于确定 A/D 转换器的转换速率;电源输入,通常有模拟和数字电源引脚;数字输出,A/D 转换器可以提供平行或串行的数字输出。在输出位数越多(分辨率越好)以及转换时间越短的要求下,其制造成本与单价就越贵。一个完整的 A/D 转换过程中,必须包括取样、保持、量化与编码等几部分电路。

2. A/D 转换器的主要技术指标

(1)转换时间和转换速率。

转换时间是完成一次 A/D 转换所需的时间,是从启动信号开始到转换结束并得到稳定的数字输出值为止的时间间隔。转换时间越短,则转换速率就越高,转换时间的倒数为转换速率。

(2)分辨率。

分辨率是指 A/D 转换器所能分辨的最小模拟输入量。通常用转换成数字量的位数来表示,如 8 位、10 位、12 位与 16 位等。位数越高,分辨率越高。若小于最小变化量的输入模拟电压的任何变化,将不会引起输出数字值的变化。分辨率取决于 A/D 转换器的位数,所以习惯上用输出的二进制位数或 BCD 码位数表示。例如,A/D 转换器 AD1674 的满量程输入电压为 5 V,可输出 12 位二进制数,即用 2^{12} 个数进行量化,其分辨率为 1 LSB,也即 $5\ V/2^{12}=1.22\ mV$,其分辨率为 12 位,或 A/D 转换器能分辨出输入电压 1.22 mV 的变化。采用 12 位的 AD574,若是满刻度为 10 V,分辨率即为 $10\ V/2^{12}=2.44\ mV$。而常用的 8 位的 ADC0804,若是满刻度为 5 V,分辨率即为 $5\ V/2^{8}=19.53\ mV$。选择适用的 A/D 转换器是相当重要的,并不是分辨率越高越好。不需要分辨率高的场合,采用高分辨率的 A/D 转换器所撷取到的大多是噪声。分辨率太低,又无法取样到所需的信号。

(3)转换误差。

通常以相对误差的形式输出,其表示 A/D 转换器实际输出数字值与理想输出数字值的差别,并用最低有效位 LSB 的倍数表示。

(4)转换精度。

A/D 转换器的转换精度定义为一个实际 A/D 转换器与一个理想 A/D 转换器在量化值上的差值,可用绝对误差或相对误差表示。

(5)精准度。

对于 A/D 转换器,精准度指的是在输出端产生所设定的数字数值,其实际需要的模拟输入值与理论上要求的模拟输入值之差。

精准度依计算方式不同,可以分为绝对精准度和相对精准度。

所谓的绝对精准度是指实际输出值与理想输出值的接近程度,其关系为

$$绝对精准度=\frac{实际输出-理想输出}{理想输出}\times 100\%$$

相对精准度指的是满刻度值校准以后，任意数字输出所对应的实际模拟输入值（中间值）与理论值（中间值）之差。对于线性 A/D 转换器，相对精准度就是它的线性程度。由于电路制作上的影响，会产生像非线性误差或量化误差等降低相对精准度的因素。相对精准度是指实际输出值与理想的满刻度输出值的接近程度，其关系为

$$相对精准度=\frac{实际输出-理想输出}{理想的满刻度输出}\times 100\%$$

基本上，一个 n-bit 的转换器就有 n 个数字输出位。这种所产生的位数值是等效于在 A/D 转换器的输入端的模拟大小特性值。如果外部所要输入电压或是电流量较大，所转换后的位数值也就较大。

3. 常用 A/D 转换器或芯片

常用的芯片如 ADC0809，是 CMOS 单片型逐次逼近型 A/D 转换器，具有 8 路模拟量输入通道，有转换起停控制，模拟输入电压范围为 0 ~ +5 V，转换时间为 100 μs。

AD574 是快速 12 位逐次逼近型 A/D 转换器，它无须外接元器件就可以独立完成 A/D 转换功能，转换时间为 15 ~ 35 μs；可以并行输出 12 位数字量，也可以分为 8 位和 4 位两次输出。

不同性能指标、不同价位的 A/D 转换芯片非常多，可以自行选择。

10.1.2　AT89S51 单片机与转换器 ADC0809 的接口

1. ADC0809 引脚及功能

ADC0809 是美国国家半导体公司（NS 公司）生产的 CMOS 工艺、逐次逼近型并行 8 位 A/D 转换芯片。它具有 8 个模拟量输入端，最多允许 8 路模拟量分时输入，共用一个 A/D 转换器进行转换，其引脚如图 10.1 所示。

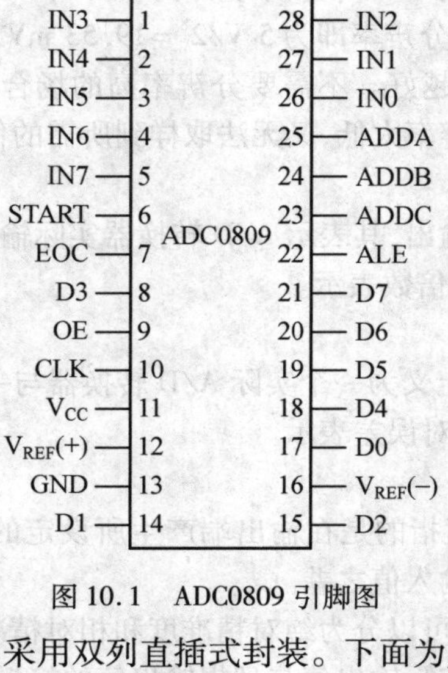

图 10.1　ADC0809 引脚图

ADC0809 共有 28 个引脚，采用双列直插式封装。下面为其主要引脚的功能介绍。

(1) IN0 ~ IN7：8 个通道的模拟信号输入端。输入电压范围为 0 ~ +5 V。

(2) ADDC、ADDB、ADDA：通道地址输入端。其中，C 为高位，A 为低位。

(3) ALE：地址锁存信号输入端。在脉冲上升沿锁存 ADDC、ADDB、ADDA 引脚上的信号，并据此选通 IN0 ~ IN7 中的一路。8 路输入通道的地址选择关系见表 10.1。

表 10.1　8 路输入通道的地址选择关系

ADDC	ADDB	ADDA	输入通道号
0	0	0	IN0
0	0	1	IN1
0	1	0	IN2
⋮	⋮	⋮	⋮
1	1	1	IN7

(4) START：启动信号输入端。当 START 端输入一个正脉冲时，立即启动 A/D 转换。

(5) EOC：转换结束信号输出端。在启动 A/D 转换后为低电平，转换结束后自动变为高电平，可用于向单片机发出中断请求。

(6) OE：输出允许控制端。为高电平时，将三态输出锁存器中的数据输出到 D0 ~ D7 数据端。

(7) D0 ~ D7：8 位数字量输出端。为三态缓冲输出形式，能够和 AT89S51 单片机的并行数据线直接相连。

(8) CLK：时钟信号输入端。时钟频率范围为 10 ~ 1 280 kHz，典型值为 640 kHz。当时钟频率为 640 kHz 时，转换时间为 100 μs。

(9) $V_{REF}(+)$ 和 $V_{REF}(-)$：A/D 转换器的正负基准电压输入端。

(10) V_{CC}：电源电压输入端，+5 V。

(11) GND：电源地。

2. ADC0809 结构及转换原理

ADC0809 的结构框图如图 10.2 所示。从图中可以归纳出单片机控制 ADC0809 进行 A/D 转换的工作过程如下：

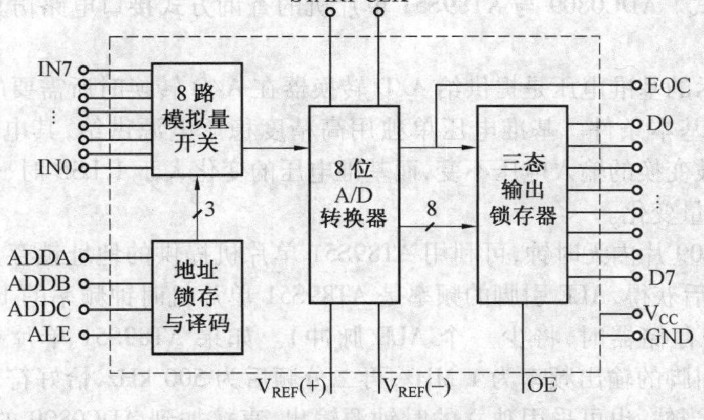

图 10.2　ADC0809 的结构框图

(1)为 ADC0809 添加基准电压和时钟信号。

(2)外部模拟电压信号从通道 IN0 ~ IN7 中的一路输入到多路模拟开关。

(3)将通道选择字输入到 ADDC、ADDB、ADDA 引脚。

(4)在 ALE 引脚输入高电平,选通并锁存相应通道。

(5)在 START 引脚输入高电平,启动 A/D 转换。

(6)当 EOC 引脚变为高电平时,在 OE 引脚输入高电平。

(7)将 D0 ~ D7 上的并行数据读入单片机。

3. AT89S51 单片机与 ADC0809 的接口

在讨论接口设计之前,先来了解单片机如何控制 A/D 转换器开始转换,如何得知转换结束以及如何读入转换结果?

AT89S51 单片机控制 ADC0809 的过程如下:首先,用指令选择 ADC0809 的一个模拟输入通道;其次,给 ADC0809 的 START 引脚一个脉冲信号,开始对选中通道进行 A/D 转换,当转换结束后,ADC0809 发出转换结束 EOC(高电平)信号,该信号可供 AT89S51 单片机查询,也可反相后作为向 AT89S51 单片机发出的中断请求信号;AT89S51 单片机收到 EOC 信号后,通过逻辑电路控制 OE 端为高电平,把转换完毕的数字量读入到单片机中。

A/D 转换后得到的是数字量的数据,这些数据应传送给单片机进行处理。数据传送的关键问题是如何确认 A/D 转换完成,因为只有确认数据转换完成后,才能进行传送。为此可采用传送、查询和中断 3 种方式。

传送方式:对于一种 A/D 转换器来说,转换时间作为一项技术指标是已知的和固定的。例如,ADC0809 转换时间为 128 μs,相当于 6 MHz 的 MCS-51 系列单片机共 64 个机器周期。可据此设计一个延时子程序,A/D 转换启动后即调用这个延时子程序,延迟时间一到,转换肯定已经完成了,接着就可进行数据传送。

查询方式:A/D 转换芯片有表明转换完成的状态信号,如 ADC0809 的 EOC 端。因此可以用查询方式,软件测试 EOC 的状态,即可确知转换是否完成,然后进行数据传送。

中断方式:将转换完成的状态信号 EOC 作为中断请求信号,以中断方式进行数据传送。若 EOC 信号被送到单片机,可以采用查询该引脚或中断的方式进行转换后数据的传送。

(1)查询方式。ADC0809 与 AT89S51 单片机的查询方式接口电路仿真图如图 10.3 所示。

图 10.3 所示的基准电压是提供给 A/D 转换器在 A/D 转换时所需要的基准电压,这是保证转换精度的基本条件。基准电压单独用高精度稳压电源供给,其电压的变化要小于 1 LSB。否则当被变换的输入电压不变,而基准电压的变化大于 1 LSB 时,也会引起 A/D 转换器输出的数字量变化。

由于 ADC0809 片内无时钟,可利用 AT89S51 单片机提供的地址锁存允许信号 ALE 经 D 触发器二分频后获得,ALE 引脚的频率是 AT89S51 单片机时钟频率的 1/6(但要注意,每当访问外部数据存储器时,将少一个 ALE 脉冲)。如果 AT89S51 单片机时钟频率采用 6 MHz,则 ALE 引脚的输出频率为 1 MHz,再二分频后为 500 kHz,恰好符合 ADC0809 对时钟频率的要求。当然,也可采用独立的时钟源输出,直接加到 ADC0809 的 CLK 引脚上,图 10.3中 ADC0809 的 CLK 引脚的时钟信号由定时器 T0 中断给出。

由于 ADC0809 具有输出三态锁存器,其 8 位数据输出引脚 D0 ~ D7 可直接与 AT89S51

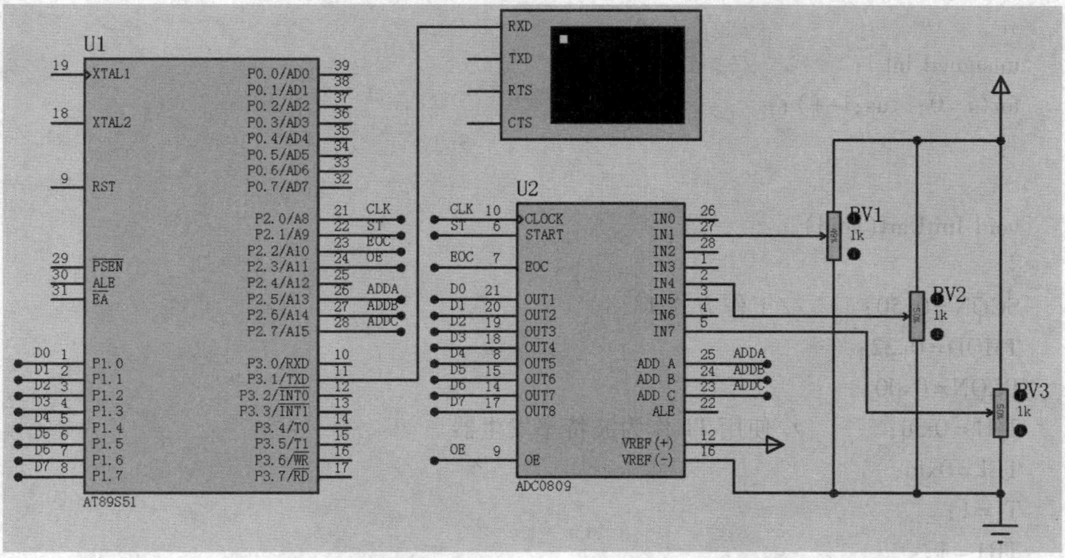

图 10.3　ADC0809 与 AT89S51 单片机的查询方式接口电路仿真图

单片机的 P1 口相连。地址译码引脚 ADDA、ADDB、ADDC 分别与地址总线的低 3 位 P2.5、P2.6、P2.7 相连，以选通 IN0 ~ IN7 中的一个通道。

在启动 A/D 转换时，由 P2.1 产生脉冲信号启动 A/D 转换，通过查询 P2.2 引脚是否为 1 来查看转换是否结束，如果为 1，则 A/D 转换结束，通过把 P2.3 置 1，打开 ADC0809 三态输出锁存器，使转换的结果传输到 P1 口。

下面的程序是采用查询的方式，分别对 8 路模拟信号中的 1、4、7 轮流采样一次，并通过虚拟终端依次显示出来的转换程序。

```
#include <reg51.h>
#include <stdio.h>
#include <intrins.h>
sbit OE=P2^3;
sbit EOC=P2^2;
sbit ST=P2^1;
sbit CLK=P2^0;
sbit ADDRA=P2^5;
sbit ADDRB=P2^6;
sbit ADDRC=P2^7;
void Delayms(unsigned int ms)
{
unsigned int i,j;
for(i=0;i<ms;i++)
for(j=0;j<1141;j++);
}
void Delayus(unsigned int us)
```

```
{
unsigned int i;
for(i=0;i<us;i++);
}

void InitUart(void)
{
SCON=0x50;      //工作方式 1
TMOD=0x22;
PCON=0x00;
TH1=0xfd;       //使用 T1 作为波特率发生器
TL1=0xfd;
TI=1;
TR1=1;
}
void main()
{
unsigned char temp;
InitUart();
TH0=0x14;
TL0=0x00;
ET0=1;
TR0=1;
EA=1;
while(1)
{
Delayms(100);
ADDRA=1;
ADDRB=0;
ADDRC=0;      //选择通道 1
ST=0;
ST=1;
Delayus(10);
ST=0;
while(EOC==0);
OE=1;
Delayus(10);
P1=0xff;
temp=P1;
```

```
    OE=0;
    putchar(temp);
    Delayms(100);
    ADDRA=0;
    ADDRB=0;
    ADDRC=1;      //选择通道4
    ST=0;
    ST=1;
    Delayus(10);
    ST=0;
    while(EOC==0);
    OE=1;
    Delayus(10);
    P1=0xff;
    temp=P1;
    OE=0;
    putchar(temp);
    Delayms(100);
    ADDRA=1;
    ADDRB=1;
    ADDRC=1;      //选择通道7
    ST=0;
    ST=1;
    Delayus(10);
    ST=0;
    while(EOC==0);
    OE=1;
    Delayus(10);
    P1=0xff;
    temp=P1;
    OE=0;
    putchar(temp);
    }
    }
void Timer0_INT() interrupt 1
{
CLK=! CLK;
}
```

(2)中断方式。ADC0809 与 AT89S51 单片机的中断方式接口电路只需要将图 10.3 所示的 EOC 引脚经过一非门连接到 AT89S51 单片机的外部中断输入引脚$\overline{INT1}$即可。采用中断方式可大大节省单片机的时间。当转换结束时,EOC 发出一个脉冲向单片机提出中断申请,单片机响应中断请求,由外部中断 1 的中断服务程序读 A/D 转换结果,并启动 ADC0809 的下一次转换,外部中断 1 采用跳沿触发方式。中断函数参考程序如下:

```
void INT1( ) interrupt 1 using 0
{
OE=1;
Delayus(10);
P1=0xff;
temp=P1;
OE=0;
putchar(temp);
}
```

10.1.3 AT89S51 与 12 位串行 A/D 转换器 TLC2543 的接口

下面介绍 12 位串行 A/D 转换器 TLC2543 的基本特性及工作原理。

TLC2543 是美国 TI 公司推出的采用 SPI 串行接口的 A/D 转换器,转换时间为 10 μs。片内有一个 14 路模拟开关,用来选择 11 路模拟输入以及 3 路内部测试电压中的 1 路进行采样。为了保证测量结果的准确性,该器件具有 3 路内置自测试方式,可分别测试"REF+"高基准电压值、"REF -"低基准电压值和"REF +/2"值。该器件的模拟输入范围为(REF+) ~ (REF-),一般模拟量的电压范围为 0 ~ +5 V,所以 REF+引脚接+5 V,REF-引脚接地。由于 TLC2543 价格适中,分辨率较高,已在智能仪器仪表中有着较为广泛的应用。

1. TLC2543 的引脚及功能

TLC2543 的引脚如图 10.4 所示。下面为各引脚功能介绍。

(1)AIN0 ~ AIN10:11 路模拟量输入端。

(2)$\overline{CS}$:片选端。

(3)DATAINPUT:串行数据输入端。由 4 位的串行地址输入来选择模拟量输入通道。

(4)DATAOUT:A/D 转换结果的三态串行输出端。$\overline{CS}$为高电平时处于高阻抗状态,$\overline{CS}$为低电平时处于转换结果输出状态。

(5)EOC:转换结束端。

(6)I/O CLOCK:I/O 时钟端。

(7)REF+:正基准电压端。基准电压的正端(通常为 V_{CC})被加到 REF+,最大的输入电压范围为加在本引脚与 REF-引脚的电压差。

(8)REF-:负基准电压端。基准电压的低端(通常为地)加到此端。

(9)V_{CC}:电源。

(10)GND:地。

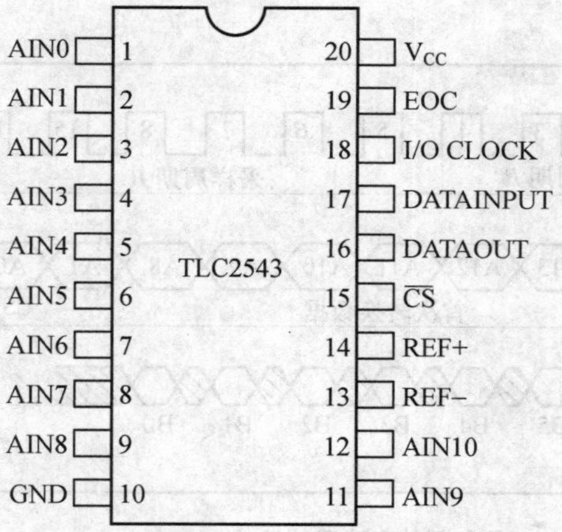

图 10.4　TLC2543 的引脚图

2. TLC2543 的工作时序

TLC2543 的工作时序分为 I/O 周期和转换周期。

(1) I/O 周期。

I/O 周期由外部提供的 I/O CLOCK 定义，延续 8、12 或 16 个时钟周期，取决于选定的输出数据的长度。器件进入 I/O 周期后同时进行两种操作。

①TLC2543 的工作时序如图 10.5 所示。在 I/O CLOCK 的前 8 个脉冲的上升沿，以 MSB 前导方式从 DATAINPUT 端输入 8 位数据到输入寄存器，其中前 4 位为模拟通道地址，控制 14 通道模拟多路器，从 11 个模拟输入和 3 个内部自测电压中选通一路到采样保持器，该电路从第 4 个 I/O CLOCK 脉冲的下降沿开始，对所选的信号进行采样，直到最后一个 I/O CLOCK 脉冲的下降沿。I/O CLOCK 脉冲的个数与输出数据长度（位数）有关，输出数据的长度由输入数据的 D3、D2 决定，可选择为 8 位、12 位或 16 位。当工作于 12 位或 16 位时，在前 8 个脉冲之后，DATAINPUT 无效。

②在 DATAOUT 端串行输出 8 位、12 位或 16 位数据。当$\overline{CS}$保持为低电平时，第一个数据出现在 EOC 的上升沿，若转换由$\overline{CS}$控制，则第一个输出数据发生在$\overline{CS}$的下降沿。这个数据是前一次转换的结果，在第一个输出数据位之后的每个后续位均由后续的 I/O CLOCK 脉冲下降沿输出。

(2) 转换周期。

在 I/O 周期的最后一个 I/O CLOCK 脉冲下降沿之后，EOC 变为低电平，采样值保持不变，转换周期开始，片内转换器对采样值进行逐次逼近型 A/D 转换，其工作由与 I/O CLOCK 同步的内部时钟控制。转换结束后 EOC 变为高电平，转换结果锁存在输出数据寄存器中，待下一个 I/O 周期输出。I/O 周期和转换周期交替进行，从而可减少外部的数字噪声对转换精度的影响。

3. TLC2543 的命令字

每次 A/D 转换，单片机都必须向 TLC2543 写入命令字，以便确定被转换的信号来自哪个通道，转换结果用多少位输出，输出的顺序是高位在前还是低位在前，输出的结果是有符

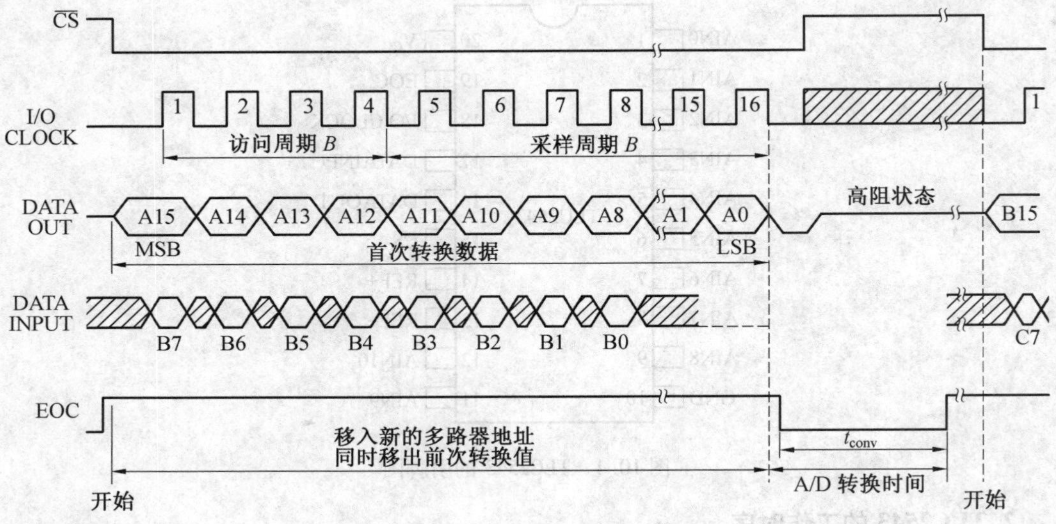

图 10.5　TLC2543 的工作时序

号数还是无符号数。命令字的写入顺序是高位在前。命令字格式如下：

通道地址选择位(D7～D4)	数据的长度位(D3、D2)	数据的顺序位(D1)	数据的极性位(D0)

①通道地址选择位(D7～D4)用来选择输入通道。二进制数 0000～1010 分别是 11 路模拟量 AIN0～AIN10 的地址；地址 1011、1100 和 1101 所选择的自测试电压分别是[VREF(+)+VREF(-)]/2、VREF-、VREF+。1110 是掉电地址，选择掉电后，TLC2543 处于休眠状态，此时电流小于 20 μA。

②数据的长度位(D3、D2)用来选择转换的结果用多少位输出。D3、D2 为 01 时，8 位输出；D3、D2 为 11 时，16 位输出；D3、D2 为其他值时，数据长度为 12 位。

③数据的顺序位(D1)用来选择数据输出的顺序。D1＝0，高位在前；D1＝1，低位在前。

④数据的极性位(D0)用来选择数据的极性。D0＝0，数据是无符号数；D0＝1，数据是有符号数。

4. TLC2543 与 AT89S51 单片机的接口设计

AT89S51 单片机与 TLC2543 的接口电路原理仿真图如图 10.6 所示，程序控制对 AIN2 模拟通道进行数据采集，结果在 LED 数码管上显示，输入电压的改变通过调节 RV1 来实现。

TLC2543 与 AT89S51 单片机的接口采用串行外设接口(Serial Peripheral Interface，SPI)，由于 AT89S51 单片机没有 SPI 接口，因此必须采用软件与 I/O 口线相结合，来模拟 SPI 的接口时序。TLC2543 的 3 个控制输入端分别为 I/O CLOCK(18 引脚，I/O 时钟端)、DATAINPUT(17 引脚，4 位串行地址输入端)以及 $\overline{CS}$(15 引脚，片选端)，分别由 AT89S51 单片机的 P1.3、P1.1 和 P1.2 引脚来控制。转换结果(16 引脚)由 AT89S51 单片机的 P1.0 引脚串行接收，需将命令字通过 P1.1 引脚串行写入到 TLC2543 的输入寄存器中。

片内的 14 通道选择开关可选择 11 个模拟输入中的任 1 个或 3 个内部自测电压中的一个，并且自动完成采样保持。转换结束后，EOC 输出变为高电平，转换结果由三态输出端 DATAOUT 输出。

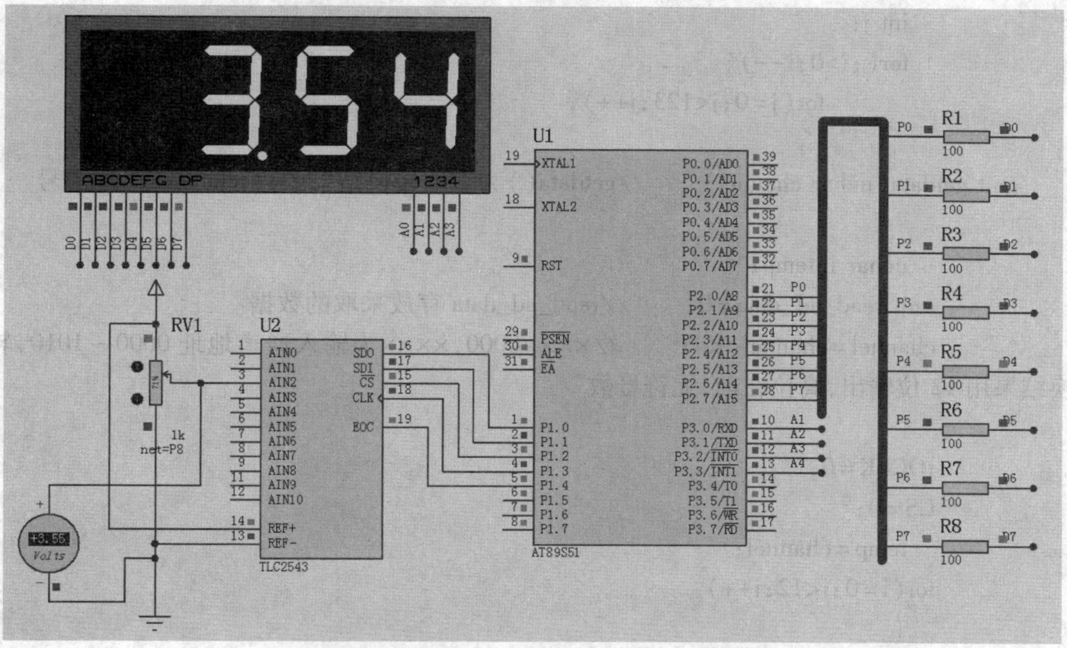

图 10.6　AT89S51 单片机与 TLC2543 的接口电路原理仿真图

采集的数据为 12 位无符号数,采用高位在前的输出数据。写入 TLC2543 的命令字为 0xA0。TLC2543 芯片的工作时序、命令字写入和转换结果输出是同时进行的,即在读出转换结果的同时也写入下一次的命令字,采集 11 个数据要进行 12 次转换。第一次写入的命令字是有实际意义的操作,但是第一次读出的转换结果是无意义的操作,应丢弃;而第 11 次写入的命令字是无意义的操作,但读出的转换结果却是有意义的操作。参考程序如下:

```
#include <reg51.h>
#include <intrins.h>
#define uchar unsigned char
#define unit unsigned int
unsigned char code tabl[]={0xc0,0xf9,0xa4,0xb0,0x99,0x92,0x82,0xf8,0x80,0x90};
unit A Dresult[11];      //11 个通道的转换结果单元
sbit DATOUT=P1^0;
sbit DATIN=P1^1;
sbit CS=P1^2;
sbit IOCLK=P1^3;
sbit EOC=P1^4;
sbit wei1=P3^0;
sbit wei2=P3^1;
sbit wei3=P3^2;
sbit wei4=P3^3;
void delay_ms(unit i)
{
```

```
        int j;
        for( ;i>0;i--)
              for(j=0;j<123;j++);
    }
    unit getdata(uchar channel)      //getdata()为获取转换结果函数,channel 为通道号
    {
        uchar i,temp;
      unit read_ad_data=0;       //read_ad_data 存放采取的数据
      channel=channel<<4;        //××××0000,××××为输入通道地址 0000~1010,转换结果用 12 位输出,高位在前,无符号数

      IOCLK=0;
      CS=0;
        temp=channel;
      for(i=0;i<12;i++)
        {

            if(DATOUT) read_ad_data=read_ad_data|0x01;
            DATIN=(bit)(temp&0x80);       //写入通道命令字,串行写入
                  IOCLK=1;
                  _nop_();_nop_();_nop_();
                IOCLK=0;
                  _nop_();_nop_();_nop_();
                  temp=temp<<1;       //左移 1 位,准备发送通道命令字下一位


                  read_ad_data<<=1;    //转换结果左移 1 位

        }
            CS=1;
            read_ad_data>>=1;



            return(read_ad_data);
    }
        void display(void)
    {
        uchar qian,bai,shi,ge;
        unit value;
```

```
            value = ADresult[2] * 1.221;
            qian = value%10000/1000;
            bai = value%1000/100;
            shi = value%100/10;
            ge = value%10;
            wei1 = 1;
        P2 = table[qian]-128;
            delay_ms(1);
            wei1 = 0;
            wei2 = 1;
            P2 = table[bai];
            delay_ms(1);
            wei2 = 0;
            wei3 = 1;
            P2 = table[shi];
            delay_ms(1);
            wei3 = 0;
            wei4 = 1;
            P2 = table[ge];
            delay_ms(1);
            wei4 = 0;
    }
    main(void)
    {
            ADresult[2] = getdata(2);
            while(1)
            {
                    _nop_();_nop_();_nop_();
                    ADresult[2] = getdata(2);
                    while(! EOC);
                    display();
            }
    }
```

如果使用其他类型或分辨率更高的 A/D 转换器，请自行查找相应材料。

10.2　D/A 转换器的接口

单片机只能输出数字量，但是对于控制而言，常常需要输出模拟量，如直流电动机的转速控制，这就要求单片机系统应该具有输出模拟量的能力，本节介绍单片机系统如何输出模拟量。

D/A 转换器品种繁多、性能各异。按输入数字量的位数可以分为 8 位、10 位、12 位和 16 位等;按输入的数码可以分为二进制方式和 BCD 码方式;按传输数字量的方式可以分为并行方式和串行方式;按输出形式可以分为电流输出型和电压输出型,电压输出型又有单极性和双极性之分;按与单片机的接口可以分为带输入锁存的和不带输入锁存的。

目前市面上常见的商品化 D/A 转换器芯片较多,设计者只需要合理地选用合适的芯片,了解它们的功能、引脚外特性以及与单片机的接口设计方法即可。由于现在部分单片机芯片中集成了 D/A 转换器,位数一般在 10 位左右,且转换速度也很快,因此单片的 D/A 转换器开始向高的位数和高转换速度上转变,而低端的产品如 8 位的 D/A 转换器,已经开始面临被淘汰的危险,但是在实验室或涉及某些工业控制方面的应用,低端的 8 位 D/A 转换器以其高的性价比还是具有相当大的应用空间的。

10.2.1 D/A 转换器简介

1. 概述

购买和使用 D/A 转换器时,要注意有关 D/A 转换器选择的几个问题。

(1) D/A 转换器的输出形式。D/A 转换器有两种输出形式。一种是电压输出,即给 D/A 转换器输入的是数字量,而输出为电压;另一种是电流输出,即输出为电流。在实际应用中,对于电流输出的 D/A 转换器,如需要模拟电压输出,可在其输出端加一个由运算放大器构成的 I/V 转换电路,将电流输出转换为电压输出。

(2) D/A 转换器与单片机的接口形式。单片机与 D/A 转换器的连接,早期多采用 8 位数字量并行传输的并行接口,现在除了并行接口外,带有串行口的 D/A 转换器品种也不断增加。除了通用的 UART 串行口外,目前较为流行的还有 I^2C 串行口和 SPI 串行口等,所以在选择单片 D/A 转换器时,要根据系统结构考虑单片机与 D/A 转换器的接口形式。

2. 主要技术指标

D/A 转换器的技术指标很多,使用者最关心的几个指标如下:

(1) 分辨率。分辨率是指 D/A 转换器所能产生的最小模拟量的增量,是数字量最低有效位(LSB)所对应的模拟值。这个参数反映了 D/A 转换器对模拟量的分辨能力。分辨率的表示方法有很多种,一般用最小模拟值变化量与满量程信号值之比来表示。例如,8 位的 D/A 转换器的分辨率为满量程信号值的 1/256,12 位的 D/A 转换器的分辨率为满量程信号值的 1/4 096。习惯上,常用输入数字量的位数表示分辨率。显然,二进制位数越多,分辨率越高,即 D/A 转换器对输入量变化的敏感程度越高。例如,8 位的 D/A 转换器,若满量程输出为 10 V,根据分辨率定义,则分辨率为 $10\ V/2^n$,即分辨率为 10 V/256 = 39.1 mV,即输入的二进制数最低位的变化可引起输出的模拟电压变化 39.1 mV,该值占满量程信号值的 0.391%,常用符号 1 LSB 表示。

同理:10 位 D/A 转换　1 LSB = 9.78 mV = 0.1% 满量程

12 位 D/A 转换　1 LSB = 2.45 mV = 0.025% 满量程

16 位 D/A 转换　1 LSB = 0.053 mV = 0.001 53% 满量程

使用时,应根据对 D/A 转换器分辨率的需要来选定 D/A 转换器的位数。

(2)建立时间。建立时间是描述 D/A 转换器转换快慢的一个参数,用于表明转换时间或转换速度。其值为从输入数字量到输出达到终值误差±(1/2)LSB(最低有效位)时所需的时间。电流输出的 D/A 转换器转换时间较短,而电压输出的 D/A 转换器,由于要加上完成 I/V 转换的运算放大器的延迟时间,因此转换时间要长一些。快速 D/A 转换器的转换时间可控制在 1 μs 以下。

(3)精度。精度用于衡量 D/A 转换器在数字量转换成模拟量时所得模拟量的精确程度,它表明了模拟输出实际值与理论值的偏差。精确度可分为绝对精度和相对精度。绝对精度指在输入端加入给定数字量时,在输出端实测的模拟量与理论值之间的偏差。相对精度指当满量程信号值校准后,任何输入数字量的输出值与理论值的误差,实际上是 D/A 转换器的线性度。

(4)线性度。线性度指 D/A 转换器实际的转换特性与理想的转换特性之间的误差,一般来说,D/A 转换器的线性误差应小于 1/2 LSB。

(5)温度灵敏度。这个参数表明 D/A 转换器受温度变化影响的特性。

(6)转换速度。转换速度是指从数字量输入端发生变化开始,到模拟输出稳定在额定值(1/2 LSB)时所需要的时间,它是描述 D/A 转换器转化速度快慢的一个参数。

(7)转换精度。理想情况下,转换精度与分辨率基本一致,位数越多,精度越高。但电源电压、基准电压、电阻、制造工艺等各种因素的影响,使它们之间产生误差。严格地讲,转换精度与分辨率并不完全一致。只要位数相同,分辨率即相同,但相同位数的不同转换器转换精度会有所不同。例如,某种型号的 8 位 D/A 转换器精度为±0.19%,而另一种型号的 8 位 D/A 转换器精度为±0.05%。

10.2.2　AT89S51 单片机与 D/A 转换器 DAC0832 的接口设计

1. DAC0832 介绍

DAC0832 是美国国家半导体公司研制的 8 位单片 D/A 转换器芯片,内部具有两级输入数据寄存器,使 DAC0832 适于各种电路的需要。它能直接与 AT89C51 单片机相连接,采用二次缓冲方式,可以在输出的同时,采集下一个数据,从而提高转换速度;还可以在多个转换器同时工作时,实现多通道 D/A 的同步转换输出;D/A 转换结果采用电流形式输出,可通过一个高输入阻抗的线性运算放大器得到相应的模拟电压信号。

(1)DAC0832 的特性。

DAC0832 能直接与 AT89S51 单片机连接,其主要特性参数如下:

①分辨率为 8 位。

②只需要在满量程下调整其线度。

③电流输出,转换时间为 1 μs。

④可双缓冲、单缓冲或者直接数字输入。

⑤功耗低,芯片功耗约为 20 mW。

⑥单电源供电,供电电压为+5 ~ +15 V。

⑦工作温度范围为-40 ~ +85 ℃。

(2)DAC0832 的引脚及逻辑结构。

DAC0832 的引脚如图 10.7 所示。

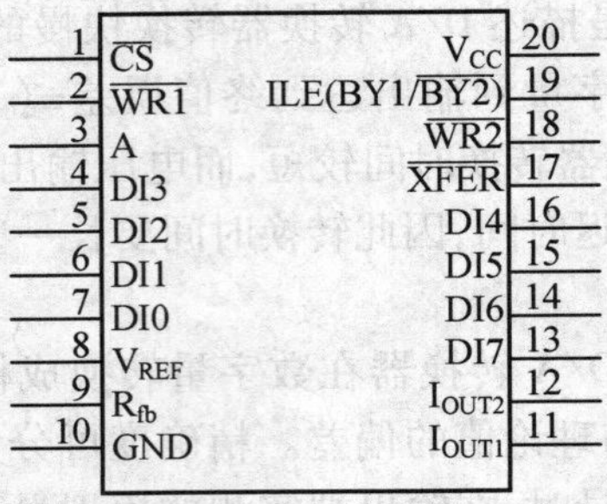

图 10.7　DAC0832 的引脚图

下面为各引脚的功能介绍。

①DI0～DI7:8 位数字信号输入端,与单片机的数据总线 P0 口相连,用于接收单片机送来的待转换为模拟量的数字量,DI7 为最高位。

②$\overline{CS}$:片选端,当$\overline{CS}$为低电平时,本芯片被选中。

③ILE:数据锁存允许控制端,高电平有效。

④$\overline{WR1}$:第一级输入寄存器写选通控制端,低电平有效。当$\overline{CS}$=0,ILE=1,$\overline{WR1}$=0 时,待转换的数据信号被锁存到第一级 8 位输入寄存器中。

⑤$\overline{XFER}$:数据传送控制端,低电平有效。

⑥$\overline{WR2}$:DAC 寄存器写选通控制端,低电平有效。当$\overline{XFER}$=0,$\overline{WR2}$=0 时,输入寄存器中待转换的数据传入 8 位 DAC 寄存器中。

⑦I_{OUT1}:D/A 转换器电流输出 1 端,输入数字量全为 1 时,I_{OUT1} 最大;输入数字量全为 0 时,I_{OUT1} 最小。

⑧I_{OUT2}:D/A 转换器电流输出 2 端,$I_{OUT1}+I_{OUT2}$=常数。

⑨R_{fb}:外部反馈信号输入端,内部已有反馈电阻,根据需要也可外接反馈电阻。

⑩V_{CC}:电源输入端,在+5～+15 V 范围内。

⑪DGND:数字信号地。

⑫AGND:模拟信号地,最好与基准电压共地。

DAC0832 的内部结构图如图 10.8 所示。8 位输入寄存器用于存放单片机送来的数字量,使输入数字量得到缓冲和锁存,由$\overline{LE1}$加以控制;8 位 DAC 寄存器用于存放待转换的数字量,由$\overline{LE2}$控制;8 位 D/A 转换电路受 8 位 DAC 寄存器输出的数字量控制,能输出和数字量成正比的模拟电流。因此,DAC0832 通常需要外接具有 I/V 转换功能的运算放大器电路,才能得到模拟输出电压。

(3)工作方式。

在应用时,DAC0832 通常有 3 种工作方式:直通方式、单缓冲方式和双缓冲方式。

①直通方式:将两个寄存器的 5 个控制端预先置为有效信号,两个寄存器都开通,只要有数字信号输入就立即进行 D/A 转换。

②单缓冲方式:使 DAC0832 的两个输入寄存器中有一个处于直通方式,另一个处于受控方式,或者控制两个寄存器同时导通和锁存。

③双缓冲方式:DAC0832 的输入寄存器和 DAC 寄存器分别受控。

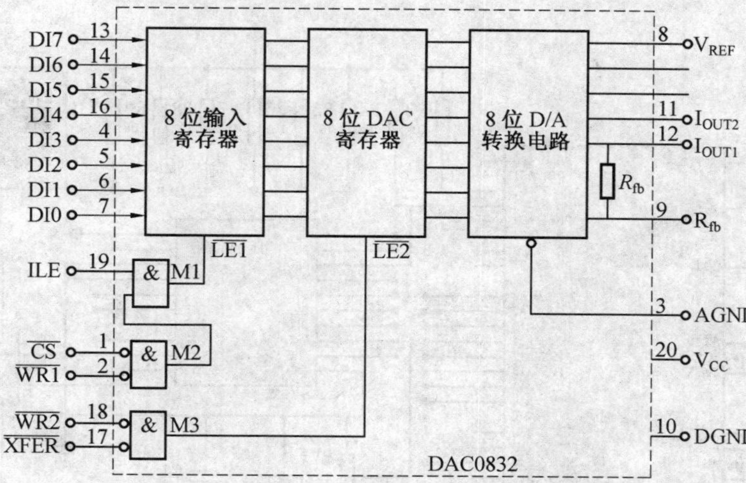

图 10.8　DAC0832 的内部结构图

3 种工作方式的区别是:直通方式不需要选通,直接进行 D/A 转换;单缓冲方式一次选通;双缓冲方式二次选通。

2. AT89S51 单片机与 DAC0832 的接口电路设计

设计 AT89S51 单片机与 DAC0832 的接口电路时,常用单缓冲方式或双缓冲方式的单极性输出。

(1)单缓冲方式。单缓冲方式是指 DAC0832 内部的两个数据缓冲器有一个处于直通方式,另一个处于受 AT89S51 单片机控制的锁存方式。在实际应用中,如果只有一路模拟量输出,或虽是多路模拟量输出但并不要求多路输出同步的情况下,就可采用单缓冲方式。单缓冲方式的接口电路如图 10.9 所示。

图 10.9 所示属于单极性模拟电压输出电路,由于 DAC0832 是 8 位的 D/A 转换器,由基尔霍夫定律列出的方程组可解得 DAC0832 输出电压 OUT 与输入数字量 B 的关系为

$$OUT=-B\times\frac{V_{REF}}{256}$$

显然,DAC0832 输出的模拟电压 OUT 和输入的数字量 B 以及基准电压 V_{REF} 成正比,且 B 为 0 时,OUT 也为 0,输入数字量为 255 时,OUT 的绝对值最大,且不会大于 V_{REF}。

图 10.9 中,DAC0832 的 $\overline{WR2}$ 和 $\overline{XFER}$ 接地,故 DAC0832 的 8 位 DAC 寄存器工作于直通方式;8 位输入寄存器受 $\overline{CS}$ 和 $\overline{WR1}$ 端控制,而且 $\overline{CS}$ 和 $\overline{WR1}$ 端信号分别由 P3.2 和 P3.6 引脚送来。因此,直接用 C 语言对 P3.2 和 P3.6 引脚清 0,使 $\overline{WR1}$ 和 $\overline{CS}$ 上产生低电平信号,这样 DAC0832 就能够接收 AT89S51 单片机送来的数字量。

现举例说明单缓冲方式下 DAC0832 的应用。

【例 10.1】　DAC0832 用作波形发生器。试根据图 10.9 分别写出产生方波、三角波和锯齿波的程序。

方波的产生

AT89S51 单片机采用定时器定时中断,时间常数决定方波高、低电平的持续时间。

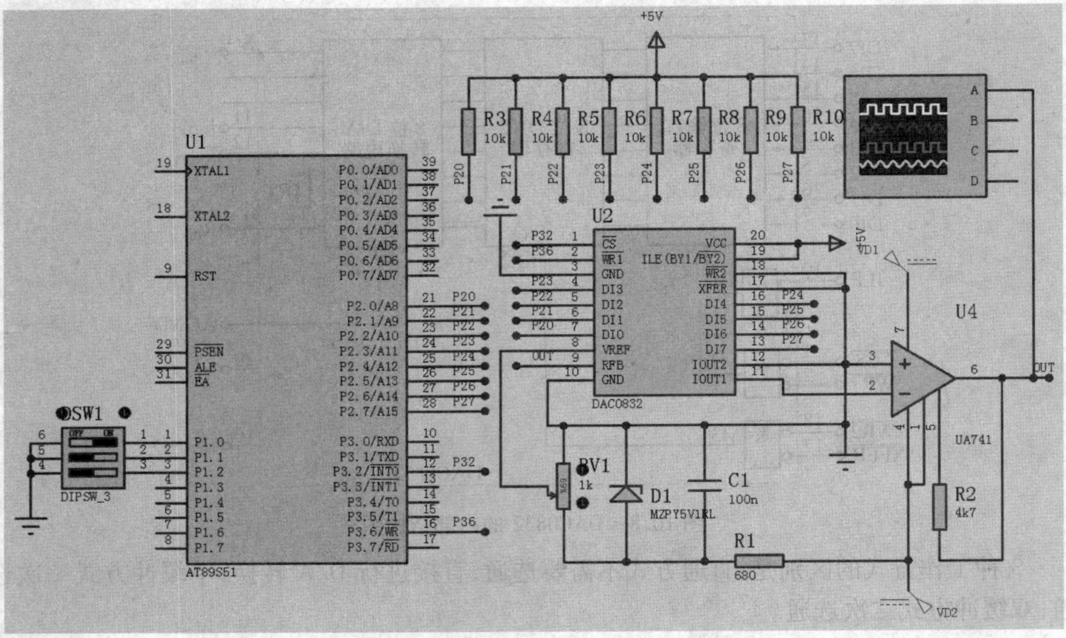

图 10.9　单缓冲方式时 AT89S51 单片机与 DAC0832 的接口电路仿真图

三角波的产生

AT89S51 单片机把初始数字量 0 送给 DAC0832 芯片后，不断增 1，增至 0xFF，然后再把送给 DAC0832 芯片的数字量不断减 1，减至 0 后再重复上诉过程。

锯齿波的产生

AT89S51 单片机把初始数据 0 送给 DAC0832 后，数据不断增 1，增至 0xFF 后，再增 1 则溢出清 0，模拟输出又为 0，然后再重复上述过程，如此循环，则输出锯齿波。

三种波形的参考程序如下：

```
#include <reg51. h>
sbit wr = P3^6;
sbit rd = P3^2;
sbit key0 = P1^0;
sbit key1 = P1^1;
sbit key2 = P1^2;
unsigned char flag;
unsigned char keysan( )
{
unsigned char keyscan_num, temp;
P1 = 0xff;
temp = P1;
if( ~ (temp&0xff))
{
```

```
if(key0==0)
{
keyscan_num=1;
}
else if(key1==0)
{
keyscan_num=2;
}
else if(key2==0)
{
keyscan_num=3;
}
else
{
keyscan_num=0;
}
return keyscan_num;
}
}
void init_DA0832()
{
rd=0;
wr=0;
}
void Square()
{
EA=1;
ET0=1;
TMOD=1;
TH0=0xff;
TL0=0x83;
TR0=1;
}
void Triangle()
{
P2=0x00;
do
{
P2=P2+1;
```

```
}while(P2<0xff);
P2=0xff;
do
{
P2=P2-1;
}while(P2>0x00);
P2=0x00;
}
void Sawtooth()
{
P2=0x00;
do
{
P2=P2+1;
}while(P2<0xff);
}
void main()
{
init_DA0832();
do
{
flag=keyscan();
}while(! flag);
while(1)
{
switch(flag)
{
case1:
do
{
flag=keyscan();
Square();
}while(flag==1);
break;
case2:
do
{
flag=keyscan();
Triangle();
```

```
} while(flag==2);
break;
case3:
do
{
flag=keyscan();
Sawtooth();
} while(flag==3);
break;
default:
flag=keyscan();
}
}
}
void timer0(void) interrupt 1
{
P2=~P2;
TH0=0xff;
TL0=0x83;
TR0=1;
}
```

输出波形如图 10.10 ~ 10.12 所示。

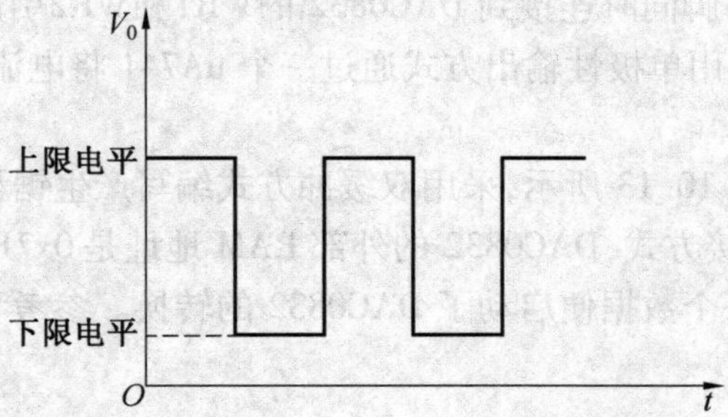

图 10.10　DAC0832 产生的方波

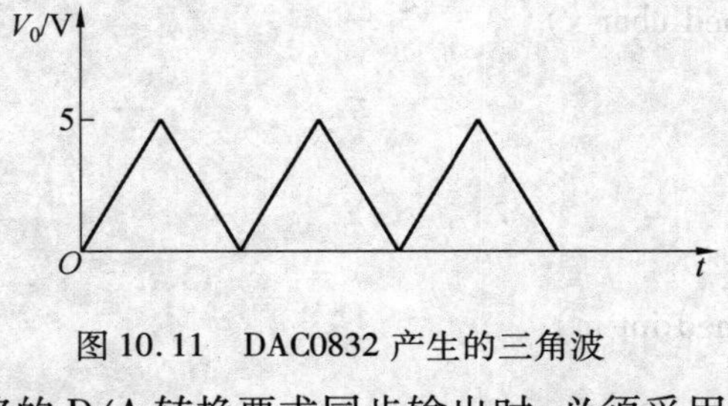

图 10.11　DAC0832 产生的三角波

(2)双缓冲方式。多路的 D/A 转换要求同步输出时,必须采用双缓冲同步方式。以此

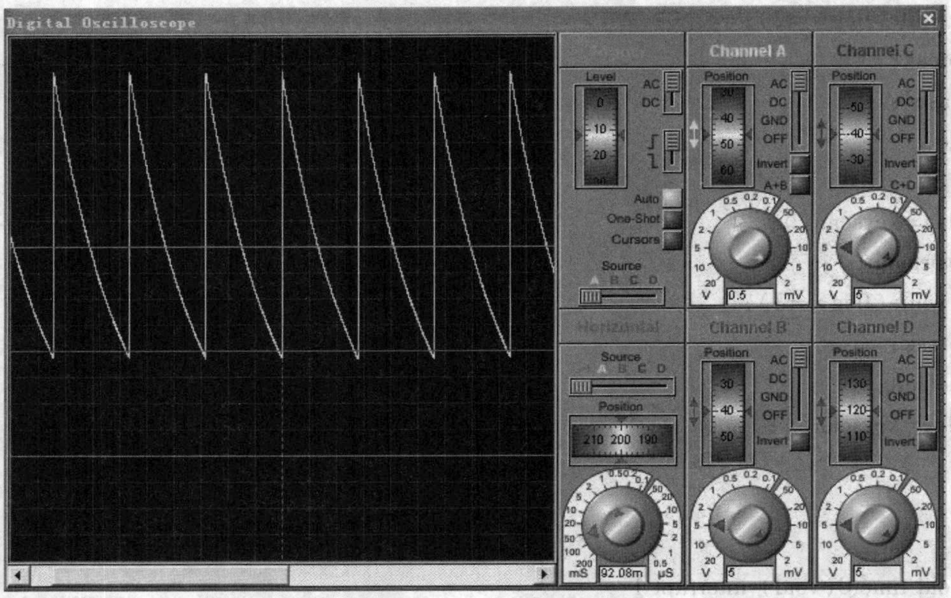

图 10.12　DAC0832 产生的锯齿波

种方式工作时,数字量的输入锁存和 D/A 转换输出是分两步完成的。单片机必须通过 $\overline{LE1}$ 来锁存待转换的数字量,通过 $\overline{LE2}$ 来启动 D/A 转换(图 10.8)。因此,双缓冲方式下,DAC0832 应该为单片机提供两个 I/O 口。AT89S51 单片机和 DAC0832 在双缓冲方式下的接口电路仿真图如图 10.13 所示。由图 10.13 可见,AT89S51 单片机通过 74HC373 扩展了一片 DAC0832,并使用 P2.7 作为 DAC0832 的使能控制引脚,采用双缓冲方式连接;AT89S51 单片机的 $\overline{WR}$ 引脚同时连接到 DAC0832 的 $\overline{WR1}$ 和 $\overline{WR2}$ 引脚上,而 DAC0832 的输出引脚 IOUT1 和 IOUT2 采用单极性输出方式通过一个 uA741 将电流信号转换为电压信号,其余连接如图 10.13 所示。

【例 10.2】　根据图 10.13 所示,采用双缓冲方式编写产生锯齿波的程序。

按照图 10.13 的连接方式,DAC0832 的外部 RAM 地址是 0x7FFE,由于是双缓冲连接方式,因此向该地址写入一个数据便启动了 DAC0832 的转换。参考程序如下:

```
#include <reg51.h>
#include <absacc.h>
#define DAC0832XBYTE [0x7FFE]
void DACout(unsigned char x)
{
DAC0832=x;
}
//延时函数
void Delayms(unsigned int m)
{
unsigned char i;
```

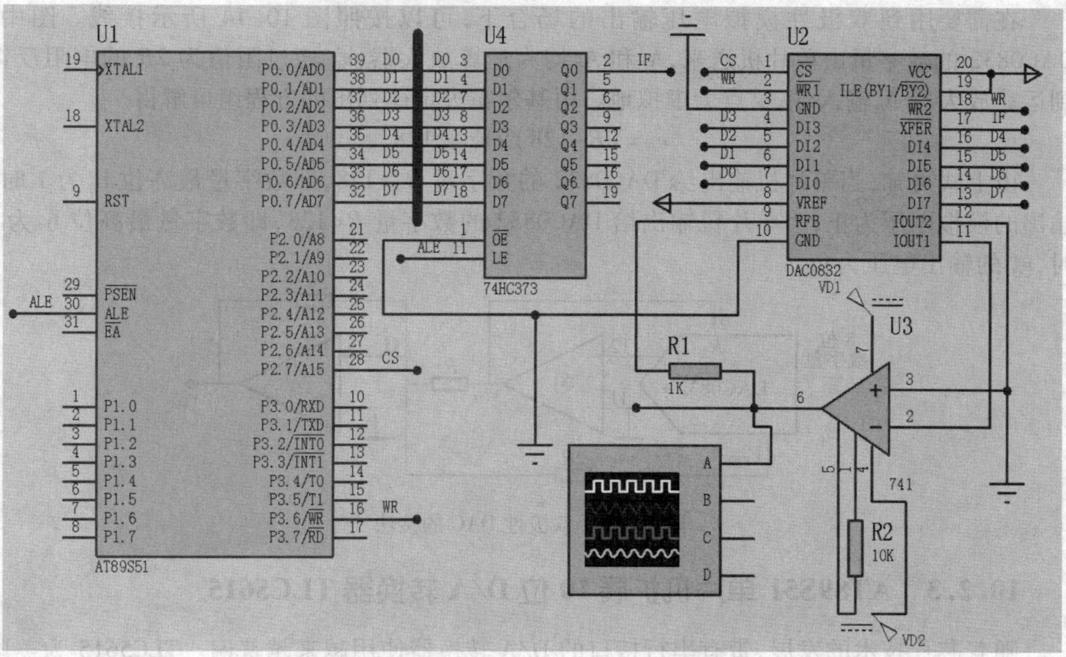

图 10.13　AT89S51 单片机与 DAC0832 在双缓冲方式下的接口电路仿真图

```
while(m--)
{
for(i=0;i<120;i++);
}
}
void main()
{
unsigned char i;
while(1)
{
for(i=0;i<256;i++)
{
DACout(i);
Delayms(1);
}
}
}
```

在示波器上产生的波形如图 10.12 所示。

3. DAC0832 的双极性电压输出

除了需要 DAC0832 为单极性模拟电压输出外,在有些场合还要求 DAC0832 为双极性模拟电压输出,如何实现双极性模拟电压输出？下面进行简单介绍。

在需要用到双极性模拟电压输出的场合下，可以按照图 10.14 所示接线。图中，DAC0832 的数字量由单片机送来，A_1和 A_2均为运算放大器，v_O 通过阻值为 $2R$ 的电阻反馈到运算放大器 A_2输入端，G 点为虚拟地。由基尔霍夫定律列出的方程组可解得

$$v_O=(B-128)\times V_{REF}/128$$

由上式可知，当单片机输出给 DAC0832 的数字量 $B\geqslant 128$，即数字量最高位 b_7为 1 时，输出的模拟电压为正；当单片机输出给 DAC0832 的数字量 $B<128$，即数字量最高位 b_7为 0 时，v_O 的输出电压为负。

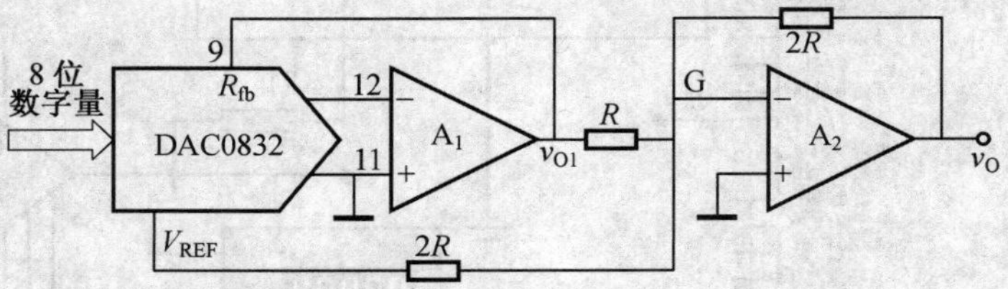

图 10.14　双极性 DAC 的接法

10.2.3　AT89S51 单片机扩展 10 位 D/A 转换器 TLC5615

随着芯片技术的发展，带有串行接口的 D/A 转换器使用越来越普遍。TLC5615 为美国 TI 公司研制的带有串行接口的 D/A 转换器，属于电压输出型，最大输出电压是基准电压值的两倍。带有上电复位功能，即上电时把 DAC 寄存器复位至全零。单片机与 TLC5615 之间只需用 3 根线相连，接口设计大大简化。串行接口的 D/A 转换器非常适用于电池供电的测试仪表、移动电话，也适用于数字失调与增益调整以及工业控制场合。

TLC5615 的引脚如图 10.15 所示。

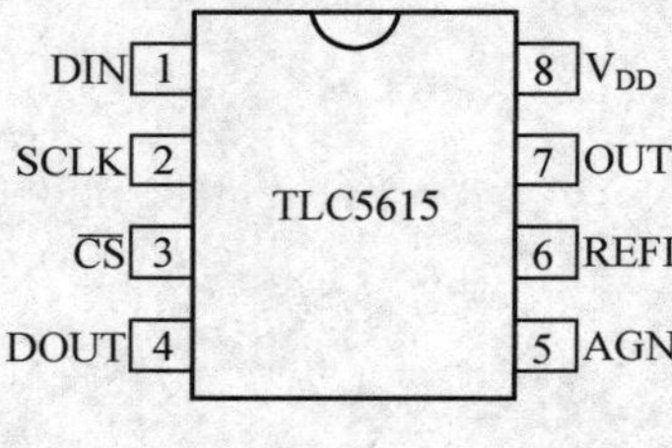

图 10.15　TLC5615 的引脚图

下面为各引脚的功能介绍。

（1）DIN：串行数据输入端。

（2）SCLK：串行时钟输入端。

（3）$\overline{CS}$：片选端，低电平有效。

（4）DOUT：用于级联时的串行数据输出端。

（5）AGND：模拟地。

（6）REFIN：基准电压输入端，取值范围为 2～(V_{DD}−2) V。

（7）OUT：D/A 转换器模拟电压输出端。

（8）V_{DD}：正电源端，其值为 4.5～5.5 V，通常取 5 V。

TLC5615 的内部功能图如图 10.16 所示。

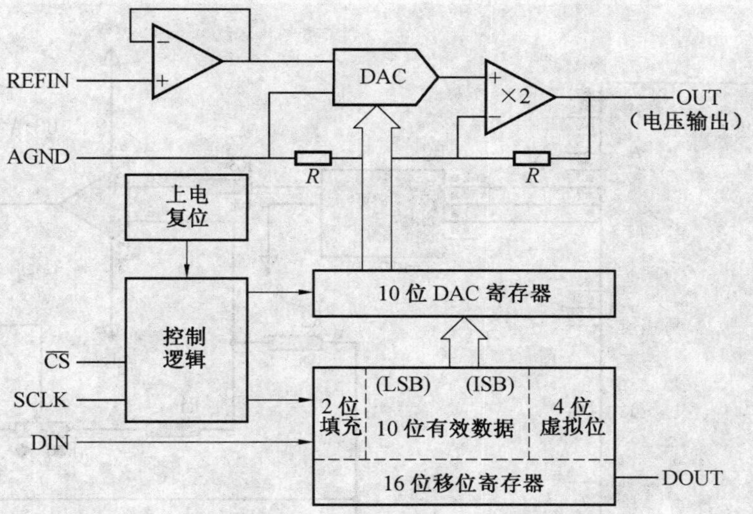

图 10.16　TLC5615 的内部功能图

它主要由以下几部分组成：

(1)10 位 D/A 转换器。

(2)一个 16 位移位寄存器，接收串行移入的二进制数，并且有一个级联的数据输出端 DOUT。

(3)并行输入/输出的 10 位 DAC 寄存器，为 10 位 DAC 电路提供待转换的二进制数据。

(4)电压跟随器为参考电压端 REFIN 提供高输入阻抗，大约 10 MΩ。

(5)"×2 电路"提供最大值为 2 倍于 REFIN 的输出。

(6)上电复位电路和控制逻辑电路。

TLC5615 有两种工作方式。

(1)第一种工作方式，12 位数据序列。从图 10.16 可以看出，16 位移位寄存器分为高 4 位的虚拟位、低 2 位的填充位以及 10 位有效数据位。在 TLC5615 工作时，只需要向 16 位移位寄存器先后输入 10 位有效数据位和低 2 位的任意填充位。

(2)第二种工作方式为级联方式，即 16 位数据列，可将本片 TLC5615 的 DOUT 引脚接到下一片 TLC5615 的 DIN 引脚上，需要向 16 位移位寄存器先后输入高 4 位虚拟位、10 位有效数据位和低 2 位填充位，由于增加了高 4 位虚拟位，因此需要 16 个时钟脉冲。

单片机控制串行 D/A 转换器 TLC5615 进行 D/A 转换的接口电路原理仿真图如图 10.17所示。调节电位器 RV1，使 TLC5615 的输出电压可在 0 ~ 5 V 内调节，从虚拟直流电压表的显示窗口可观察到 D/A 转换器转换输出的电压值。

当 $\overline{CS}$ 为低电平时，在每一个 SCLK 时钟的上升沿将 DIN 的一位数据移入 16 位移位寄存器，注意，二进制最高有效位被提前移入，接着，$\overline{CS}$ 的上升沿将 16 位移位寄存器的 10 位有效数据锁存于 10 位 DAC 寄存器，供转换。当 $\overline{CS}$ 为高电平时，串行输入数据不能被移入 16 位移位寄存器。参考程序如下：

```
#include <reg51. h>
#include <intrins. h>
```

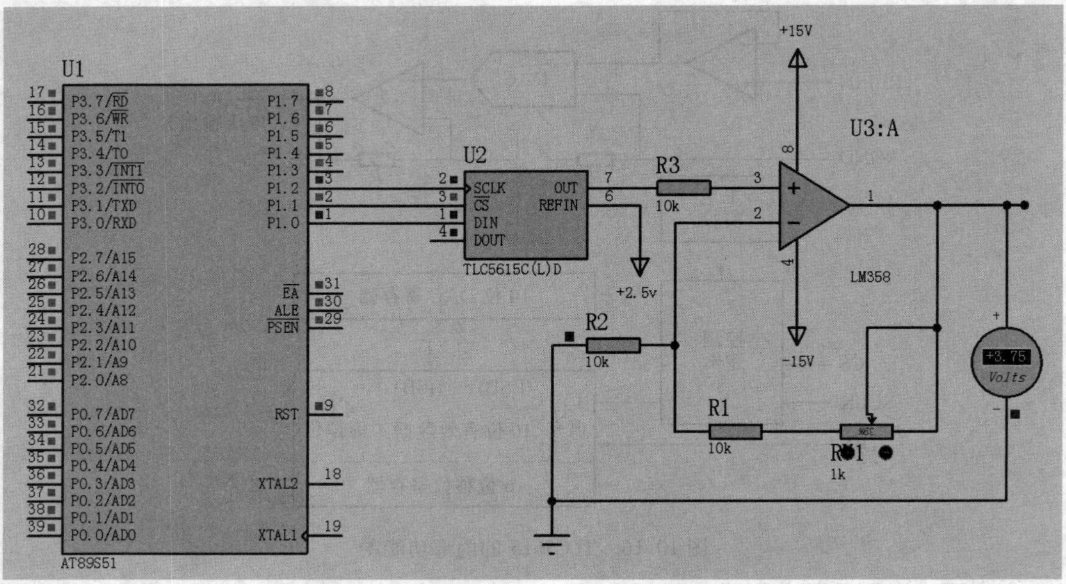

图 10.17　单片机控制串行 D/A 转换器 TLC5615 进行 D/A 转换的接口电路原理仿真图

```
#define uchar unsigned char
#define uint unsigned int
sbit SCL=P1^1;
sbit CS=P1^2;
sbit DIN=P1^0;
uchar bdata dat_in_h;
uchar bdata dat_in_l;
sbit h_7=dat_in_h^7;
sbit l_7=dat_in_l^7;

void delayms(uint j)
{
        uchar i=250;
        for(;j>0;j--)
        {
                while(--i);
                i=249;
                while(--i);
                i=250;
        }
}

void Write_12Bits(void)
```

```
{
        uchar i;
        SCL=0;
        CS=0;
        for(i=0;i<2;i++)
        {
                if(h_7)
                {
                        DIN=1;
                        SCL=1;
                        SCL=0;
                }
                else
                {
                        DIN=0;
                        SCL=1;
                        SCL=0;
                }
                dat_in_h<<=1;
        }
        for(i=0;i<8;i++)
        {
                if(l_7)
                {
                        DIN=1;
                        SCL=1;
                        SCL=0;
                }
                else
                {
                        DIN=0;
                        SCL=1;
                        SCL=0;
                }
                dat_in_l<<=1;
        }
                for(i=0;i<2;i++)
                {
                        DIN=0;
```

```
                SCL=1;
                SCL=0;
            }
            CS=1;
            SCL=0;
    }

void TLC5615_Start(uint dat_in)
{
        dat_in%=1024;
        dat_in_h=dat_in/256;
        dat_in_l=dat_in%256;
        dat_in_h<<=6;
        Write_12Bits();
}

void main()
{
        while(1)
        {
        TLC5615_Start(0xffff);
        delayms(1);
        }
}
```

思考题及习题

10.1　对于电流输出的 D/A 转换器，为了得到输出电压，应使用________。

10.2　使用双缓冲同步方式的 D/A 转换器，可实现多路模拟信号的________输出。

10.3　判断下列说法是否正确。

A. "转换速度"这一指标仅适用于 A/D 转换器，D/A 转换器不用考虑"转换速度"问题。(　　)

B. ADC0809 可以利用转换结束信号 EOC 向 AT89S51 单片机发出中断请求。(　　)

C. 输出模拟量的最小变化量称为 A/D 转换器的分辨率。(　　)

D. 对于周期性的干扰电压，可使用双积分型 A/D 转换器，并选择合适的积分元件，可以将该周期性的干扰电压带来的转换误差消除。(　　)

10.4　D/A 转换器的主要性能指标有哪些？设某 D/A 转换器为 12 位，满量程输出电压为5 V,试问它的分辨率是多少?

10.5　A/D转换器的两个最重要指标是什么?

10.6　分析A/D转换器产生量化误差的原因,一个8位的A/D转换器,当输入电压为0~5 V时,其最大的量化误差是多少?

10.7　目前应用较广泛的A/D转换器主要有哪几种类型?它们各有什么特点?

10.8　在D/A转换器和A/D转换器的主要技术指标中,“量化误差”“分辨率”和“精度”有何区别?

10.9　在一个由AT89S51单片机与一片ADC0809组成的数据采集系统中,ADC0809的8个输入通道的地址为7FF8H~7FFFH,试画出有关接口的电路图,并编写每隔1 min轮流采集一次8个通道数据的程序,共采样50次,其采样值存入片外RAM中以2000H单元开始的存储区中。

第 11 章 AT89S51 单片机的串行扩展技术

采用串行总线扩展技术可以使系统的硬件设计简化，系统的体积减小，同时，系统的更改和扩充更为容易。串行扩展总线的应用是单片机目前发展的一种趋势。

常用的串行扩展总线有：I^2C 总线、SPI 总线、Microwire 总线及单总线（1-Wire BUS）。随着串行总线数据传输速率的逐渐提高和芯片逐渐系列化，为多功能、小型化和低成本的单片机系统的设计提供了更好的解决方案。

11.1 I^2C 总线扩展技术

I^2C 总线是 Philips 公司开发的一种双向二线制串行总线，用以实现集成电路之间的有效控制，这种总线也称为 Inter IC 总线。目前，Philips 及其他半导体厂商提供了大量的含有 I^2C 总线的外围接口芯片，使用 I^2C 总线规范已成为广泛应用的工业标准之一。

标准方式下，基本的 I^2C 总线规范规定的数据传输速率为 100 kbit/s。

快速方式下，数据传输速率为 400 kbit/s。

高速方式下，数据传输速率为 3.4 Mbit/s。

I^2C 总线始终和先进技术保持同步，并保持其向下兼容性。

11.1.1 I^2C 总线概述

（1）I^2C 总线采用二线制传输，一根是数据线（Serial Data Line，SDA），另一根是时钟线（Serial Clock Line，SCL），所有 I^2C 器件都连接在 SDA 和 SCL 上，每一个器件具有一个唯一的地址。SDA 和 SCL 是双向的，所有连接到 I^2C 总线上的器件数据线都接到 SDA 线上，各器件的时钟线均接到 SCL 线上。I^2C 总线系统的基本结构如图 11.1 所示。

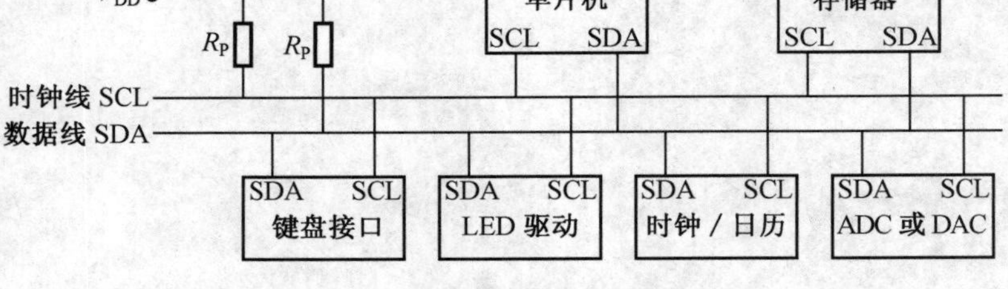

图 11.1 I^2C 总线系统的基本结构

（2）I^2C 总线是一种多主机总线，总线上可以有一个或多个主机（或称为主控器件），总线运行由主机控制。

主机是指启动数据的传送（发起始信号）、发出时钟信号、发出终止信号的器件。通常，主机由单片机或其他微处理器担任。

被主机访问的器件称为从机（或称为从器件），它可以是其他单片机，或者其他外围芯片，如 A/D 转换器、D/A 转换器、LED 或 LCD 驱动器、串行存储器芯片。

(3) I^2C 总线支持多主（multi-mastering）和主从（master-slave）两种工作方式。

多主工作方式下，I^2C 总线上可以有多个主机，I^2C 总线需通过硬件和软件仲裁来确定主机对总线的控制权。

主从工作方式时，系统中只有一个主机，总线上的其他器件均为从机（具有 I^2C 总线接口），只有主机能对从机进行读/写访问，因此，不存在总线的竞争等问题。在主从工作方式下，I^2C 总线的时序可以模拟，I^2C 总线的使用不受主机是否具有 I^2C 总线接口的制约。

11.1.2　I^2C 总线的数据传送

1. 数据位的传送

I^2C 总线上主机与从机之间一次传送的数据称为一帧。由启动信号、若干个数据字节、应答位和停止信号组成。数据传送的基本单元为一位数据。

I^2C 总线在进行数据传送时，每一位数据的传送都与时钟脉冲信号（SCL）相对应。SCL 为高电平期间，数据线上的数据必须保持稳定，在 I^2C 总线上，只有在 SCL 为低电平期间，数据线上的电平状态才允许变化，如图 11.2 所示。

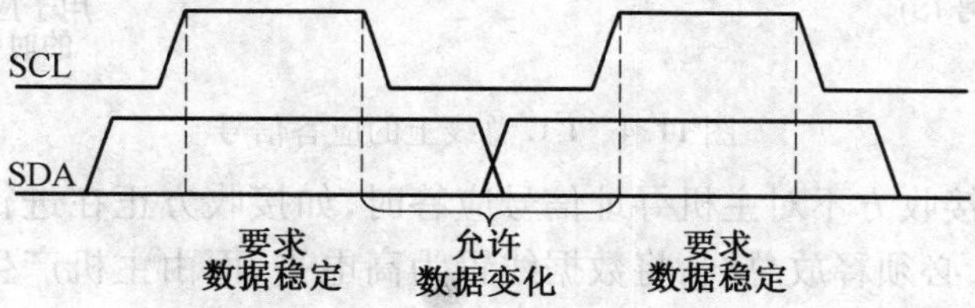

图 11.2　数据位的有效性规定

2. 起始和终止状态

根据 I^2C 总线协议，总线上数据信号的传送由起始信号 S 开始、由终止信号 P 结束。起始信号和终止信号都是由主机发出的，在起始信号产生后，总线就处于占用状态；在终止信号产生后，总线就处于空闲状态。下面结合图 11.3 介绍有关起始信号和终止信号的规定。

(1) 起始信号 S。在 SCL 为高电平期间，SDA 由高电平向低电平的变化表示起始信号，只有在起始信号以后，其他命令才有效。

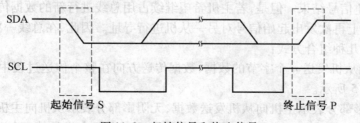

图 11.3　起始信号和终止信号

(2)终止信号 P。在 SCL 为高电平期间,SDA 由低电平向高电平的变化表示终止信号。随着终止信号的出现,所有外部操作都结束。

3. I^2C 总线上数据传送的应答

I^2C 总线进行数据传送时,传送的字节数(数据帧)没有限制,但是每一个字节必须为 8 位长度。数据传送时,先传送最高位(MSB),每一个被传送的字节后面都必须跟随一位应答位,即一帧共有 9 位,如图 11.4 所示。I^2C 总线在传送完每一个字节数据后都必须有应答信号 A,应答信号在第 9 个时钟位上出现,与应答信号对应的时钟信号由主机产生。这时发送方必须在这一时钟位上使 SDA 线处于高电平状态,以便接收方在这一位上送出低电平的非应答信号 $\overline{A}$。

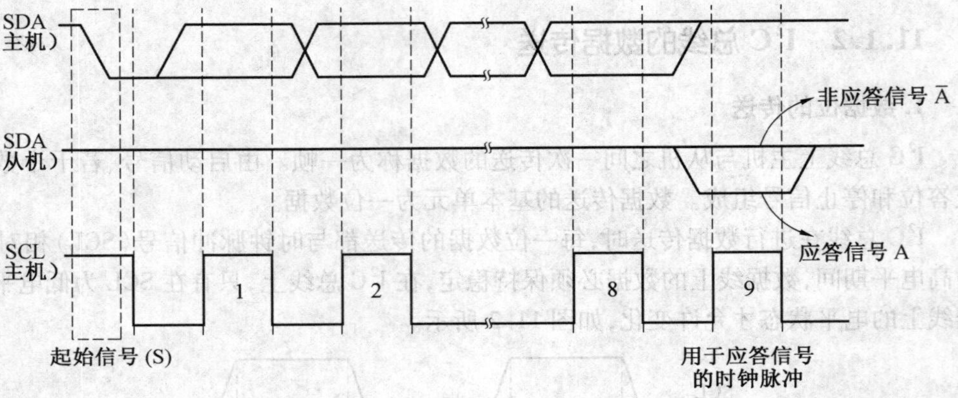

图 11.4 I^2C 总线上的应答信号

由于某种原因接收方不对主机寻址信号应答时,如接收方正在进行其他处理而无法接收总线上的数据时,必须释放总线,将数据线置为高电平,而由主机产生一个终止信号以结束总线的数据传送。

当主机接收来自从机的数据时,接收到最后一个数据字节后,必须给从机发送一个非应答信号 $\overline{A}$,使从机释放数据总线,以便主机发送一个终止信号,从而结束数据的传送。

4. I^2C 总线上的数据帧格式

I^2C 总线上传送的数据信号既包括真正的数据信号,也包括地址信号。

I^2C 总线规定,在起始信号后必须传送一个从机的地址(7 位),第 8 位是数据传送的方向位(R/$\overline{W}$),用 0 表示主机发送数据($\overline{W}$),1 表示主机接收数据(R)。每次数据传送总是由主机产生的终止信号结束。但是,若主机希望继续占用总线进行新的数据传送,则可以不产生终止信号,马上再次发出起始信号对另一从机进行寻址。因此,在总线一次数据传送过程中,可以有以下几种组合方式:

(1)主机向从机发送 n 个字节的数据,数据传送方向在整个传送过程中不变,数据传送的格式如图 11.5 所示。

图中有阴影部分表示主机向从机发送数据,无阴影部分表示从机向主机发送数据,以下同。上述格式中的从机地址为 7 位,紧接其后的 1 或 0 表示主机的读/写方向,1 为读,0 为写。

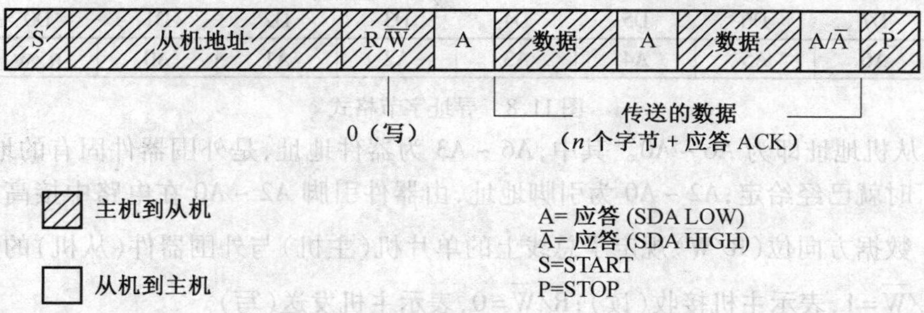

图 11.5　主机向从机发送 n 个字节数据的数据传送格式

格式中，n 个字节为主机写入从机的 n 个字节的数据。

(2) 主机读取来自从机的 n 个字节数据。除第一个寻址字节由主机发出，n 个字节数据都由从机发送，主机接收，数据传送的格式如图 11.6 所示。

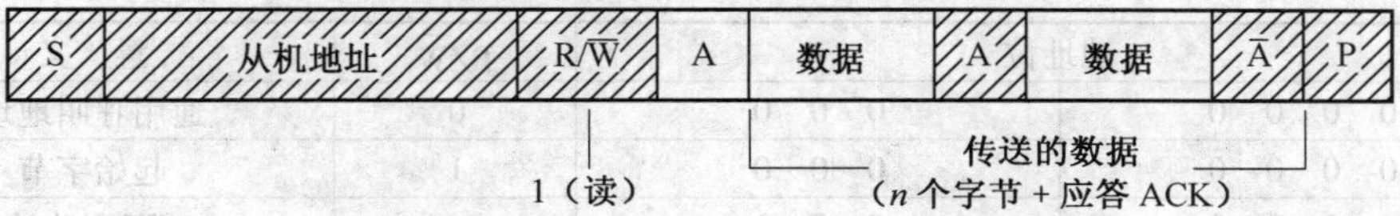

图 11.6　主机读取来自从机的 n 个字节数据的数据传送格式

图中，n 个字节为从机被读出的 n 个字节的数据。主机发送终止信号前应发送非应答信号 $\overline{A}$，向从机表明读操作要结束。

(3) 主机的读/写操作。在一次数据传送过程中，主机先发送一个字节数据，然后再接收一个字节数据，此时起始信号和从机地址都被重新产生一次，但两次读/写的方向位正好相反。数据传送的格式如图 11.7 所示。

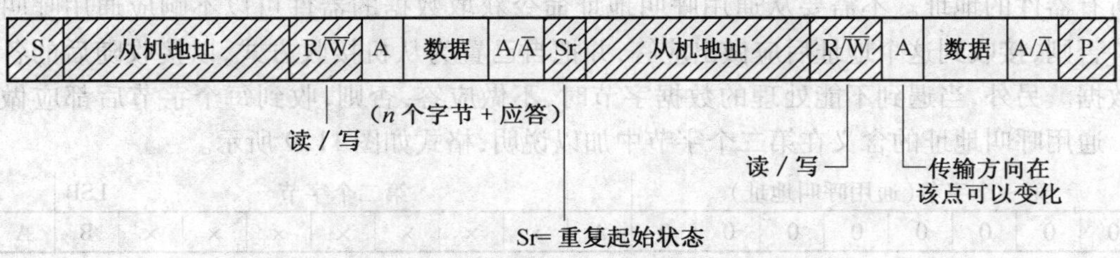

图 11.7　主机的读/写操作数据传送格式

格式中的 Sr 表示重新产生的起始信号，从机地址表示重新产生的从机地址。

由此可见，无论采用哪种方式，起始信号、终止信号和从机地址均由主机发送，数据字节的传送方向则由寻址字节中的方向位规定，每个字节的传送都必须有应答位（A 或 $\overline{A}$）相随。

5. 寻址字节

在上面介绍的数据帧格式中，均有 7 位从机地址和紧跟其后的一位读/写方向位，即下面要介绍的寻址字节。I^2C 总线的寻址采用软件寻址，主机在发送完起始信号后，立即发送寻址字节来寻址被控的从机，寻址字节格式如图 11.8 所示。

D7	D6	D5	D4	D3	D2	D1	D0
A6	A5	A4	A3	A2	A1	A0	$R/\overline{W}$

图 11.8　寻址字节格式

7 位从机地址即为 A6 ~ A0。其中，A6 ~ A3 为器件地址，是外围器件固有的地址编码，器件出厂时就已经给定；A2 ~ A0 为引脚地址，由器件引脚 A2 ~ A0 在电路中接高电平或接地决定。数据方向位($R/\overline{W}$)规定了总线上的单片机(主机)与外围器件(从机)的数据传送方向。$R/\overline{W}=1$，表示主机接收(读)；$R/\overline{W}=0$，表示主机发送(写)。

6. 寻址字节中的特殊地址

I^2C 总线规定了一些特殊地址，其中两种固定编号 0000 和 1111 已被保留，作为特殊用途，见表 11.1。

表 11.1　I^2C 总线特殊地址表

地址位		$R/\overline{W}$	意　义
0 0 0 0	0 0 0	0	通用呼叫地址
0 0 0 0	0 0 0	1	起始字节
0 0 0 0	0 0 1	×	CBUS 地址
0 0 0 0	0 1 0	×	为不同总线的保留地址
0 0 0 0	0 1 1	×	
0 0 0 0	1 × ×	×	保留
1 1 1 1	1 × ×	×	
1 1 1 1	0 × ×	×	10 位从机地址

起始信号后的第一个字节的 8 位为 0000 0000，称为通用呼叫地址，用于寻访 I^2C 总线上所有器件的地址。不需要从通用呼叫地址命令获取数据的器件可以不响应通用呼叫地址。否则，接收到这个地址后应做出应答，并把自己置为从机接收方式，以接收随后的各字节数据。另外，当遇到不能处理的数据字节时，不做应答，否则，收到每个字节后都应做应答。通用呼叫地址的含义在第二个字节中加以说明，格式如图 11.9 所示。

第一个字节(通用呼叫地址)									第二个字节						LSB	
0	0	0	0	0	0	0	0	A	×	×	×	×	×	×	×	B	A

图 11.9　通用呼叫地址格式

第二个字节为 06H 时，所有能响应通用呼叫地址的从机复位，并由硬件装入从机地址的可编程部分。能响应命令的从机复位时不拉低 SDA 和 SCL 线，以免堵塞总线。

第二个字节为 04H 时，所有能响应通用呼叫地址，并通过硬件来定义其可编程地址的从机将锁定地址中的可编程位，但不进行复位。

如果第二个字节的方向位(B)为 1，则这两个字节命令称为硬件通用呼叫命令。也就是说，这是由硬件主器件发出的。所谓硬件主器件，就是不能发送所要寻访从件地址的发送器，如键盘扫描器等。这种器件在制造时无法知道信息应向哪儿传送，所以它发出硬件呼叫命令时，在第二个字节的高 7 位说明自己的地址。硬件主器件接在总线上的智能器件上，单片机或其他微处理器能识别这个地址，并与之传送数据。硬件主器件作为从机使用时，也用这个地址作为从机地址，格式如图 11.10 所示。

S	0000 0000	A	主机地址	1	A	数据	A	数据	A	P

图 11.10 硬件通用呼叫地址格式

在系统中另一种选择可能是系统复位时硬件主器件工作在从机接收方式,这时由系统中的主机先告诉硬件主器件数据应送往的从机的地址。当硬件主器件要发送数据时,就可以直接向指定从机发送数据了。

7. 数据传送格式

I^2C 总线上每传送一位数据都与一个时钟脉冲相对应,传送的每一帧数据均为一个字节。但启动 I^2C 总线后传送的字节数没有限制,只要求每传送一个字节后,对方回答一个应答位。在 SCL 为高电平期间,SDA 的状态就是要传送的数据。SDA 上数据的改变必须在 SCL 为低电平期间完成。在数据传输期间,只要 SCL 为高电平,SDA 都必须稳定,否则 SDA 上的任何变化都被当作起始或终止信号。

I^2C 总线数据传送时必须遵循规定的数据传送格式。图 11.11 所示为一次完整的数据传送应答时序。根据总线规范,起始信号表明一次数据传送的开始,其后为寻址字节。在寻址字节后是按指定读/写的数据字节与应答位。在数据传送完成后主器件都必须发送停止信号。在起始与停止信号之间传输的数据字节数由主机(单片机)决定,理论上没有字节限制。

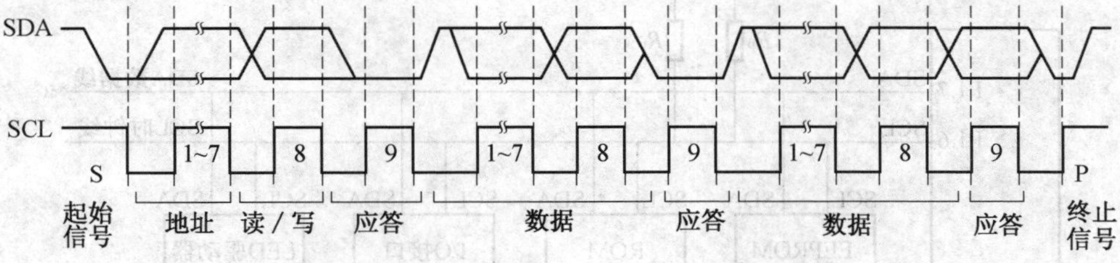

图 11.11 I^2C 总线一次完整的数据传送应答时序

I^2C 总线上的数据传送有多种组合方式,前面在 I^2C 总线上的数据帧格式中已经介绍了常见的 3 种数据传送格式,这里不再赘述。

从上述数据传送格式可以看出:

(1)无论何种数据传送格式,寻址字节都由主机发出,数据字节的传送方向则遵循寻址字节中方向位的规定。

(2)寻址字节只表明了从机的地址及数据传送方向。从机内部的 n 个数据地址由器件设计者在该器件的 I^2C 总线数据操作格式中指定,第一个数据字节作为器件内的单元地址指针,并且设置地址自动加/减功能,以减少从机地址的寻址操作。

(3)每个字节传送都必须有应答信号相随。

(4)从机在接收到起始信号后都必须释放数据总线,使其处于高电平,以便主机发送从机地址。

11.2 AT89S51 单片机的 I^2C 总线串行扩展设计

目前,许多公司都推出带有 I^2C 总线接口的单片机及各种外围扩展器件。各种外围扩展器件常见的有 Atmel 公司的 AT24C 系列存储器、Philips 公司的 PCF8553（时钟/日历且带有 256×8RAM）和 PCF8570（256×8RAM）、MAXIM 公司的 MAX127/128（A/D 转换器）和 MAX517/518/519（D/A 转换器）等。I^2C 总线系统中的主器件通常由带有 I^2C 总线接口的单片机来担当，也可以使用不带 I^2C 总线接口的单片机。从器件必须带有 I^2C 总线接口。对于 AT89S51 单片机，没有 I^2C 总线接口，这时可利用其并行 I/O 口线模拟 I^2C 总线接口的时序，使 AT89S51 单片机不受没有 I^2C 总线接口的限制。因此，在许多 AT89S51 单片机应用系统中，都将 I^2C 总线的模拟传送技术作为常规的设计方法。

本节首先介绍 AT89S51 单片机扩展 I^2C 总线器件的硬件接口设计，然后介绍用 AT89S51 单片机 I/O 口结合软件模拟 I^2C 总线数据传送，以及数据传送模拟通用子程序的设计。

11.2.1 AT89S51 单片机的 I^2C 总线扩展系统

图 11.12 所示为一个 AT89S51 单片机与具有 I^2C 总线器件的扩展接口电路。图中，AT24C02 为 EEPROM 芯片，PCF8570 为静态 256×8RAM，PCF8574 为 8 位 I/O 接口芯片，SAA1064 为 4 位 LED 驱动器。虽然各种器件的原理和功能有很大的差异，但它们与 AT89S51 单片机的连接是相同的。

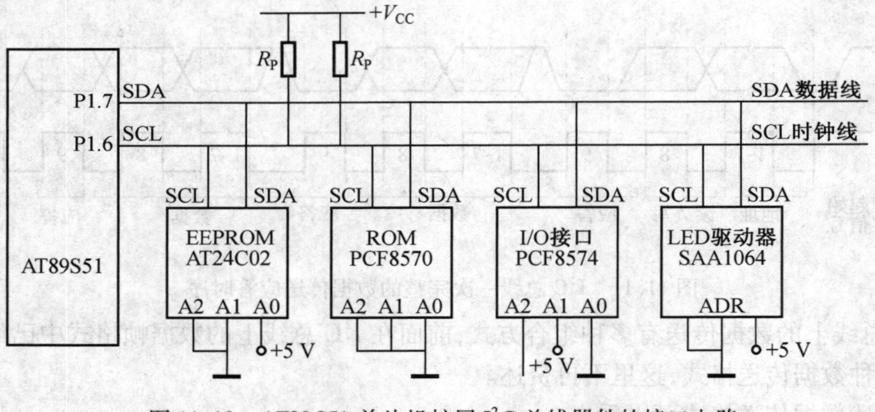

图 11.12 AT89C51 单片机扩展 I^2C 总线器件的接口电路

11.2.2 I^2C 总线数据传送的模拟

由于 AT89S51 单片机没有 I^2C 接口，通常用软件来实现 I^2C 总线上的信号模拟。在 AT89S51 单片机为单主器件的工作方式下，没有其他主器件对总线的竞争与同步，只存在单片机对 I^2C 总线上各从器件的读（单片机接收）/写（单片机发送）操作。

1. 典型信号模拟

为了保证数据传送的可靠性，标准 I^2C 总线的数据传送有严格的时序要求。I^2C 总线的起始信号、终止信号、发送应答位/数据 0 及发送非应答位/数据 1 的时序波形如图 11.13 ~ 11.16 所示。

在 I^2C 总线的数据传送中，可以利用时钟同步机制展宽低电平周期，迫使主器件处于等待状态，使传送速率降低。对于终止信号，要保证有大于 4.7 μs 的信号建立时间。终止信号结束时，要释放总线，使 SDA、SCL 维持在高电平上，在大于 4.7 μs 后才可以进行第一次起始操作。在单主器件系统中，为防止非正常传送，终止信号后 SCL 可以设置为低电平。

对于发送应答位、非应答位来说，与发送数据 0 和 1 的信号定时要求完全相同。只要满足在时钟高电平大于 4.0 μs 期间，SDA 上有确定的电平状态即可。

2. 典型信号的模拟子程序

设主器件采用 AT89S51 单片机，晶振频率为 6 MHz（即机器周期为 2 μs），下面为常用的几个典型信号的波形。

(1)起始信号(S)。对于一个新的起始信号，要求起始前总线的空闲时间大于 4.7 μs，而对于一个重复的起始信号，要求建立时间也大于 4.7 μs。图 11.13 所示的起始信号的时序波形在 SCL 高电平期间 SDA 发生负跳变，该时序波形适用于数据模拟传送中任何情况下的起始操作。起始信号到第一个时钟脉冲的时间间隔应大于 4.0 μs。产生图 11.13 所示的起始信号的子程序如下：

```
void start(void)
{
scl=1;
sda=1;
delay4us();
sda=0;
delay4us();
scl=1;
}
```

(2)终止信号(P)。在 SCL 高电平期间，SDA 发生正跳变。终止信号的时序波形如图 11.14 所示。

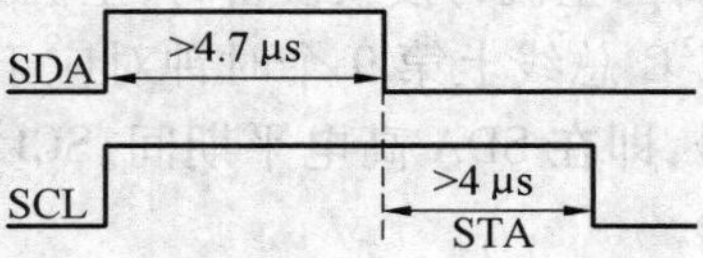

图 11.13　起始信号的时序波形

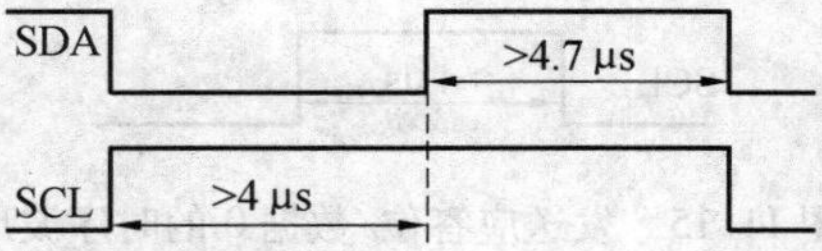

图 11.14　终止信号的时序波形

产生图 11.14 所示的终止信号的子程序如下：

```
void stop(void)
{
scl=0;
sda=0;
```

```
delay4us();
scl=1;
delay4us();
sda=1;
delay5us();
sda=0;
}
```

(3)发送应答位/数据 0。I^2C 总线协议规定,每传送一个字节数据(含地址及命令字)后,都要有一个应答信号,以确定数据传送是否正确。应答信号由接收设备产生,在 SCL 为高电平期间,接收设备将 SDA 拉为低电平,表示数据传输正确,产生应答。时序波形如图 11.15 所示。

产生图 11.15 所示的发送应答位/数据 0 的子程序如下:

```
void sack(void)
{
sda=0;
delay4us();
scl=1;
delay4us();
scl=0;
delay4us();
sda=1;
delay4us();
}
```

(4)发送非应答位/数据 1。当主机为接收设备时,主机对最后一个字节不应答,以便向发送设备表示数据传送结束。I^2C 总线上第 9 个时钟对应于应答位,相应数据上低电平为应答信号,高电平为非应答信号,即在 SDA 高电平期间,SCL 发生一个正脉冲,时序波形如图 11.16 所示。

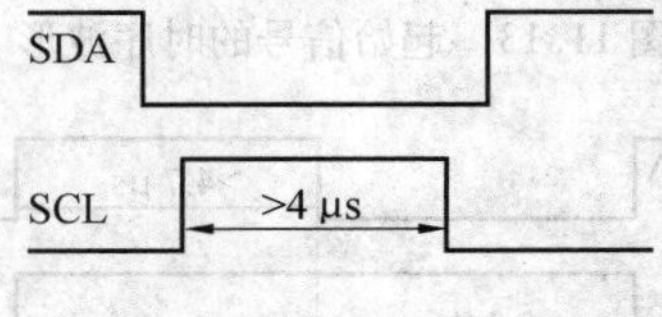

图 11.15　发送应答位/数据 0 的时序波形

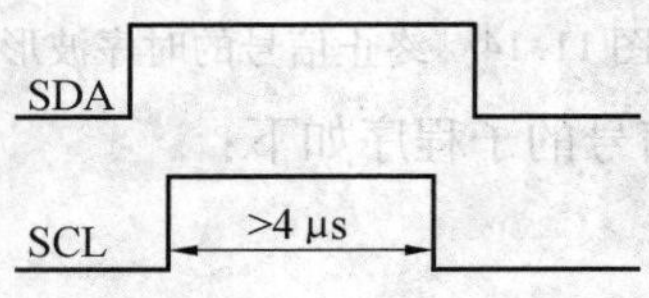

图 11.16　发送非应答位/数据 1 的时序波形

产生图 11.16 所示的发送非应答位/数据 1 的子程序如下:

```
void ackn(void)
{
sda=1;
delay4us();
scl=1;
delay4us();
scl=0;
delay4us();
sda=0;
delay4us();
}
```

11.2.3 I^2C 总线模拟通用子程序

I^2C 总线操作中除了基本的起始信号、终止信号、发送应答位/数据 0 和发送非应答位/数据 1 外，还需要有应答位检查、发送一个字节、接收一个字节、发送 n 个字节和接收 n 个字节数据的子程序。

1. 应答位检查子程序

在应答位检查子程序 RACK 中，设置了标志位(flag)，当检查到正常的应答位时，flag=0；否则，flag=1。参考子程序如下：

```
void rack(void)
{
bit flag;
scl=1;
delay4us();
flag=sda;
scl=0;
return(flag);
}
```

2. 发送一个字节数据子程序

下面是模拟 I^2C 总线的数据线(SDA)发送一个字节数据的子程序。参考子程序如下：

```
void send_byte(uchar temp)
{
uchar i;
scl=0;
for(i=0;i<8;i++)
{
sda=(bit)(temp&0x80);
scl=1;
```

```
delay4us( );
scl=0;
temp<<=1;
}
sda=1;
}
```

3. 接收一个字节数据子程序

下面是模拟从 I^2C 总线的数据线(SDA)读取一个字节数据的子程序,子程序如下:

```
uchar rec_byte(void)
{
uchar i,temp;
for(i=0;i<8;i++)
{
temp<<=1;
scl=1;
delay4us( );
temp|=sda;
scl=0;
delay4us( );
}
return(temp);
}
```

4. 发送 *n* 个字节数据子程序

本子程序为主机向 I^2C 总线的数据线(SDA)连续发送 *n* 个字节数据,从机接收。主机连续发送 *n* 个字节数据的格式如图 11.17 所示。

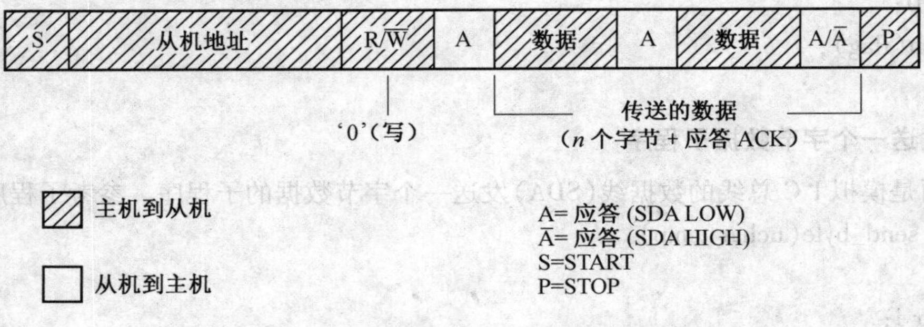

图 11.17　主机连续发送 *n* 个字节数据的格式

本子程序定义了如下一些符号单元:

```
uchar data mem[4]_at_0x55;              //发送缓冲区首地址
uchar mem[4]={0x41,0x42,0x43,0xaa};//预发送的数据组
```

在调用本程序之前,必须将要发送的 *n* 个字节数据依次存放在以 mem[4]单元为首地

址的发送缓冲区内,发送前要设置好从器件的片内单元地址。调用本程序后,n 个字节数据依次传送到外围器件内部相应的地址单元中。在主机发送过程中,外围器件的单元地址具有自动加 1 功能,即自动修改地址指针,使传送过程大大简化。参考子程序如下:

```
void write(void)
{
uchar i;
bit f;
start();
send_byte(0xa0);
f=rack();
if(! f)
{
send_byte(0x00);
f=rack();
if(! f)
{
for(i=0;i<3;i++)
{
send_byte(mem[i]);
f=rack();
if(f)
break;
}
}
}
stop();
out=0x3c;
while(! key1);
}
```

5. 接收 n 个字节数据子程序

本子程序为主机从 I^2C 总线的数据线(SDA)读入 n 个字节数据,从机发送。主机读入 n 个字节数据的格式如图 11.18 所示。

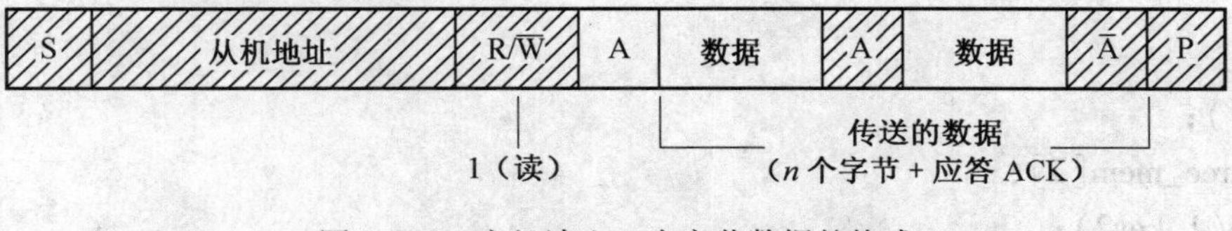

图 11.18　主机读入 n 个字节数据的格式

在调用本子程序之前,设置接收缓冲区的首地址为 rec_mem[4]。执行本子程序后,从外围器件指定首地址开始的 n 个字节数据依次存放在以 rec_mem[4]单元为首地址的接收缓冲区中。外围器件的单元地址具有自动加 1 功能,即自动修改地址指针,使程序设计简化。参考子程序如下:

```
void read(void)
{
uchar i;
bit f;
start();
send_byte(0xa0);
f=rack();
if(! f)
{
start();
send_byte(0xa0);
f=rack();
send_byte(0x00);
f=rack();
if(! f)
{
start();
send_byte(0xa1);
f=rack();
if(! f)
{
for(i=0;i<3;i++)
{
rec_mem[i]=rec_byte();
sack();
}
rec_mem[3]=rec_byte();
ackn();
}
}
}
stop();
out=rec_mem[3];
while(! key2);
}
```

在上述子程序中,对引脚进行了以下设置:

```
#define out P2
sbit scl = P1^6;
sbit sda = P1^7;
sbit key1 = P3^2;
sbit key2 = P3^3;
```

其中,按键的设置是为完成读/写一组数据而设定的,采用外部中断 0 和外部中断 1 来实现;输出 out 显示代表最后一个字节的数据发送或接收完毕。

11.3　SPI 总线串行扩展

SPI 总线系统是 Motorola 公司提出的一种同步串行外部设备接口,允许 MCU 与各种外围设备以同步串行方式进行通信,其外围设备种类繁多,从最简单的 TTL 移位寄存器到复杂的 LCD 显示驱动器、网络控制器等,可谓应有尽有,如存储器 MC2814、显示驱动器 MC14499 和 MC14489 等各种芯片。SPI 外围串行扩展系统的从器件要具有 SPI 接口,主器件是单片机。目前已有许多机型的单片机都带有 SPI 接口。但是对于 AT89S51 单片机,由于不带 SPI 接口,SPI 接口的实现可采用软件与 I/O 口结合来模拟 SPI 的接口时序。

图 11.19 所示为 SPI 外围串行扩展结构图。SPI 使用 4 条线:串行时钟线(SCK),主器件输入/从器件输出数据线(MISO),主器件输出/从器件输入数据线(MOSI)和从器件选择线($\overline{CS}$)。

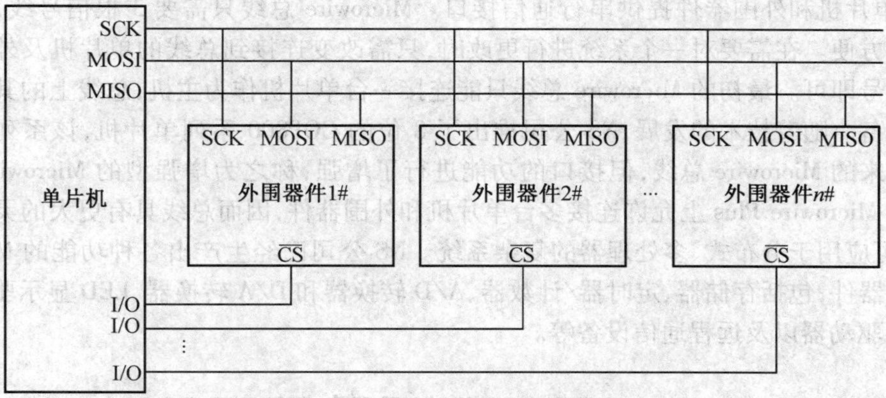

图 11.19　SPI 外围串行扩展结构图

SPI 的典型应用是单主系统,即只有一台主器件,从器件通常是外围接口器件,如存储器、I/O 接口、A/D 转换器、D/A 转换器、键盘、日历/时钟和显示驱动器等。单片机扩展多个外围器件时,SPI 无法通过数据线译码选择,故外围器件都有片选端($\overline{CS}$)。在扩展单个 SPI 器件时,外围器件的$\overline{CS}$端可以接地或通过 I/O 口控制;在扩展多个 SPI 器件时,单片机应分别通过 I/O 口线来分时选通外围器件。在 SPI 串行扩展系统中,如果某一从器件只作为输入(如键盘)或只作为输出(如显示器),则可省去一条数据输出(MISO)线或一条数据输入(MOSI)线,从而构成双线系统($\overline{CS}$端接地)。

SPI系统中单片机对从器件的选通需控制其$\overline{CS}$端，由于省去了传输时的地址字节，数据传送软件十分简单。但在扩展器件较多时，需要控制较多的从器件$\overline{CS}$端，连线就较多。

在SPI串行扩展系统中，作为主器件的单片机在启动一次传送时，便产生8个时钟，传送给接口芯片作为同步时钟，控制数据的输入和输出。数据的传送格式是高位(MSB)在前，低位(LSB)在后，如图11.20所示。数据线上输出数据的变化以及输入数据时的采样，都取决于SCK。但对于不同的外围芯片，有的可能是SCK的上升沿起作用，有的可能是SCK的下降沿起作用。SPI有较高的数据传输速度，最高可达1.05 Mbit/s。

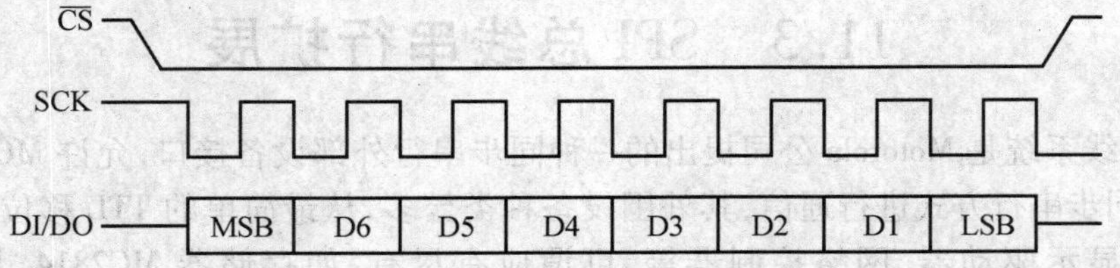

图11.20 SPI数据传送格式

11.4 Microwire总线简介

Microwire总线为三线同步串行接口，由一根数据线(SO)、一根数据输入线(S)和一根时钟线(SK)组成。Microwire总线最初是内建在NS公司COP400/COP800HPC系列单片机中，可为单片机和外围器件提供串行通信接口。Microwire总线只需要3根信号线，连接和拆卸都很方便。在需要对一个系统进行更改时，只需改变连接到总线的单片机及外器件的数量和型号即可。最初的Microwire总线只能连接一台单片机作为主机，总线上的其他器件都是从设备。随着技术的发展，NS公司推出了8位的COP800系列单片机，该系列单片机仍采用原来的Microwire总线，但接口的功能进行了增强，称之为增强型的Microwire Plus。增强型的Microwire Plus上允许连接多台单片机和外围器件，因而总线具有更大的灵活性和可变性，可应用于分布式、多处理器的复杂系统。NS公司已经生产出各种功能的Microwire总线外围器件，包括存储器、定时器/计数器、A/D转换器和D/A转换器、LED显示驱动器和LCD显示驱动器以及远程通信设备等。

11.5 AT24CXX系列EEPROM

多个厂家拥有具有I^2C总线接口的EEPROM产品。在此仅介绍Atmel公司生产的AT24CXX系列EEPROM，主要型号有AT24C01/02/04/08/16，其对应的存储容量分别为128 B×8/256 B×8/512 B×8/1 024 B×8/2 048 B×8。

采用这类芯片可解决掉电数据保护问题，可对所存数据保存100年，并可多次擦写，擦写次数可达10万次。

在一些应用系统设计中，有时需要对工作数据进行掉电保护，如电子式电能表等智能化产品。若采用普通存储器，在掉电时需要备用电池供电，并需要在硬件上增加掉电检测电路，但存在电池不可靠及扩展存储芯片占用单片机过多端口的缺点。采用具有I^2C总线接口的串行 EEPROM 器件可很好地解决掉电数据保护问题,且硬件电路简单。

1. AT24C02 的结构及功能

(1)AT24C02 的引脚功能。

AT24C02 芯片的常用封装形式有双列直插式(DIP8)和贴片式(SO-8)两种,AT24C02 直插式引脚图如图 11.21 所示。

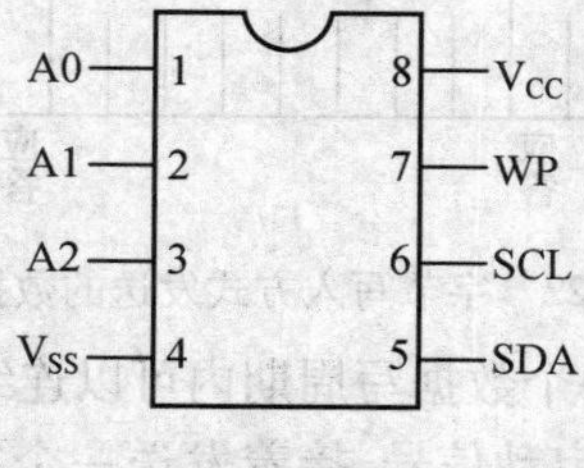

图 11.21　AT24C02 直插式引脚图

下面为各引脚的功能介绍。

①A0、A1、A2:可编程地址输入端。

②V_{SS}:电源地。

③SDA:串行数据输入/输出端。

④SCL:串行时钟输入端。

⑤WP:写保护输入端,用于硬件数据保护。

当其为低电平时,可以对整个存储器进行正常的读/写操作;当其为高电平时,存储器具有写保护功能,但读操作不受影响。

⑥V_{CC}:电源端。

(2)AT24C02 的存储结构与寻址。

AT24C02 的存储容量为 256 B,内部分成 32 页,每页 8 B。操作时有两种寻址方式:芯片寻址和片内地址寻址。

AT24C02 的芯片地址为 1010H,其地址控制字格式为 1010A2A1A0D0。其中 A2、A1、A0 为可编程地址选择位。A2、A1、A0 引脚接高、低电平后得到确定的 3 位编码,与 1010 形成 7 位编码,即为该器件的地址码。D0 为芯片的读/写控制位。该位为 0,表示对芯片进行写操作;该位为 1,表示对芯片进行读操作。片内地址寻址可对内部 256 B 中的任一个地址进行读/写操作,其寻址范围为 0x00 ~ 0xFF,共 256 个寻址单元。

(3)AT24C02 读/写操作时序。

串行 EEPROM 一般有两种写入方式:一种是字节写入方式,另一种是页写入方式。页写入方式允许在一个写周期内(10 ms 左右)对一个字节到一页的若干字节进行编程写入,AT24C02 的页面大小为 8 B。采用页写入方式可提高写入效率,但也容易发生事故。AT24C02 片内地址在接收到每一个数据字节后自动加 1,故装载一页以内数据字节时,只需输入首地址。如果写到此页的最后一个字节,主器件继续发送数据,数据将重新从该页的首地址写入,进而造成原来的数据丢失,这就是页地址空间的“上卷”现象。解决“上卷”的方法是:在第 8 个数据后将地址强制加 1,或是将下一页的首地址重新赋给寄存器。

①字节写入方式。单片机在一次数据帧传送中只访问 EEPROM 一个单元。在这种方式下,单片机先发送启动信号,然后发送一个字节的控制字,再发送一个字节的存储器单元

子地址，上述几个字节都得到 EEPROM 响应后，再发送 8 位数据，最后发送 1 位停止信号。字节写入方式发送的数据帧格式如图 11.22 所示。

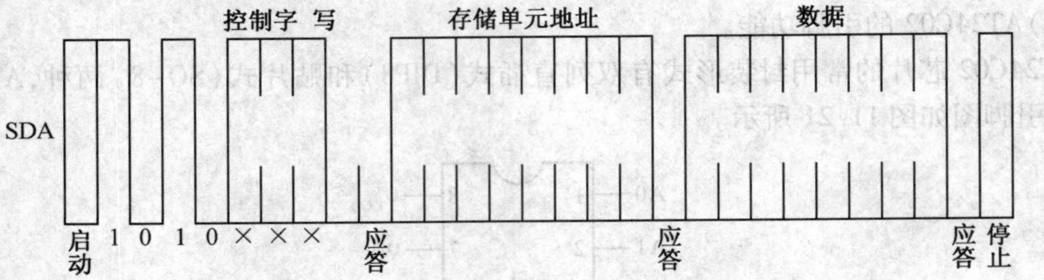

图 11.22　字节写入方式发送的数据帧格式

②页写入方式。单片机在一个数据写周期内可以连续访问一页（8 个）EEPROM 存储单元。在该方式中，单片机先发送启动信号，接着发送一个字节的控制字，再发送一个字节的存储器单元地址，上述几个字节都得到 EEPROM 应答后就可以发送最多一页的数据，并顺序存放在以指定起始地址开始的相继单元中，最后以停止信号结束。页写入方式的数据帧格式如图 11.23 所示。

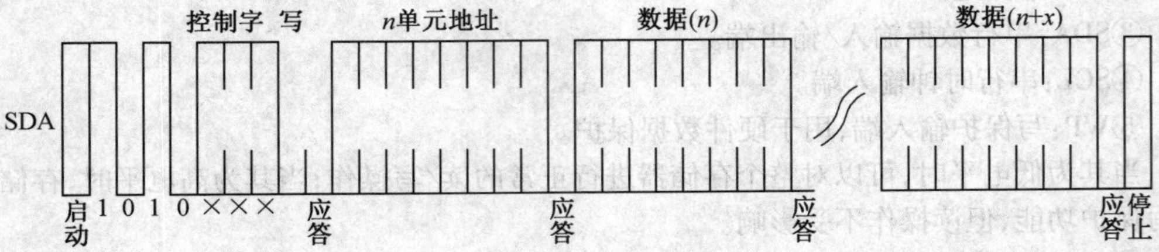

图 11.23　页写入方式的数据帧格式

③指定地址读操作。读取指定地址单元的数据。单片机在启动信号后先发送含有片选地址的写操作控制字，EEPROM 应答后再发送一个（2 KB 以内的 EEPROM）字节的指定单元的地址，EEPROM 应答后再发送一个含有片选地址的读操作控制字，此时如果 EEPROM 做出应答，被访问单元的数据就会按 SCL 信号同步出现在串行数据/地址线 SDA 上。这种读操作的数据帧格式如图 11.24 所示。

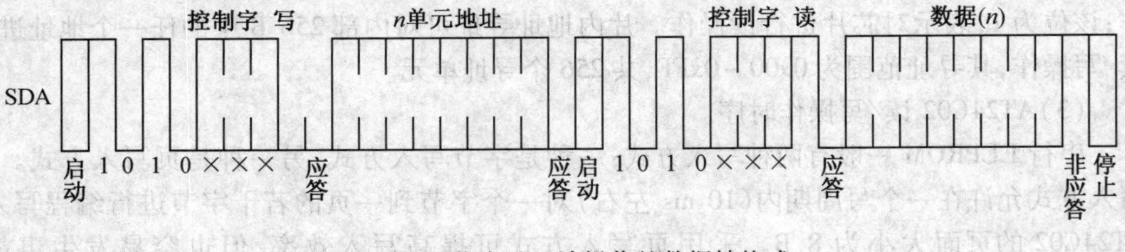

图 11.24　指定地址读操作的数据帧格式

④指定地址连续读。此种方式的读地址控制与前面指定地址读相同。单片机接收到每个字节数据后应做出应答，只要 EEPROM 检测到应答信号，其内部的地址寄存器就自动加 1 指向下一单元，并顺序将指向的单元的数据送到 SDA 串行数据线上。当需要结束读操作时，单片机接收到数据后在需要应答的时刻发送一个非应答信号，接着再发送一个停止信号即可。这种读操作的数据帧格式如图 11.25 所示。

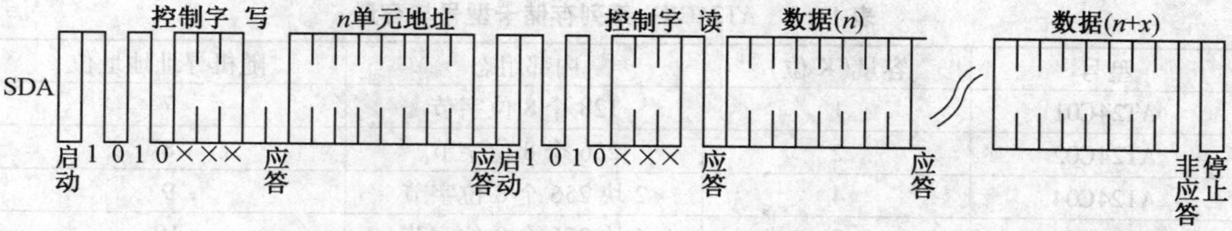

图 11.25　指定地址连续读操作的数据帧格式

2. AT24CXX 系列存储卡简介

(1)IC 卡标准与引脚定义。

IC 卡引脚示意图如图 11.26 所示。

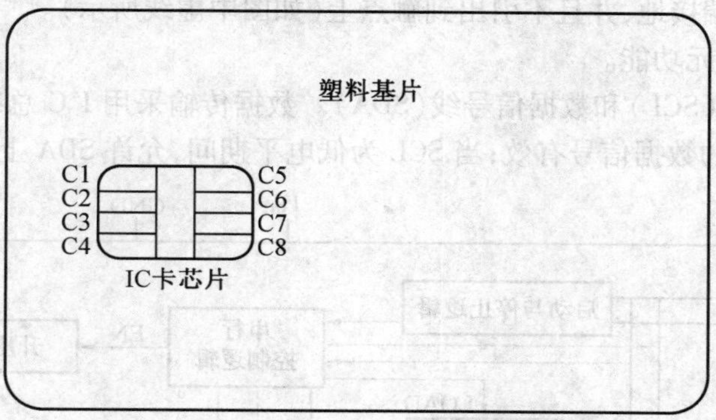

图 11.26　IC 卡引脚示意图

1987 年,国际标准化组织(ISO)专门为 IC 卡制定了国际标准:ISO/IEC 7816—1、2、3、4、5、6,这些标准为 IC 卡在全世界范围内的推广和应用创造了规范化的前提和条件,使 IC 卡技术得到了飞速的发展。根据国际标准 ISO 7816 对接触式 IC 卡的规定,在 IC 卡的左上角封装有 IC 卡芯片,其上覆盖有 6 或 8 个触点与外部设备进行通信(图 11.26)。部分触点及其定义见表 11.2。

表 11.2　IC 卡部分触点及其定义

芯片触点	触点定义	功能
C1	V_{CC}	工作电压
C2	NC	空脚
C3	SCL(CLK)	串行时钟
C4	NC	空脚
C5	GND	地
C6	NC	空脚
C7	SDA(I/O)	串行数据(输入输出)
C8	NC	空脚

(2)AT24CXX 系列存储卡型号与容量。

Atmel 公司生产的 AT24CXX 系列存储卡采用低功耗 CMOS 工艺制造,芯片容量规格比较齐全,工作电压选择多样化,操作方式标准化,因而使用方便,是目前应用较多的一种存储卡。这种卡实质就是前面介绍的 AT24C 系列存储器。该类 IC 卡型号与容量见表 11.3。

表 11.3　AT24CXX 系列存储卡型号与容量

型号	容量(K 位)	内部组态	随机寻址地址位
AT24C01	1	128 个 8 位字节	7
AT24C02	2	256 个 8 位字节	8
AT24C04	4	2 块 256 个 8 位字节	9
AT24C08	8	4 块 256 个 8 位字节	10
AT24C16	16	8 块 256 个 8 位字节	11
AT24C32	32	32 块 128 个 8 位字节	12

(3) AT24CXX 系列存储卡工作原理。

存储卡内部逻辑结构如图 11.27 所示。其中 A2、A1、A0 为器件/页地址输入端,在 IC 卡芯片中,将此 3 端接地,并且不引出到触点上(如图中虚线所示)。

①内部逻辑单元功能。

a. 时钟信号线(SCL)和数据信号线(SDA)。数据传输采用 I^2C 总线协议。当 SCL 为高电平期间,SDA 上的数据信号有效;当 SCL 为低电平期间,允许 SDA 上的数据信号变化。

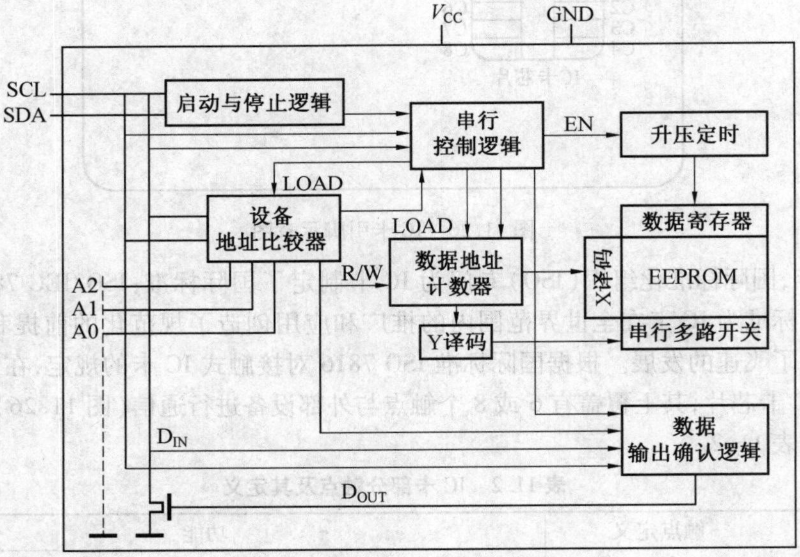

图 11.27　存储卡内部逻辑结构

b. 启动与停止逻辑单元。当 SCL 为高电平期间,SDA 从低电平上升为高电平的跳变信号作为 I^2C 总线的停止信号;当 SCL 为高电平期间,SDA 从高电平下降为低电平的跳变信号作为 I^2C 总线的启动信号。

c. 串行控制逻辑单元。这是芯片正常工作的控制核心单元。该单元根据输入信号产生各种控制信号。在寻址操作时,它控制地址计数器加 1 并启动地址比较器工作;在进行写操作时,它控制升压定时单元为 EEPROM 提供编程高电平;在进行读操作时,它对数据输出确认逻辑单元进行控制。

d. 数据地址计数器单元。根据读/写控制信号及串行逻辑控制信号产生 EEPROM 单元地址,并分别送到 X 译码器进行字选(字长 8 位),送到 Y 译码器进行位选。

e. 升压定时单元。该单元为片内升压电路。在芯片采用单一电源供电情况下,它可将电源电压提升到 12 ~21.5 V,作为 EEPROM 编程高电平。

f. EEPROM 存储单元。该单元为 IC 卡芯片的存储模块,其存储单元多少决定了卡片的存储容量。

②芯片寻址方式。

a. 器件地址与页面选择。IC 卡芯片的器件地址为 8 位,即 7 位地址码,1 位读/写控制码。与普通 AT24CXX 系列 EEPROM 集成电路相比,IC 卡芯片的 A2、A1、A0 端均已在卡片内部接地,而没有引到外部触点上,在使用时,不同型号 IC 卡的器件地址码见表 11.4。

表 11.4　不同型号 IC 卡的器件地址码

IC 卡型号	容量/KB	B7	B6	B5	B4	B3	B2	B1	B0
AT24C01	1	1	0	1	0	0	0	0	$R/\overline{W}$
AT24C02	2	1	0	1	0	0	0	0	$R/\overline{W}$
AT24C04	4	1	0	1	0	0	0	P0	$R/\overline{W}$
AT24C08	8	1	0	1	0	0	P1	P0	$R/\overline{W}$
AT24C16	16	1	0	1	0	P2	P1	P0	$R/\overline{W}$
AT24C32	32	1	0	1	0	0	0	0	$R/\overline{W}$

对于容量为 1 KB、2 KB 的卡片,其器件地址是唯一的,无须进行页面选择。

对于容量为 4 KB、8 KB、16 KB 的卡片,利用 P2、P1、P0 进行页面地址选择。不同容量的芯片,页面数不同,如 AT24C08 根据 P1、P0 的取值不同,可有 0、1、2、3 共 4 个页面,每个页面有 256 个字节存储单元。

对于容量为 32 KB 的卡片,没有采用页面寻址方式,而是采用直接寻址方式。

b. 字节寻址。在器件地址码后面,发送字节地址码。对于容量小于 32 KB 的卡片,字节地址码长度为一个字节(8 位);对于容量为 32 KB 的卡片,采用两个 8 位数据字作为寻址码。第一个地址字只有低 4 位有效,此低 4 位与第二个字节的 8 位一起组成 12 位长的地址码,对 4 096 个字节进行寻址。

③读/写操作。

对这种 IC 卡的读/写操作实质上就是与普通 AT24CXX 系列 EEPROM 的读/写方式完全一样。

【例 11.1】　AT24C02 与单片机应用实例。如图 11.28 所示,该电路实现的功能是开机次数统计。数码管初始显示“0”,当再次按下开机,CPU 会从 AT24C02 里面调出保存的开机次数,并加 1 后显示在 LED 数码管上,如此反复。

程序如下:

```
#include <reg51.h>
#include <intrins.h>
#define uchar unsigned char
#define uint unsigned int
#define OP_WRITE 0xa0                    //器件地址以及写入操作
#define OP_READ 0xa1                    //器件地址以及读取操作
uchar code display[ ] = {0xc0,0xf9,0xa4,0xb0,0x99,0x92,0x82,0xf8,0x80,0x90};
sbit SDA = P2^3;
```

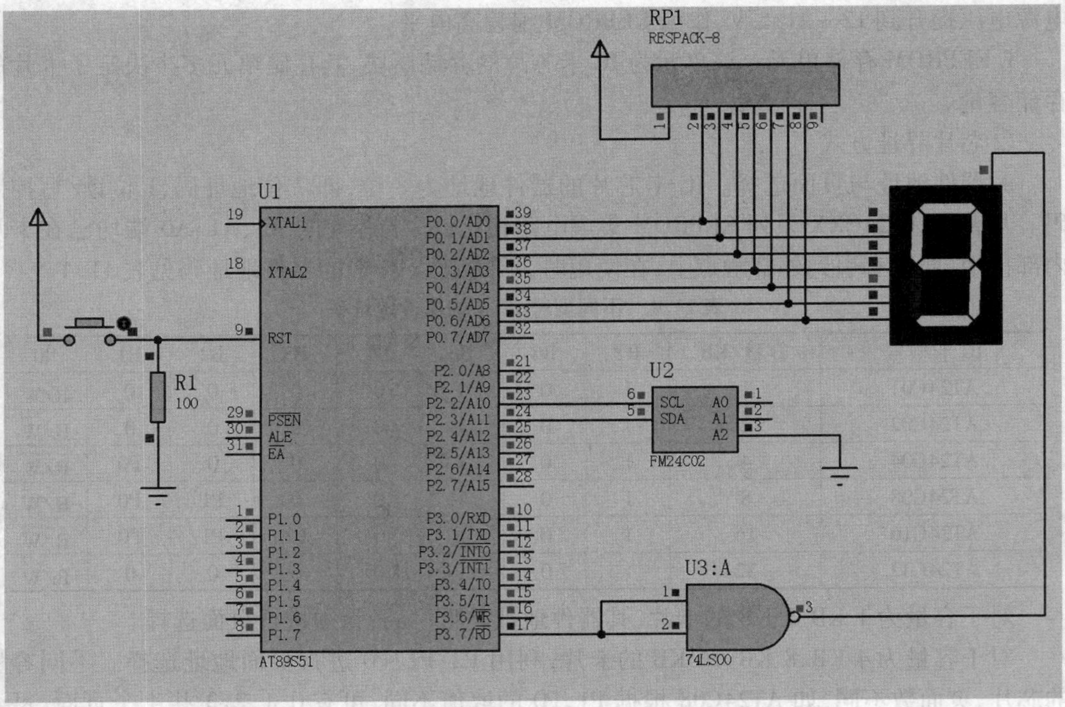

图 11.28　AT24C02 与单片机应用仿真图

```
sbit SCL=P2^2;
sbit SMG=P3^7;  //定义 LED 数码管选择引脚
void start();
void stop();
uchar shin();
bit shout(uchar write_data);
void write_byte(uchar addr,uchar write_data);
//void fill_byte(uchar fill_size,uchar fill_data);
void delayms(uint ms);
uchar read_current();
uchar read_random(uchar random_addr);
#define delayNOP();{_nop_();_nop_();_nop_();_nop_();};
/****************************************************
*************************/
main(void)
{
    uchar i=1;
    SMG=0;  //选 LED 数码管
    SDA=1;
    SCL=1;
```

```
        i=read_random(1);      //从 AT24C02 移出数据送到 i 暂存
        if(i>=9)
      i=0;
        else
        i++;
        write_byte(1,i);       //写入新的数据到 EEPROM
    P0=display[i];         //显示
        while(1);              //停止,等下一次开机或复位
    }
    /*************************************
*************************/
    void start()
      //开始位
    {
        SDA=1;
        SCL=1;
        delayNOP();
        SDA=0;
        delayNOP();
        SCL=0;
    }
    /*************************************
*************************/
    void stop()
    // 停止位
    {
        SDA=0;
        delayNOP();
        SCL=1;
        delayNOP();
        SDA=1;
    }
    /*************************************
*************************/
    uchar shin()
    //从 AT24C02 移出数据到 MCU
    {
        uchar i,read_data;
        for(i=0;i<8;i++)
```

```
    {
        SCL=1;
        read_data<<=1;
        read_data|=SDA;
        SCL=0;
    }
        return(read_data);
}
/*************************************
************************/
bit shout(uchar write_data)
//从 MCU 移出数据到 AT24C02
{
    uchar i;
    bit ack_bit;
    for(i=0;i<8;i++)        //循环移入 8 位
    {
SDA=(bit)(write_data&0x80);
    _nop_();
    SCL=1;
    delayNOP();
    SCL=0;
    write_data<<=1;
    }
  SDA=1;                              //读取应答
  delayNOP();
  SCL=1;
  delayNOP();
  ack_bit=SDA;
  SCL=0;
  return ack_bit;                     //返回 AT24C02 应答位
}
/*************************************
************************/
void write_byte(uchar addr,uchar write_data)
//在指定地址 addr 处写入数据 write_data
{
    start();
    shout(OP_WRITE);
```

```
        shout(addr);
        shout(write_data);
        stop();
        delayms(10);                //写入周期
    }
    /**************************************************************
    *************************/
    /*
    void fill_byte(uchar fill_size,uchar fill_data)
    //填充数据 fill_data 到 EEPROM 内 fill_size 字节
    {
        uchar i;
        for(i=0;i<fill_size;i++)
        {
          write_byte(i,fill_data);
        }
    }
    */
    /**************************************************************
    *************************/
    uchar read_current()
    //在当前地址读取
    {
        uchar read_data;
        start();
        shout(OP_READ);
        read_data=shin();
        stop();
        return read_data;
    }
    /**************************************************************
    *************************/
    uchar read_random(uchar random_addr)  //在指定地址读取
    {
        start();
        shout(OP_WRITE);
        shout(random_addr);
        return(read_current());
    }
```

```
/*************************************************
************************/
void delayms(uint ms)        //延时子程序
{
    uchar k;
    while(ms--)
    {
      for(k=0;k<120;k++);
    }
}
```

思考题及习题

11.1　I^2C 总线的起始信号和终止信号是如何定义的?

11.2　I^2C 总线的数据传输方向如何控制?

11.3　I^2C 总线在数据传送时,应答是如何进行的?

11.4　I^2C 总线的数据传送格式如图 11.7 所示。

已知主机先发送一个字节数据,然后再接收一个字节数据。编写出该格式的 I^2C 总线数据传送子程序(可调用本节中的各种数据传送的模拟子程序)。

参考文献

[1]史庆武,王艳春,李建辉. 单片机原理及接口技术[M]. 北京:中国水利水电出版社,2008.

[2]张毅刚,彭喜元,彭宇. 单片机原理及应用[M].2 版. 北京:高等教育出版社,2010.

[3]唐颖. 单片机原理与应用及 C51 程序设计[M]. 北京:北京大学出版社,2008.

[4]张毅刚,彭喜元,姜守达,等. 新编 MCS-51 单片机应用设计[M].3 版. 哈尔滨:哈尔滨工业大学出版社,2003.

[5]肖金球. 单片机原理与接口技术[M]. 北京:清华大学出版社,2004.

[6]段晨东. 单片机原理及接口技术[M].2 版. 北京:清华大学出版社,2013.

[7]何为民. 单片机应用技术选编(9)[M]. 北京:北京航空航天大学出版社,2004.

[8]胡汉才. 单片机原理及接口技术[M]. 北京:清华大学出版社,1996.

[9]王幸之,钟爱琴,王雷,等. AT89 系列单片机原理与接口技术[M]. 北京:北京航空航天大学出版社,2004.

[10]兰建军,伦向敏,关硕. 单片机原理、应用与 Proteus 仿真[M]. 北京:机械工业出版社,2014.

[11]李广弟,朱月秀,冷祖祁. 单片机基础[M].3 版. 北京:北京航空航天大学出版社,2007.

[12]楼然苗,李光飞. 51 系列单片机设计实例[M]. 北京:北京航空航天大学出版社,2003.

[13]唐俊翟. 单片机原理与应用[M]. 北京:冶金工业出版社,2003.

[14]刘瑞新. 单片机原理及应用教程[M]. 北京:机械工业出版社,2003.

[15]吴国经. 单片机应用技术[M]. 北京:中国电力出版社,2004.

[16]李全利. 单片机原理及接口技术[M].2 版. 北京:高等教育出版社,2009.

[17]熊建平. 基于 Proteus 电路及单片机仿真教程[M]. 西安:西安电子科技大学出版社,2013.